普通高等教育机械类应用型人才及卓越工程师培养规划教材

NX 高级应用实例教程

褚 忠 张东民 主 编

吴艳云 李大平 副主编

電子工業出版社

Publishing House of Electronics Industry

北京 · BEIJING

内 容 简 介

本书首先介绍 NX 10.0 软件中基本环境、建模、工程图等应用模块的定制方法，以大量案例的形式，按照由浅入深、循序渐进的方式，讲解 NX 软件的参数化设计原理及标准件开发思路，为该软件高级功能的学习及工程应用提供帮助。

本书内容，包括 NX 软件的定制、装配建模高级功能、参数化建模基础、WAVE 技术应用和 NX 标准件的开发实例。为了使读者更快地掌握基于 NX 软件的标准件定制开发方法，本书结合大量的范例对注塑模、冲压模中常用标准件定制过程进行详细讲解。在写作方式上，本书详细介绍参数化设计思想、对话框中参数设置、操作顺序等，使初学者能够直观、准确地掌握 NX 高级技术的方法和技巧，并为进一步在工程实际中应用打下坚实的基础。每章结尾附有思考与练习，便于读者自行练习，巩固软件的操作方法。

本书内容全面，条理清晰，范例丰富，讲解详细，可作为工程技术人员自学 NX 软件的入门教程和参考书，也可作为大中专院校学生和各类培训学校学员的 NX 高级课程上课或上机练习教材，以及供对制造行业有浓厚兴趣的读者的自学用书。

图书在版编目（CIP）数据

NX 高级应用实例教程/褚忠，张东民主编. 一北京：电子工业出版社，2016.8
普通高等教育机械类应用型人才及卓越工程师培养规划教材
ISBN 978-7-121-28854-8

I. ①N… II. ①褚… ②张… III. ①计算机辅助设计－应用软件－高等学校－教材 IV. ①TP391.72

中国版本图书馆 CIP 数据核字(2016)第 109742 号

策划编辑：郭穗娟
责任编辑：郭穗娟
印　　刷：三河市鑫金马印装有限公司
装　　订：三河市鑫金马印装有限公司
出版发行：电子工业出版社
　　　　　北京市海淀区万寿路 173 信箱　邮编　100036
开　　本：787×1 092　1/16　印张：14.25　字数：365 千字
版　　次：2016 年 8 月第 1 版
印　　次：2016 年 8 月第 1 次印刷
定　　价：45.00 元

凡所购买电子工业出版社图书有缺损问题，请向购买书店调换。若书店售缺，请与本社发行部联系，联系及邮购电话：(010)88254888，88258888。

质量投诉请发邮件至 zlts@phei.com.cn，盗版侵权举报请发邮件至 dbqq@phei.com.cn。

本书咨询联系方式：(010)88254502，guosj@phei.com.cn。

《普通高等教育机械类应用型人才及卓越工程师培养规划教材》

专家编审委员会

前　言

NX 作为 Siemens PLM Software Inc.的核心产品，功能强大，是当前世界上最先进的集成 CAD/CAM 的软件之一，广泛应用在航空航天、汽车、家电等行业中，为新产品的研发制造发挥了很大的作用。

NX/CAD 具有优越的性能，在机械、模具等行业中应用广泛，已有众多的工程师及在校学生学习掌握该软件的基本功能，并初步满足实际生产的基本需求。市面上，关于 NX 学习教程的书籍很多，涉及建模、曲面造型、工程图、数控编程等，但是关于 NX 高级功能，例如参数化设计、标准件开发等参考书较少。而企业对高校毕业生的要求，不仅是要求会操作 NX 基本命令，而且希望能深入了解参数化设计方法，熟悉 NX 软件重用库的开发流程，结合实际提高产品设计及生产加工的效率。因此，要求学生熟练掌握 NX 基础功能，同时了解软件较高级的功能，能结合企业特点，为系列化产品的定制开发标准件重用库，以提高工作效率。编者根据多年的教学培训和实际应用经验，将参数化原理、软件操作及实践经验相结合，精选实例，注重本书内容的实用性。

本书以 NX10.0 软件中的基本环境、建模、工程图等应用模块的定制方法为基础，讲解了装配建模高级功能、参数化建模基础、WAVE 技术应用和 NX 标准件的开发实例。此外，在重要的知识点和难点上增加案例。这些案例都来源于实际生产中，具有很强的实用性，有利于读者对软件的掌握。

本书提供了所有实例的源文件、操作结果文件，欢迎登录华信资源教育网（http://www.hxedu.com.cn）获取教学资源。

本书由上海应用技术大学褚忠、张东民担任主编，上海应用技术大学吴艳云和西门子工业软件（上海）有限公司李大平担任副主编。瞿伟、恽庞杰、彭丹、林顺涛、陈俊宏、葛凤、陈国双等为本书提供了不少帮助，一并感谢！

由于编者水平有限，书中难免存在欠妥及疏漏之处，敬请读者批评指正。

编　者

2016.5

目　录

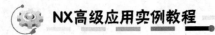

第 1 章　NX 定制概论

NX 是 SIMENS 新一代数字化产品开发系统，主要应用于汽车与交通、航空航天、日用消费品、通用机械及电子工业等领域。NX 软件具有强大的建模、装配、工程图等功能，针对不同行业的客户，利用 NX 软件还可以进行客户化定制，以提高软件操作的效率，提高设计质量。

学习目标

- ❒ NX 定制概述
- ❒ 环境变量文件的定制
- ❒ 用户默认设置
- ❒ 定制模板
- ❒ 定制角色

1.1　概　　述

NX 软件广泛应用于汽车与交通、航空航天、日用消费品、通用机械及电子工业等领域。但由于每个行业都有各自的标注、规范，依据行业特点，对 NX 进行定制，可避免工程师反复对各种参数的设置，提高工作效率。其意义如下：

- ➢ 提高软件效能。
- ➢ 便于统一管理和维护用户环境。
- ➢ 有利于图样或数据统一标准和交流。
- ➢ 降低数据故障。
- ➢ 为进一步实施 PDM 系统打基础。

NX 软件应用环境的定制内容包括环境变量文件、客户默认设置、模板文件、用户角色，每个内容的定制都需要经过反复的过程，直到符合行业或工程师的习惯。其定制流程如图 1-1 所示。

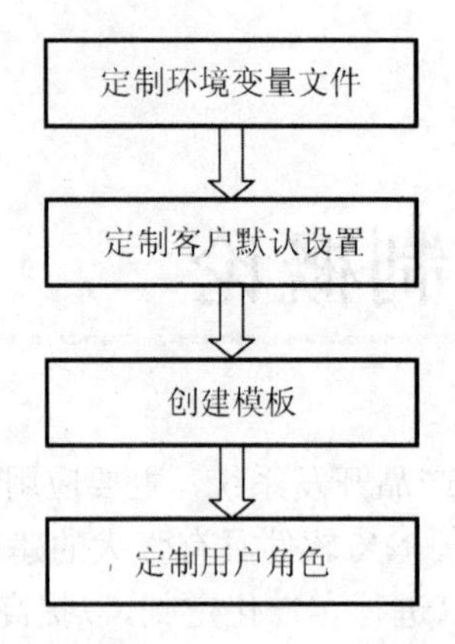

图 1-1　NX 软件定制流程

1.2　NX 环境变量文件的定制

环境变量在NX的运行过程中有着重要的应用，一些环境变量在安装NX之后便已经设置。其中最常用的基本环境变量包括以下几项。

```
UGII_BASE_DIR NX          安装的文件夹路径
UGII_ROOT_DIR NX          安装文件夹中 UGII 的位置
UGS_LICENSE_SERVER        28000@######
UGII_LANG                 设置语言
UGII_DEFAULT_ROLE         角色文件路径
UGII_BITMAP_PATH      为用户定义的位图路径
UGII_ENV_FILE         环境变量文件，可设置指定 ugii_env.dat 地址
```

其他常用的环境变量在 ugii_env_ug.dat 文件中定制（从 NX 9.0 版本开始），ugii_env_ug.dat 是控制 NX 软件运行的环境变量文件，其默认位置在$UGII_ROOT_DIR 目录（NX 安装目录），NX 启动时就会读该文件包含的各种变量。这些变量定义了 NX 运行各个功能模块所需要的数据文件/路径或环境参数，不建议用户修改该文件。用户可以修改同目录下的 ugii_env.dat 文件，添加一些环境变量覆盖已有的环境变量以控制 NX 的运行方式，该文件可以通过环境变量 UGII_ENV_FILE 进行设定。

NX 启动时会依照下列的优先顺序检查并读取 ugii_env.dat。

（1）UGII_ENV_FILE 指向的环境变量文件；

（2）启动路径里的 ugii_env.dat；

（3）HOME 路径里的 ugii_env.dat；

（4）UGII_ROOT_DIR 里的 ugii_env.dat。

环境变量文件（ugii_env_ug.dat）中常用的一些变量如表 1-1 所示。

表 1-1　环境变量文件（ugii_env_ug.dat）中常用变量

变量名	说明
UGII_LANG	NX 界面语言设定
UGII_METRIC_THREADS/UGII_ENGLISH_THREADS	标准螺纹参数表文件
MOLDWIZARD_LIB_DIR	MOLDWIZARD 数据库安装目录
PDIEWIZARD_LIB_DIR	PDW 数据库安装目录
UGII_LOCAL_USER_DEFAULTS	用户默认环境设置存放文件（*.Dpv）
UGII_CUSTOM_DIRECTORY_FILE	custom_dirs.dat 位置
UGII_SDI_SERVER_CFG_DIR	打印文件放置目录
UGII_DRAFTING_HOLE_TABLE=1	打开制图里面的自动孔列表
UGII_SMP_ENABLE=1	打开双核运行 UG 软件 （默认已开启）
UGII_USER_DIR	用户二次开发程序根目录的完整路径
UGII_CUSTOM_DIRECTORY_FILE	指向一个包含用户二次开发程序根目录路径

1.2.1　语言定制

用系统环境变量 UGII_LANG 和 UGII_LANGUAGE_FILE 来控制语言界面。

在【控制面板】→【系统】→【高级】→【环境变量】→【系统变量】下找到变量 UGII_LANG，然后选择【编辑】，设定值为 simpl_chinese，就出现了简体中文界面。以下是 UGII_LANG 对应不同值时的语言界面。

UGII_LANG＝simpl_chinese：简体中文菜单界面

UGII_LANG＝english：英文菜单界面

UGII_LANG＝french：法语菜单界面

UGII_LANG＝german：德语菜单界面

UGII_LANG＝japanese：日文菜单界面

UGII_LANG＝italian：意大利语菜单界面

UGII_LANG＝russian：俄语菜单界面

UGII_LANG＝korean：韩文菜单界面

系统默认 UGII_LANG＝english。

UGII_LANGUAGE_FILE 指向要用于转换 NX 用户界面到非英语语言的特定文件，其默认设置如下：

UGII_LANGUAGE_FILE=${UGII_BASE_DIR}\localization\ugii_${UGII_LANG}.lng

1.2.2　DPV 文件位置

UGII_LOCAL_USER_DEFAULTS 变量定义含有用户的客户默认设置的文件。当存初始的定制时，将建立此文件。建议的文件扩展名.dpv。

UGII_LOCAL_USER_DEFAULTS 变量的默认设置如下：

UGII_LOCAL_USER_DEFAULTS="${USERPROFILE}\AppData\Local\Siemens\NX100\NX100_user.dpv。

1.2.3 打印机环境变量

UGII_SDI_SERVER_CFG_DIR 变量规定由所有用户共享一个单个打印机组目录。若要利用多个打印机组目录，则用在一个打印机组列表文件中规定目录的方法来代替。

UGII_SDI_SERVER_CFG_DIR 默认是指向 NX 安装目录的 NXPLOT\config \pm_server 目录下：

```
UGII_SDI_SERVER_CFG_DIR=${UGII_SDI_BASE}\config\pm_server
```

1.3 用户默认设置

NX 的用户默认环境包含了 NX 软件运行时系统所采用的默认参数。选择【文件】→【实用工具】→【用户默认设置】，进入用户默认环境设置界面，如图 1-2 所示。

图 1-2 “用户默认设置”对话框

用户默认环境的默认设置反映了业界最佳的实践经验。用户无须逐个检查修改，需要时找到对应部分局部修改即可。用户默认环境主要设置的内容包括基本环境设置、建模设置、草图设置、装配设置和制图设置，对于中国用户来说主要修改制图标准即可，但是，修改后必须重启 NX 方可生效。

利用用户默认环境设置对话框进行客户默认的改变，而不是修改客户默认文件本身。否则，会出现异常（文件破坏）。通过右上角的“管理当前设置”按钮，可以导入或导出默认设置选项，输入过去定制的默认文件，或导出当前定制文件，如图 1-3 所示。

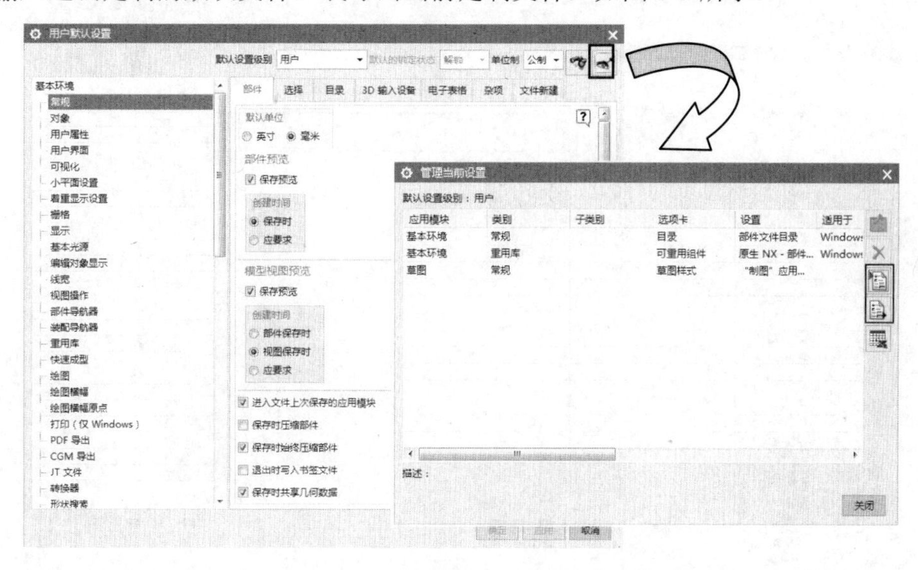

图 1-3 不同的参数设置的两种适用范围

1. 基本环境变量

利用“文件新建”选项卡，设置有关 NX 文件命名规则，例如前缀/后缀、分隔符、命名关键字等，如图 1-4 所示。图 1-5 所示为指定部件工作目录，图 1-6 为新建部件默认单位。

图 1-4 部件命名设置

图 1-5　指定工作目录

图 1-6　新建部件默认单位

2. 建模

特征创建对话框默认参数设定如图 1-7 所示，特征操作捕捉意图设置如图 1-8 所示。

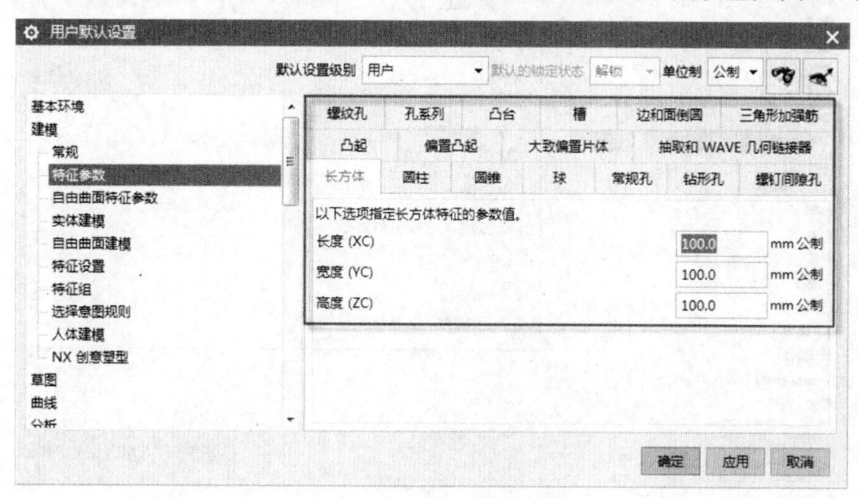

图 1-7　特征默认参数设置

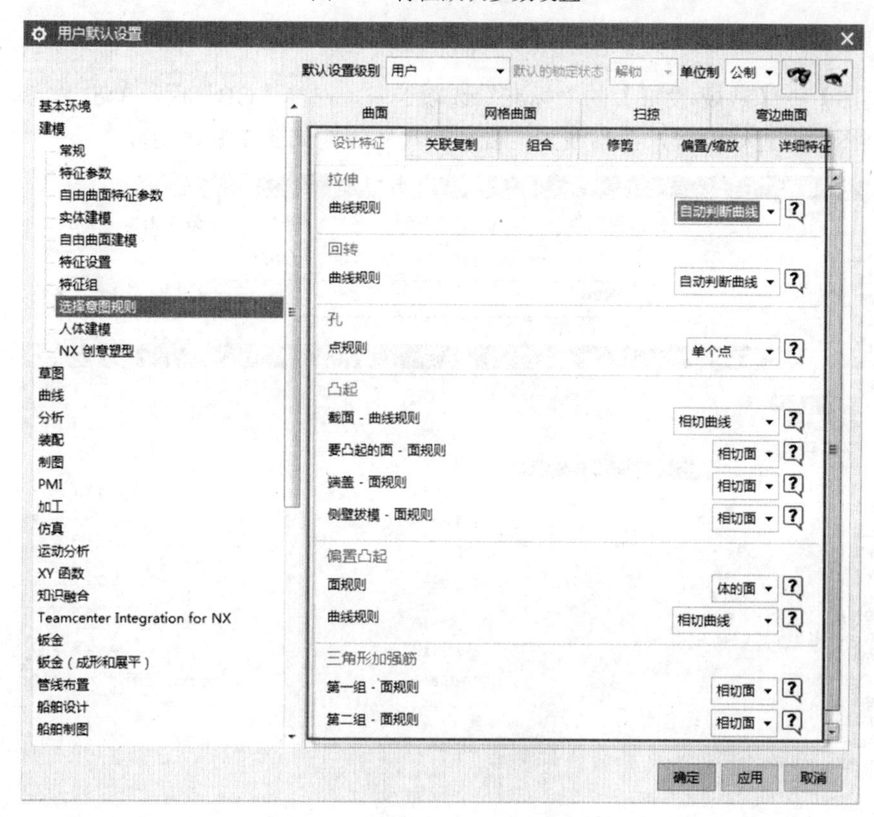

图 1-8　特征操作捕捉意图设置

3. 装配

部件间关联及更新设置如图 1-9 所示。该设置用于自顶向下的装配及 WAVE 几何链接器的应用。

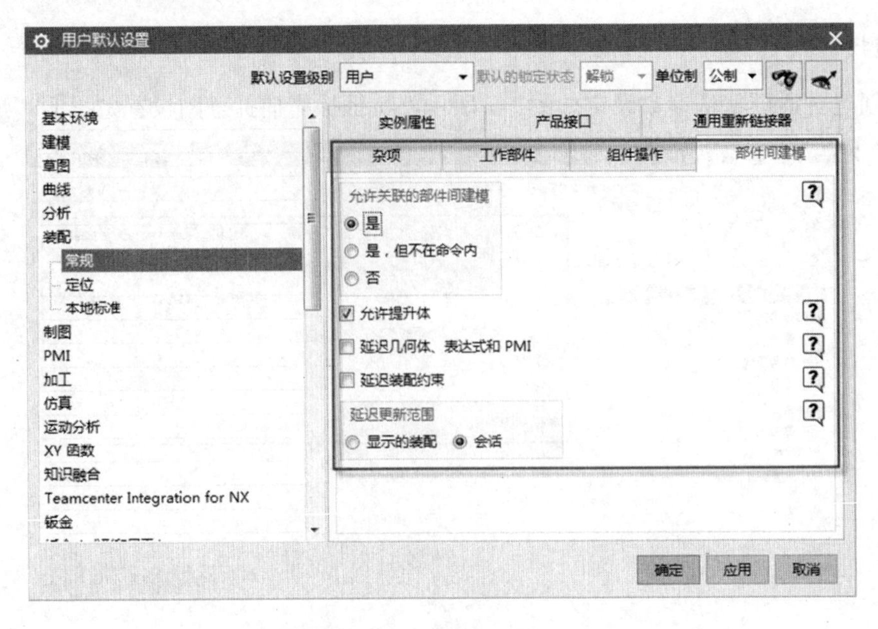

图 1-9 部件间关联及更新设置

4. 制图

在【制图】→【常规/设置】的“标准”选项卡中，选择“GB”后，单击“定制标准”按钮，可对制图标准进行设置，包括线型、视图、尺寸等，如图 1-10 所示。

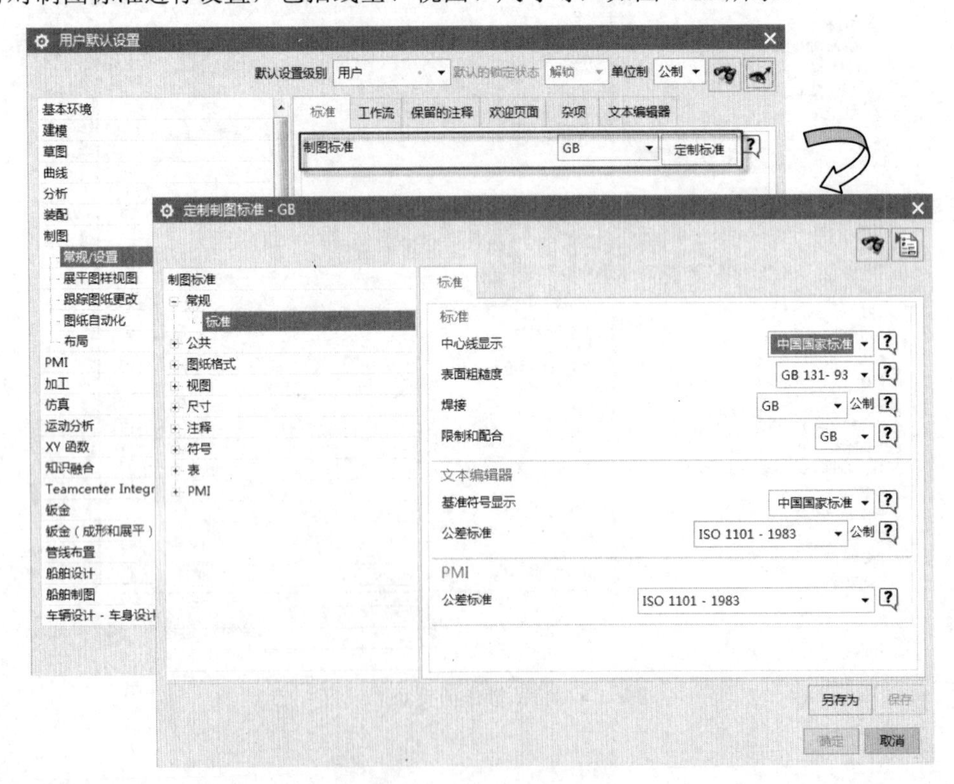

图 1-10 制图标准设置

1.4 定制模板

NX 系统模板包含预先设置的参数和数据对象。利用某一个模板建立的部件，将继承该模板所有的设置。

在图 1-11 对话框中，包含系统已经设置好的各种模板：模型、图纸、仿真和加工等。NX 基于各模板的用户默认设置，在新建文件时，创建一个默认的名称和保存位置。如果不想使用默认的名称和保存位置，可在开始工作前或保存时改变它们。

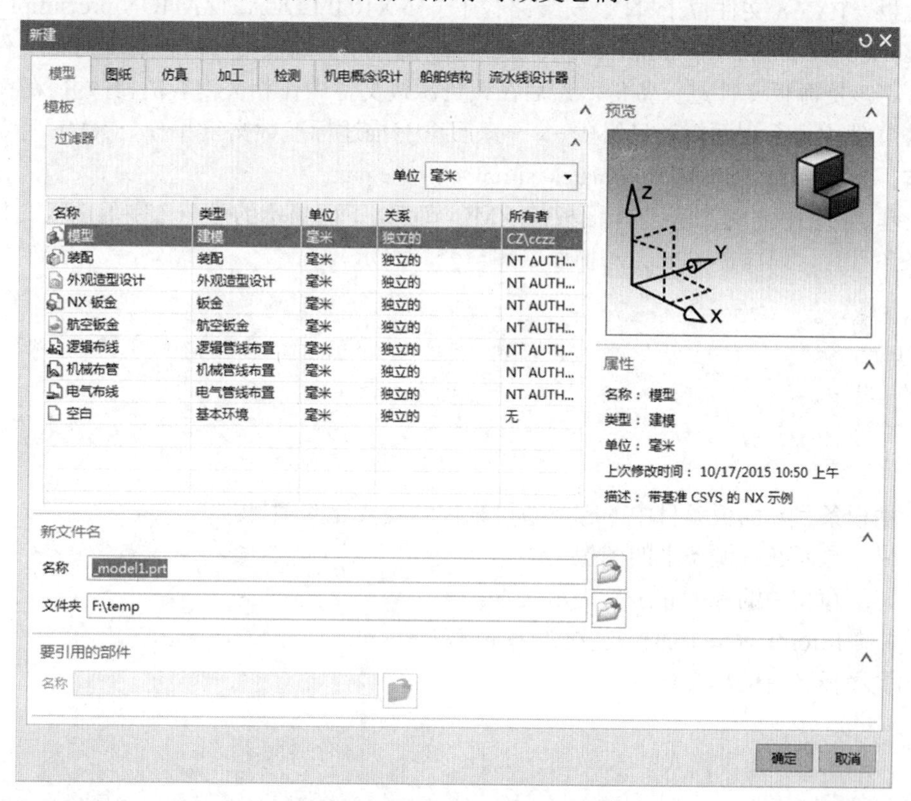

图 1-11 新建部件时模板的选择

1. 模板文件的创建

大多数情况下用户使用到的模板文件包括三维建模模板（包括零件和装配模板）、零件制图模板和 CAE 模板等。

创建模板文件时，应包含以下几种文件类型:

*.prt——模板文件。

*.pax——资源文件，用于注册模板文件。

*.jpg——预览图片。

模板文件创建步骤如下：

（1）在…ugii\templates 目录里新建或打开现有的一个模板文件，另存为新的一个模板并命名。

（2）在相应的 PAX 文件中登记该模板文件，包括模板名称、描述、预览图片、part 文件路径等。

（3）启动 NX 并打开新建的模板文件，根据需要定义层/属性及在 Preference 里设定参数并存盘。

2. 资源板文件的编辑（.PAX）

PAX 文件是 XML 语言编写的，用来标记每一个部件模板的文本文件，添加新模板时，必须在资源板（PAX）文件中进行定义。

资源板（PAX）文件位于 NX 安装路径下…\NX10.0\LOCALIZATION\prc\simpl_chinese\startup\ugs_model_templates_simpl_chinese.pax，编辑 pax 资源板文件时，确保对该文件有改写权限，并将该资源板文件进行备份，然后在该资源板文件中作相关内容的修改并保存。

PAX 文件由一系列面板条目组成，每一条目含有描述标准数据集和一个 XML 特定应用区。用记事本打开文件 ugs_model_templates_simpl_chinese.pax。

（1）基础。面板的基础是一个面板的 XML 节点。下面显示的是一个空的面板文件，如果有模板条条目时，应插在</Palette>前面（用******表示）。

```
<?xml version="1.0" encoding="UTF-8"?>
<Palettexmlns="http://www.ugsolutions.com/Schemas/2001/UGPalettes"schemaVersion ="1.0">
******
</Palette>
```

（2）面板条目。面板条目中的陈述节用来控制要表述的项目。

- 显示在资源条上的图像。
- 窗口中的标题和工具提示文本。
- Inform 对整个面板连接的 URI 信息。

下面是面板条目的单个条目：

```
<PaletteEntry id="d2">
  <References/>
  <Presentation name="模型" description="带基准 CSYS 的 NX 示例">
      <PreviewImage type="UGPart" location="model_template.jpg"/>
  </Presentation>
  <ObjectData class="ModelTemplate">
      <Filename>model-plain-1-mm-template.prt</Filename>
  <Units>Metric</Units>
  </ObjectData>
</PaletteEntry>
```

其中，PaletteEntry id="d2"，“d2”是面板条目唯一的标识，不同的条目标识号不同。Presentation name 描述条目的名称，PreviewImage location 表示模板图像文件（.jpg）的路径，两个 Filename 之间为 NX 模板文件（.prt）。Units 表示模板所用的单位。

对于一个模型模板的单个记录，"　"之间的斜体文件是需要修改的。

```
<PaletteEntry id="d1">
   <References/>
   <Presentation name="模型" description="带基准 CSYS 的 NX 示例">
      <PreviewImage type="UGPart" location="model_template.jpg"/>
   </Presentation>
   <ObjectData class="ModelTemplate">
      <Filename>model-plain-1-inch-template.prt</Filename>
   <Units>English</Units>
   </ObjectData>
</PaletteEntry>
```

对于一个图纸模板的单个记录，"　"之间的斜体文件是需要修改的。

```
<PaletteEntry id="d3">
   <References/>
   <Presentation name="A0 - 无视图" description="A0 无视图">
      <PreviewImage type="UGPart" location="drawing_noviews_template.jpg"/>
   </Presentation>
   <ObjectData class="DrawingTemplate">
      <TemplateFileType>none</TemplateFileType>
      <Filename>A0-noviews-template.prt</Filename>
      <Units>Metric</Units>
      <UsesMasterModel>Yes</UsesMasterModel>
   </ObjectData>
</PaletteEntry>
```

1.4.1　建模模板

三维建模的模板进行定制的主要内容包括绝对坐标系的设置、图层的设置和定义、文件属性的设置和定义、“首选项”参数设定等。

应用案例 1-1

本例演示如何建立和编辑建模模板。

（1）启动 NX 10.0，绘图区背景为灰色，如图 1-12 所示。

（2）如果要更改背景，可以通过【首选项】→【背景】来设置；如图 1-13 为改变后的白色背景。

（3）通过上述方法所更改的模板，当再次新建时，背景还是灰色，如想永久改变其背景，需要对 UG 10.0 模板文件进行更改才行；要打开的模板文件路径为...NX 10.0\LOCALIZATION\prc\simpl_chinese\startup\model-plain-1-mm-template.prt，如图 1-14 所示。

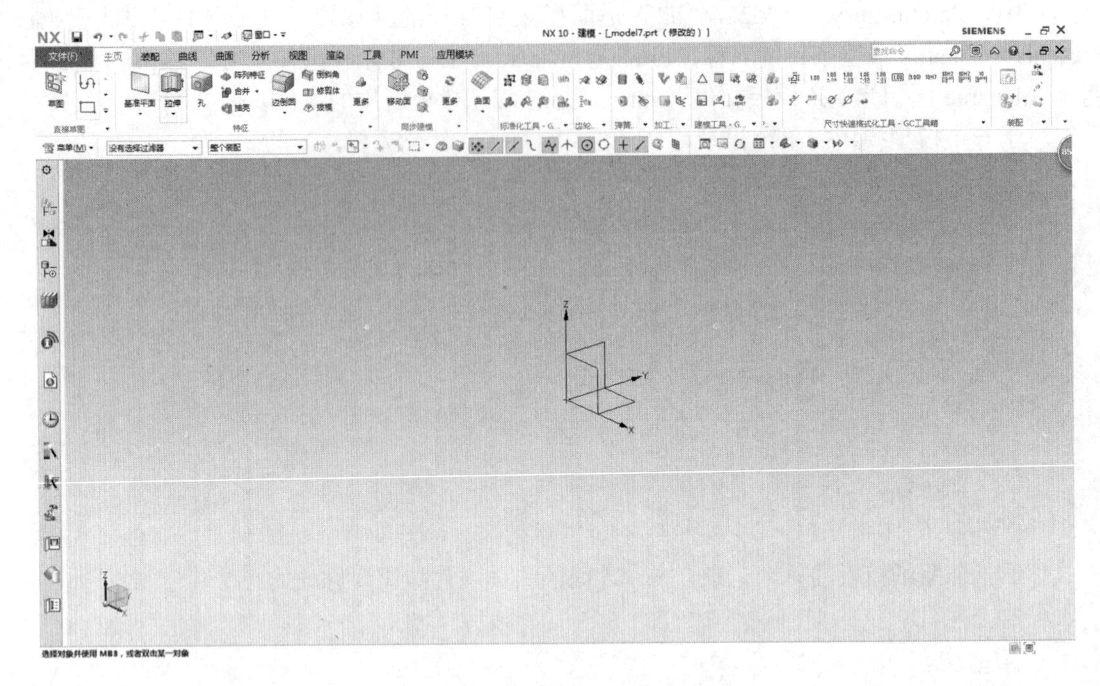

图 1-12　新建建模文件

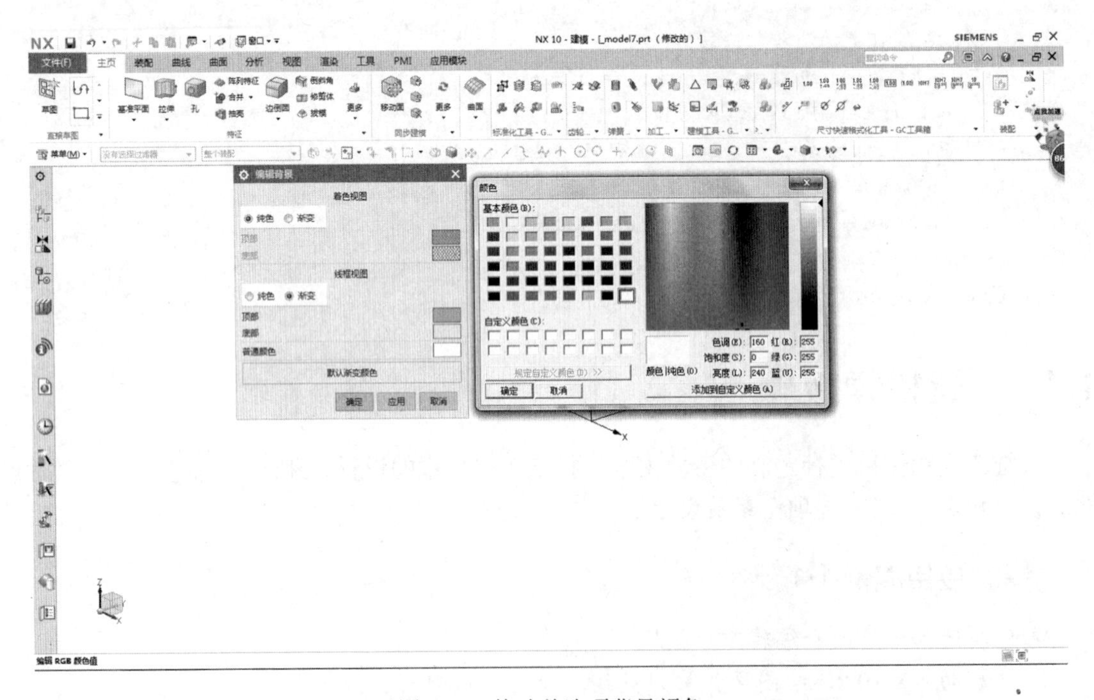

图 1-13　修改首选项背景颜色

（4）按照步骤 2 的方法，将背景修改为白色，然后保存和退出。

（5）此后，在启动 NX 软件，绘图背景就是白色了，如图 1-15 所示。

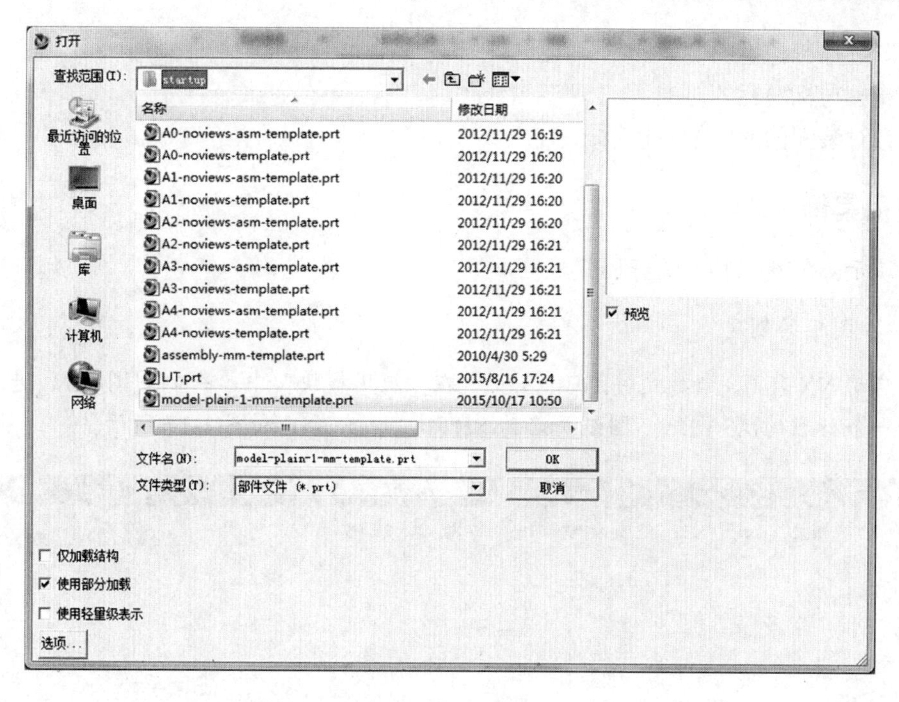

图 1-14　打开模板文件

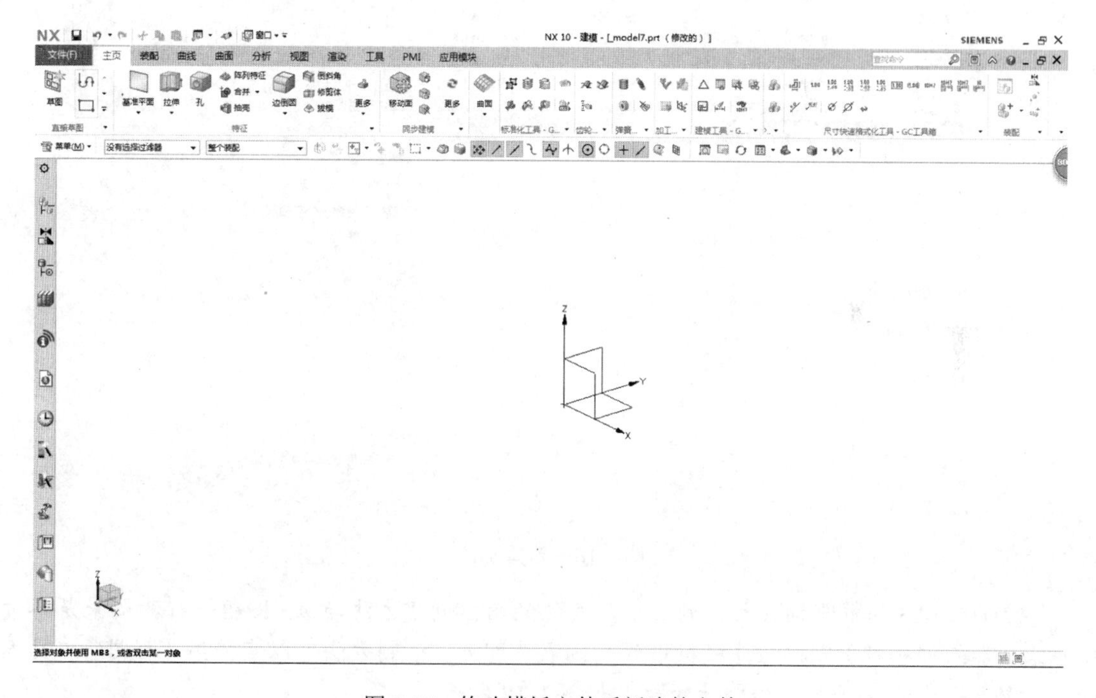

图 1-15　修改模板文件后新建的文件

1.4.2　工程图模板

二维工程图样模板的创建（包括零件和装配图样）内容如下：

（1）图层、文件属性同三维建模模板的设置。

（2）图框与标题栏的制作。

（3）属性与标题栏的对应。

（4）针对装配图的明细表模板。

应用案例 1-2

本例演示如何建立标准工程图模板。

1. 标准图框的创建

（1）启动 NX 10.0，新建文件 GB-A3.prt，在“应用模块”中单击制图图标，进入制图模块，建立一个标准的 A3 图纸，图纸页名为 SHT1，如图 1-16 和图 1-17 所示。

图 1-16　新建文件

（2）创建 A3 的带明细表表头的图框，其他的图框创建方法与 A3 图框一样，如果是不带明细表（非组件模板）删掉组件模板中的明细表头即可。绘制方法可以直接用“草图”工具里面的“矩形”命令来绘制。绘制后的效果如图 1-18 所示。

（3）标题栏的绘制。标题栏的创建比较关键，涉及相当多的参数；现在要绘制如图 1-19 所示的一个标题栏。通过工程图中“插入”→“表格”→“表格注释”，插入 3 个表格，如图 1-20 所示。

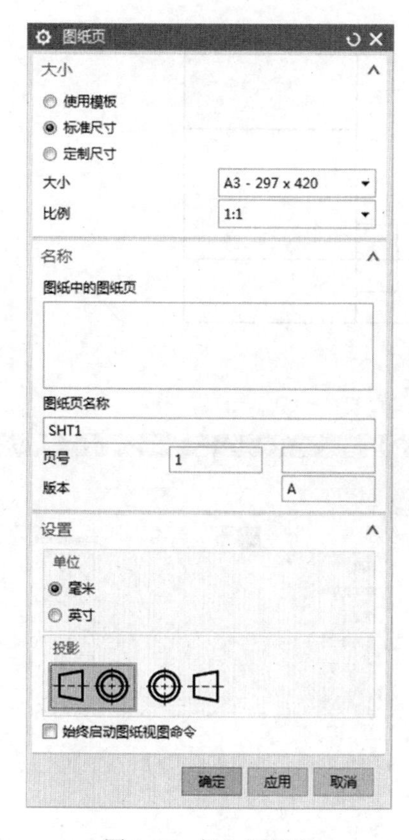

图 1-17　插入图纸页

图 1-18　绘制图框

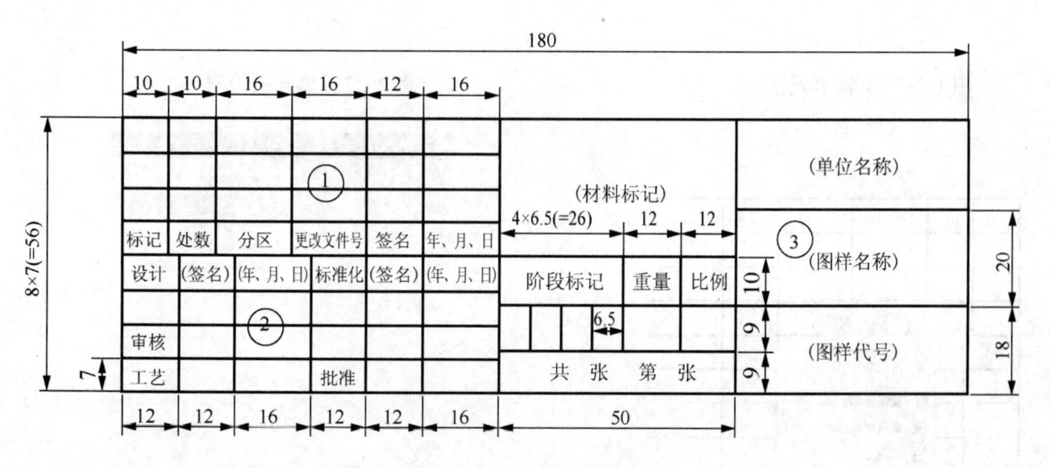

图 1-19　国标标题栏

调节表格每一行宽和每一列宽，如图 1-20 所示（选中表格每行或列，单击右键，选择“调整大小”）; 然后合并表格，调整单元格的注释样式，使之符合图标题栏样式，并填入相关文字。在填文字时，需要设定好文字大小、样式等相关参数，如图 1-21 和图 1-22 所示。

单元格添加参数。选中想要添加参数的单元格，单击右键选【导入】→【属性】，如图 1-23 所示。弹出“导入属性”对话框，如图 1-24 所示。在导入选项中选择“工作部件属性”。在对话框下部“属性”栏里找到“DESIGNER”，单击【确定】按钮，属性添加成功。

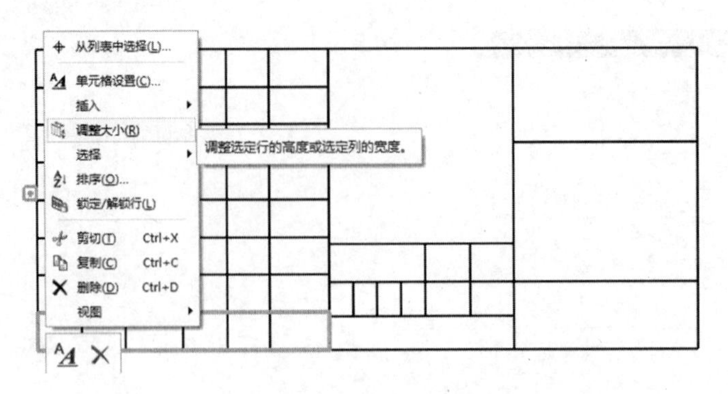

图 1-20　插入表格

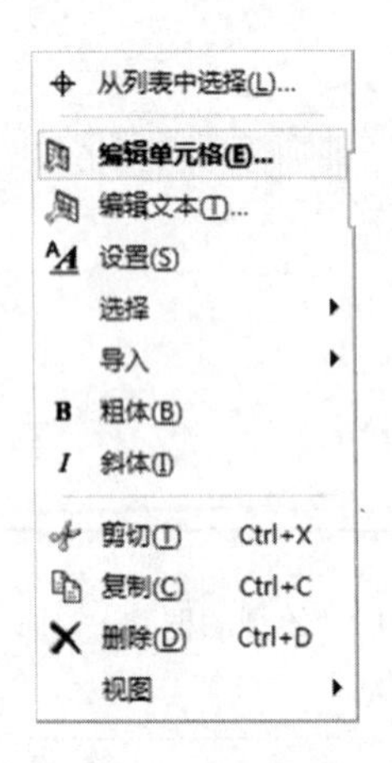

图 1-21　编辑单元格

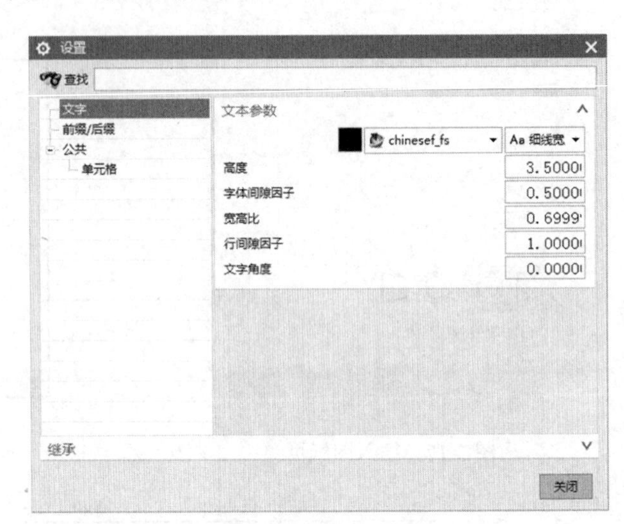

图 1-22　单元格设置

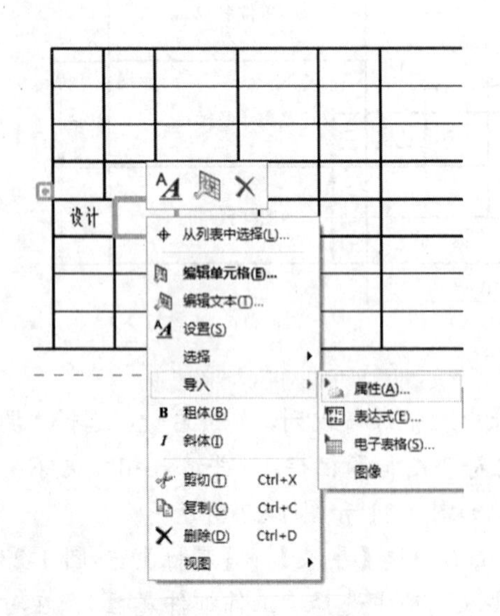

图 1-23　单元格添加参数

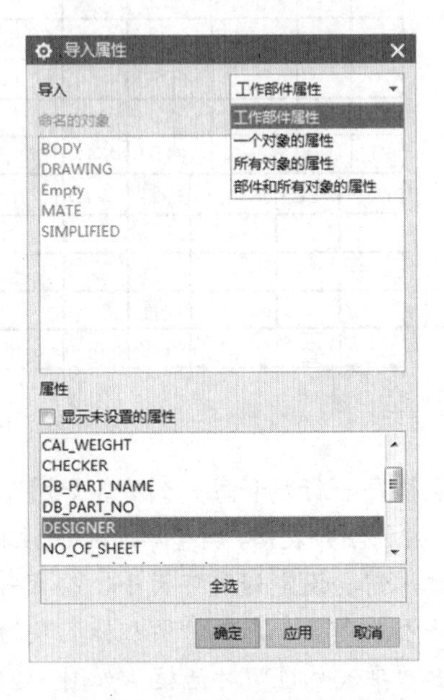

图 1-24　“导入属性”对话框

用类似的方法添加图样名称“DB_PART_NAME”，图样代号为“DB_PART_NO”，完成的标题栏如图 1-25 所示。

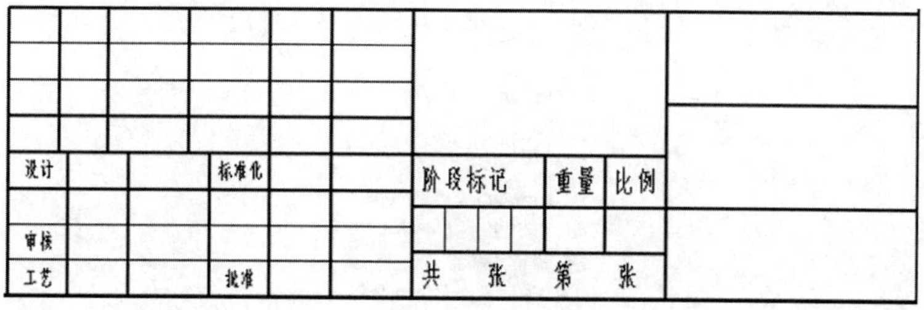

设计			标准化		阶段标记	重量	比例	
审核								
工艺			批准		共 张	第 张		

图 1-25 标题栏

（4）部件属性添加。在部件导航器下，用右键单击文件名下的“属性”一栏，如图 1-26 所示，添加所需的部件属性。下面是一些常用属性的中英文对照。

```
名称,DB_PART_NAME
图号,DB_PART_NO
备注,REMARK
设计,DESIGNER
校对,CHECKER
审核,AUDITOR
工艺,PROCESS
批准,APPROVER
比例,SCALE
共 X 页,NO_OF_SHEET
第 X 页,SHEET_NUM
```

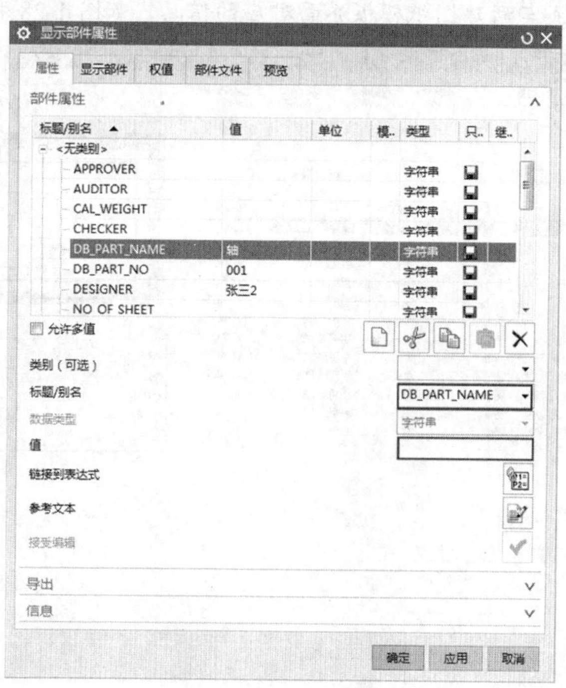

图 1-26 添加部件属性

2. 首选项设置

模板里面的“首选项”可以根据自己的需要来设置，可以修改首选项中的可视化、背景、注释、制图等。

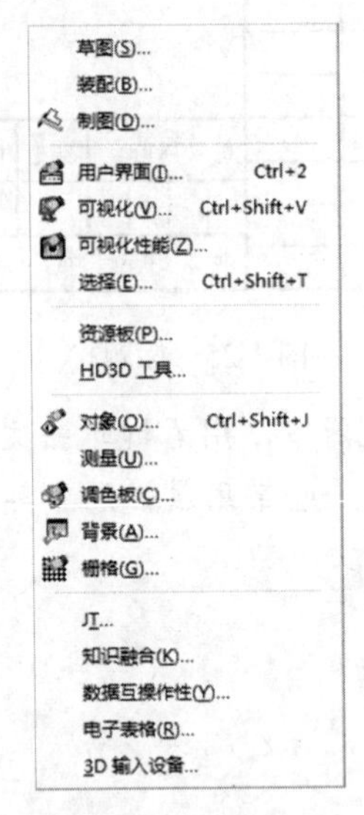

图 1-27 首选项设置

3. 工程图环境自定义

用记事本打开系统文件 ugs_drawing_templates_simpl_chinese.pax（\NX 10.0\LOCALIZATION\prc\simpl_chinese\startup）。

从该文件中可以找到与新建图纸模板界面对应的信息，如图 1-28 和图 1-29 所示。

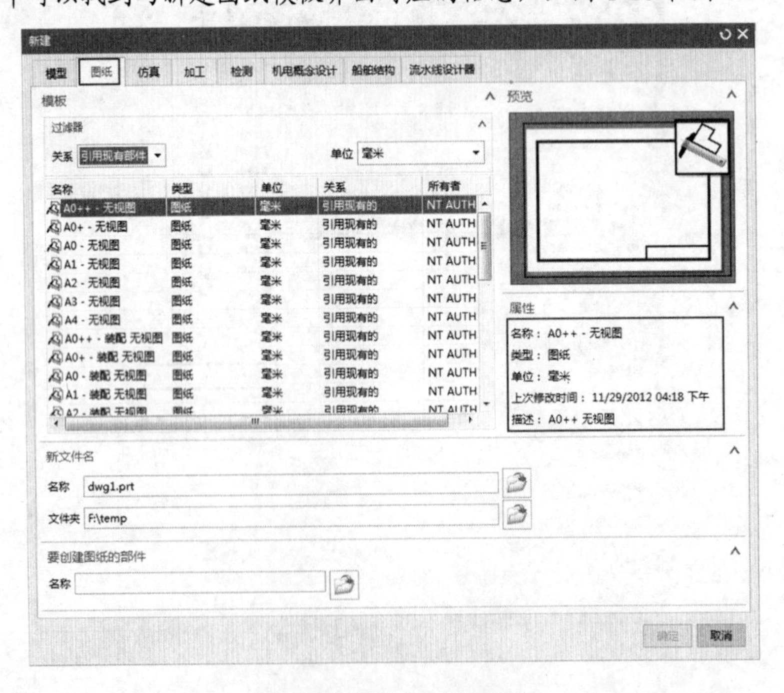

图 1-28 新建图纸模板信息

ugs_drawing_templates_simpl_chinese.pax - 记事本

文件(F) 编辑(E) 格式(O) 查看(V) 帮助(H)

```
<?xml version="1.0" encoding="UTF-8"?>

<Palette xmlns="http://www.ugsolutions.com/Schemas/2001/UGPalettes"
schemaVersion="1.0">

  <Presentation name="图纸模板（公制）" bitmap="drawing_new.bmp" FileNewTab="图纸"
application="All" UsesMasterModel="Yes"/>

  <PaletteEntry id="d1">
    <References/>
    <Presentation name="A0++ - 无视图" description="A0++ 无视图">
        <PreviewImage type="UGPart" location="drawing_noviews_template.jpg"/>
    </Presentation>
    <ObjectData class="DrawingTemplate">
        <TemplateFileType>none</TemplateFileType>
        <Filename>A0++-noviews-template.prt</Filename>
        <Units>Metric</Units>
        <UsesMasterModel>Yes</UsesMasterModel>
    </ObjectData>
  </PaletteEntry>

  <PaletteEntry id="d2">
    <References/>
    <Presentation name="A0+ - 无视图" description="A0+ 无视图">
        <PreviewImage type="UGPart" location="drawing_noviews_template.jpg"/>
    </Presentation>
    <ObjectData class="DrawingTemplate">
        <TemplateFileType>none</TemplateFileType>
        <Filename>A0+-noviews-template.prt</Filename>
```

图 1-29　模板文件信息

在文件最后</Palette>前添加下面的代码，保存文件。

```
<PaletteEntry id="d31">
    <References/>
    <Presentation name="GB-A3- 无视图" description="GB-A3-无视图">
        <PreviewImage type="UGPart" location="drawing_noviews_template.jpg"/>
    </Presentation>
    <ObjectData class="DrawingTemplate">
        <TemplateFileType>none</TemplateFileType>
        <Filename>GB-A3.prt</Filename>
        <Units>Metric</Units>
        <UsesMasterModel>Yes</UsesMasterModel>
    </ObjectData>
  </PaletteEntry>
```

同时，打开此目录下的 ugs_sheet_templates_simpl_chinese.pax 系统文件。和上一个类似，在文件最后</Palette>前添加下面的代码，此文件决定是否把图纸模板文件添加到工程图环境下“新建图纸页”中。

```
<PaletteEntry id="d21">
    <References/>
    <Presentation name="GB-A3- 无视图" description="GB-A3-无视图">
        <PreviewImage type="UGPart" location="drawing_noviews_template.jpg"/>
    </Presentation>
    <ObjectData class="SheetTemplate">
        <TemplateFileType>none</TemplateFileType>
        <Filename>GB-A3.prt</Filename>
        <Units>Metric</Units>
    </ObjectData>
  </PaletteEntry>
```

1.5 定制角色

角色（Role）按作业功能定制用户界面，用于保存NX界面的工具条和菜单状态。用户可以通过角色切换来选用符合自己使用习惯的工具条布局和菜单状态的界面。

NX软件根据用户的经验水平、行业或者公司标准提供了一种先进的界面控制方式——角色。使用角色可以简化NX的用户界面，因此该界面可以仅保留你当前任务所需要的命令。

在第一次启动NX时，系统默认的使用的角色为“基本功能”角色。基本功能的角色包括了一些常用命令，适合新手用户或临时用户。

（1）角色包括的内容。

① 定制的工具条和菜单。

② 工具条和菜单的位置。

（2）系统默认角色的含义及选择，见表1-2。

表1-2 NX系统默认角色含义

系统默认角色	用户级别	描 述
基本功能	大多数用户，新用户、不经常用NX的用户	此功能提供了您完成简单任务所需的所有工具。工具条中显示有词语，工具条和菜单都具有简化的内容
高级	需要其他工具并已认识大多数NX工具条位图的用户	此功能提供了一组更广泛的工具，以便支持简单的和高级的任务。要启用对其他工具的显示，可显示仅带有位图的工具条。菜单中的某些工具已隐藏
CAM基本功能	大多数用户，新用户、不经常用NX的用户	功能区显示完成基本制图任务所需的一套精简命令
CAM高级功能	需要其他工具并已认识大多数NX工具条位图的用户	支持与Solid Edge文件合并。 功能区显示与高级角色相同的一套命令
布局	需要其他工具并已认识大多数NX工具条位图的用户	功能区显示一套更广泛的工具，可支持在制图应用模块中进行2D概念设计

（3）系统默认角色加载。在角色面板中，列出系统默认的角色，选择其中的模板即可加载不同的角色。如果先前打开过NX，那么NX当前使用的角色为上一次使用的角色。

（4）按自己的需要定制角色。

① 单击选择最接近需要的角色。

② 在最常用的应用模块中定制工具条、菜单项和对话框。

③ 单击资源条上的角色选项卡。

④ 右键单击角色资源板中的背景并选择新建用户角色。

⑤ 在角色属性对话框的名称框中，输入新角色的名称。

⑥ 在应用模块框中，清除不想保留定制的应用模块旁边的复选框。

⑦ 向角色添加描述。（可选）

⑧ 添加一个图像，该图像与角色名称一起显示在角色资源板中。单击浏览并选择一个图像，支持BMP和JPEG文件。（可选）

应用案例 1-3

本例演示如何创建和加载角色。

（1）启动 NX 10.0，选择【文件】选项卡→【首选项】→【用户界面】，在用户界面首选项对话框中，单击左窗格中的“角色”，如图 1-30 所示。

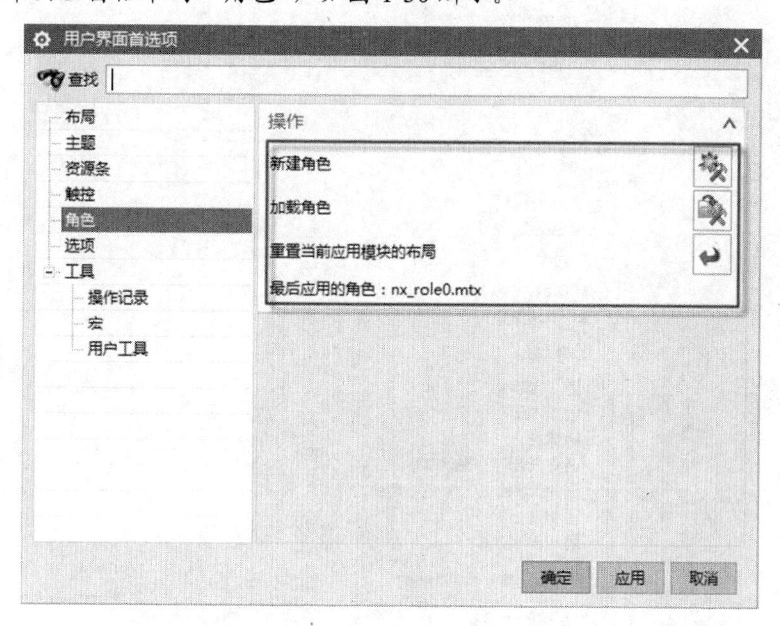

图 1-30　新建角色对话框

（2）单击新建角色图标，弹出如图 1-31 所示的新建角色文件对话框；选择路径及文件名，单击【OK】按钮，弹出如图 1-32 所示的对话框，输入角色名称、位图，并选择该角色的应用模块，单击【确定】按钮。

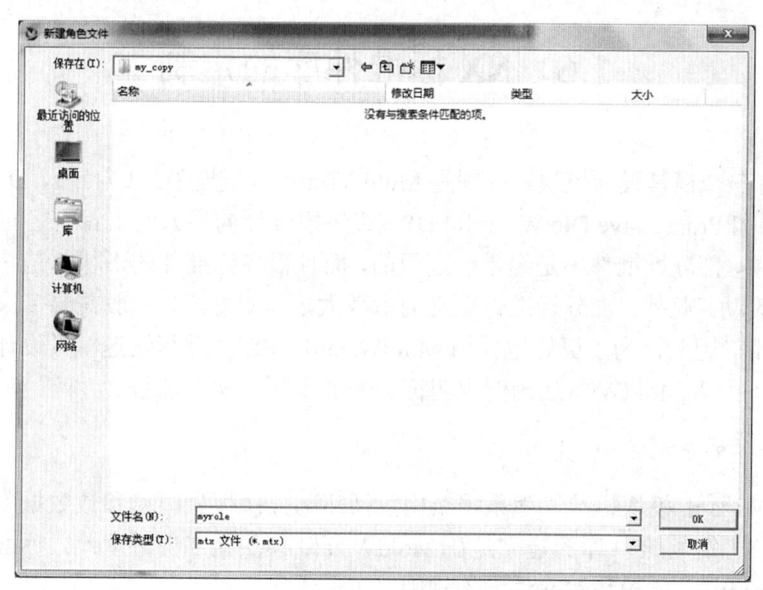

图 1-31　新建角色文件对话框

（3）单击【取消】按钮，关闭用户界面首选项对话框。至此，用户当前界面，包括工具栏、菜单等样式就保持在角色文件中了，如图 1-31 所示。

（4）如果需要，就单击如图 1-32 所示用户界面首选项对话框中加载角色图标，即可把已经创建的角色文件加载进来。

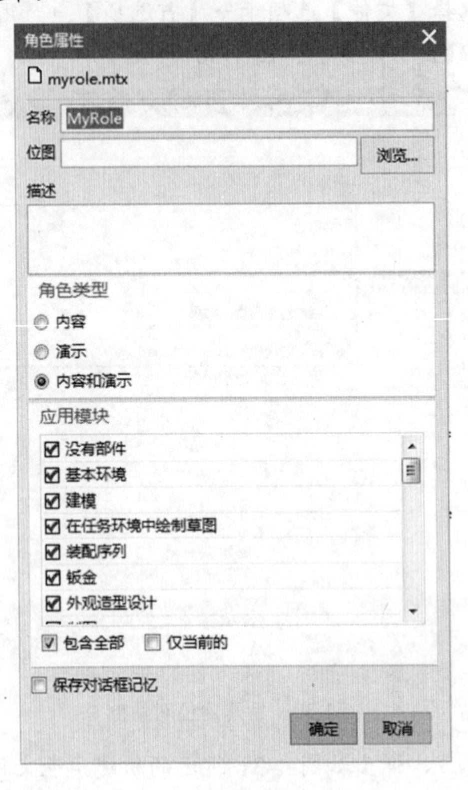

图 1-32 “角色属性”对话框

1.6 NX 标准件库的定制

NX 软件有三个模具设计模块，分别是 MoldWizard（注塑模设计向导）、DieDesign（冲压模具设计向导）和 Progressive Die Wizard（PDW 级进模设计向导），它们都有各自的标准件库。但在实际应用中，部分标准件不是经常会选用的，而且很多标准件的形状总是跟实际使用的有些差别，需要改动。此外，部分标准件定义的参数太多、太复杂，一般需要多次的调整数据才行，不方便调用。因此，为了更好地使用 MoldWizard、PDW 进行快速模具设计，需要做好开发定制工作。下面以 MoldWizard 为例说明标准件的定制方法及流程。

1. 标准件库的系统结构

NX MoldWizard 模块标准件库系统结构包括三部分：模型驱动参数数据库、参数化模型和标准件预览图片。标准件库的建立是在 MoldWizard 模块建立的，因此，标准件库的系统结构必须符合 MoldWizard 模块的文件结构规则。

2. NX MoldWizard 模块标准件库

（1）启动 NX 10.0 软件，新建一个文件，进入建模环境。在“应用模块”中单击图标，进入注塑模向导环境。

（2）单击“主要”工具栏中标准件图标，导航器进入重用库页面中。单击 MW_Standard_Part_Library→DME_MM→Ejection，在导航器“成员选择”中单击“Ejector Pin[Straight]”，系统弹出“标准件管理”对话框，同时出现顶杆位图，界面如图 1-33 所示。

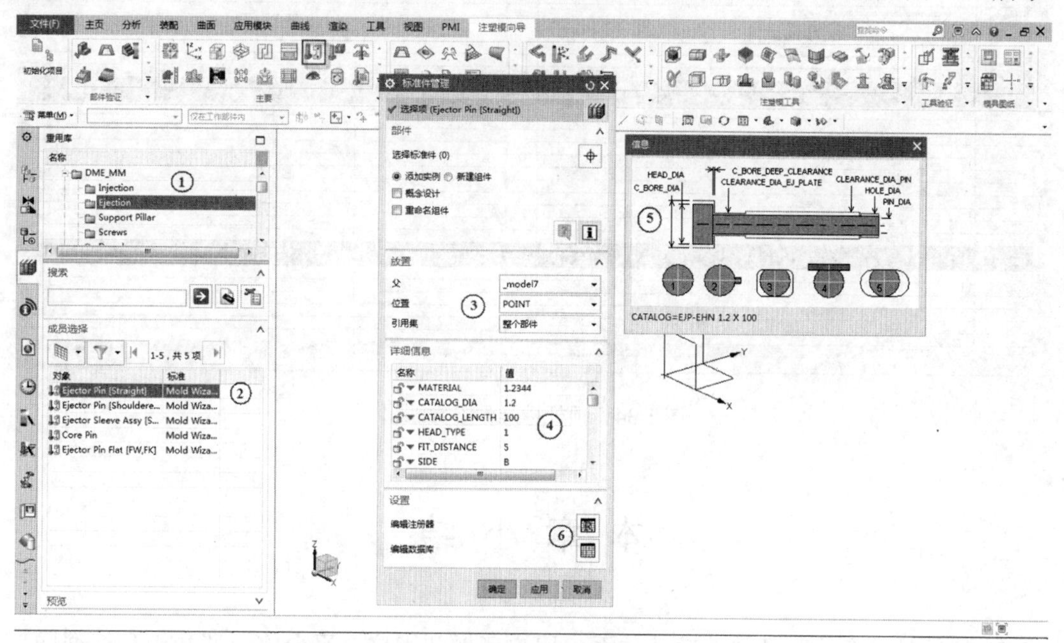

图 1-33 NX MoldWizard 模块标准件库

（1）标准件目录，实质上是不同的标准件供应商名称，如 DME（美制）、HASCO（德国公制）、LKM（龙记公制）、MISUMI（米思米公制）等。在这里，供应商名称相当于文件夹，里面包含各种标准件分类，例如定位圈、顶杆等。

（2）成员选择显示的是某一种标准件的具体形式，例如直型顶杆、带肩顶杆等。

（3）标准件的定位方式。

（4）标准件详细结构的具体尺寸。

（5）标准件位图。

（6）标准件库注册和编辑。图 1-34 为顶杆参数编辑的 Excel 表格。

3. 模具标准件开发流程

（1）注册企业的 NX 标准件开发项目到标准库中。

（2）建立企业的标准件注册电子表格文件。

（3）建立标准件的驱动数据库和 bmp 预览图片。

（4）建立标准件的参数化模型。

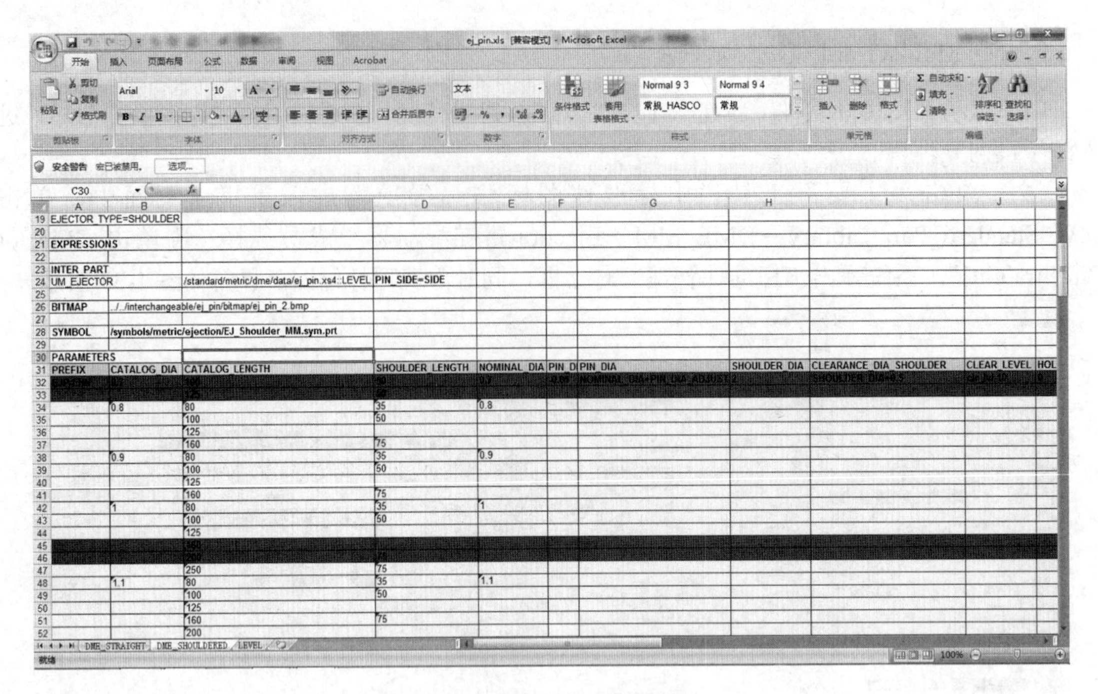

图 1-34　顶杆标准件参数编辑

本 章 小 结

NX 软件是一个非常开放的功能体系，用户可以利用这个平台将企业知识和标准嵌入到NX 环境中，使 NX 强大的功能与实际经验相结合，把常用实例集成到 NX 系统中，针对不同行业的客户，NX 软件进行客户化定制，包括环境文件定制、默认设置、模板定制和角色定制，通过对软件的定制可大大提高设计效率，缩短设计周期。

思考与练习

1．简述 NX 定制的意义。
2．试对装配工程图模板进行定制，添加明细表。

第 2 章　装 配 建 模

NX 的装配过程是在装配中建立部件之间的链接关系，通过关联条件在部件间建立约束关系来确定部件之间的位置。零件在装配中是被引用的，而不是复制到装配体中的。各级装配文件仅保存该级的装配信息，不保存其子装配及其装配零件的模型信息。整个装配部件保持关联性，若某部件修改，则引用的其他装配部件也会自动更新，反映部件的最新变化。

学习目标

- ❒ 理解自顶向下的装配设计思路，如何进行零件的关联设计
- ❒ 掌握引用集的概念及使用方法
- ❒ 理解掌握 WAVE 技术

2.1　装配方法概述

NX 装配过程是在装配中建立部件之间的链接关系。它是通过关联条件在部件间建立约束关系，进而来确定部件在产品中的位置，形成产品的整体机构。在 NX 装配过程，部件的几何体是被装配引用，而不是复制到装配中。因此无论在何处编辑部件和如何编辑部件，其装配部件保持关联性。若修改某部件，则引用它的装配部件将自动更新。

1. 装配概念

装配就是将现有组件或新建组件设置定位约束，从而将各组件定位在当前环境中。NX 装配基本概念包括组件、组件特性、多个装载部件和保持关联性等。

（1）装配部件。装配部件是由零件和子装配构成的部件。在 NX 中，允许向任何一个 Part 文件中添加部件构成装配。因此，任何一个 Part 文件都可作为一个装配部件，零件和部件不必严格区分。

（2）子装配。子装配是在高一级装配中被用做组件的装配，子装配也可拥有自己的组件。子装配是一个相对的概念，任何一个装配部件都可以在更高级装配中用做子装配。

（3）组件对象。组件对象是一个从装配部件链接到部件主模型的指针实体。一个组件对象记录的信息有部件名称、层、颜色、线型、引用集和配对条件等。

（4）组件部件。组件部件是在装配中由组件对象所指的部件文件。组件既可以是单个部件（即零件），也可以是一个子装配，组件是由装配部件引用而不是复制到装配部件中。

（5）显示部件和工作部件。显示部件是指当前在图形窗口里显示的部件。工作部件是指用户正在创建或编辑的部件，它可以是显示部件或包含在显示的装配部件里的任何组件部件。当显示单个部件时，工作部件也就是显示部件。

（6）引用集。装配中可以通过引用集过滤一个指定组件或子装配的数据信息，从而简化大装配或复杂装配图形显示。引用集的使用可以大大减少（甚至完全消除）部分装配的部分图形显示，而无需修改其实际的装配结构或下属几何体模型。每个组件可以有不同的引用集，因此在一个单个装配中同一个部件允许有不同的表示。

（7）主模型。主模型是供 NX 各模块共同引用的部件模型。同一主模型可同时被工程图、装配、加工、机构分析和有限元分析等模块引用。装配件本身也可以是一个主模型，被制图、分析等应用模块引用，主模型修改时，相关应用自动更新。

2. 装配模式

与大多 CAD/CAM 系统一样，NX 装配有两种不同的装配模式：多组件装配和虚拟装配。

（1）多组件装配：该装配模式是将部件的所有数据复制到装配中，装配中的部件与所引用的部件没有关联性。当部件修改时，不会反映到装配中，因此，这种装配属于非智能装配。同时，由于装配时要引用所有部件，需要用较大的内存空间，因而影响装配工作速度。

（2）虚拟装配：该装配模式是利用部件链接关系建立装配，而不是将部件复制到装配中，因此，装配时要求内存空间较小。装配中不需要编辑的下层部件可简化显示，提高显示速度。当装配的部件修改时，装配自动更新。

3. 装配方法

NX 的装配方法有自底向上装配、自顶向下和混合装配 3 种方法。自底向上的装配方法是真实装配过程的体现；而自顶向下的装配方法是在装配中参照其他零部件对当前工作部件进行设计的方法；混合装配方法是自顶向下装配和自底向上装配结合在一起的装配方法。

2.1.1 由底向上的装配方法

自底向上的装配方法是指先设计零（部）件，再将该零（部）件的几何模型添加到装配中，所创建的装配体将按照组件、子装配体和总装配的顺序进行排列，并利用关联约束条件进行逐级装配，最后完成总装配模型。在装配过程中，一般需要添加其他组件，将所选组件调入装配环境中，再在组件与装配体之间建立相关约束，从而形成装配模型。

1. 添加组件

自底向上装配的首要工作是将现有的组件导入装配环境，才能进行必要的约束设置，从而完成组件定位效果。在 NX 中提供多种添加组件方式和放置组件的方式，并对于装配体所需的相同组件可采用多重添加方式，避免烦琐的添加操作。

2. 组件定位

自底向上装配时，添加的组件在装配中的定位方式有四种。

（1）绝对原点：使用绝对原点定位，是指执行定位的组件与装配环境坐标系位置保持一

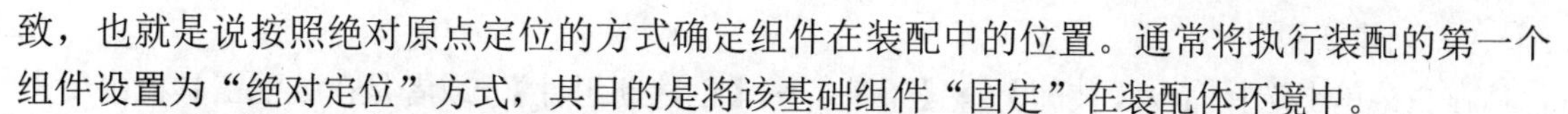

致，也就是说按照绝对原点定位的方式确定组件在装配中的位置。通常将执行装配的第一个组件设置为“绝对定位”方式，其目的是将该基础组件“固定”在装配体环境中。

（2）选择原点：使用选择原点定位，系统将通过指定原点定位的方式确定组件在装配中的位置。这样，该组件的坐标系原点将与选取的点重合。通常情况下，添加第一个组件都是通过选择该选项确定组件在装配体中的位置

（3）通过约束：通过约束方式定位组件就是选取参照对象并设置约束方式，即通过组件参照约束来显示当前组件在整个装配中的自由度，从而获得组件定位效果。

（4）移动：将组件加到装配中后相对于指定的基点移动，并且将其定位。

2.1.2 自顶向下的装配方法

自顶向下装配方法主要用在上下文设计，即在装配中参照其他零部件对当前工作部件进行设计的方法。在装配的上下文设计中，可以利用键接关系建立从其他部件到工作部件的几何关联。利用这种关联，可引用其他部件中的几何对象到当前工作部件中，再用这些几何对象生成几何体。这样，一方面提高设计效率，另一方面保证了部件之间的关联性，便于参数化设计。

自顶向下装配方法有两种：第一种是先建立一个新组件，它不含任何几何对象，然后使其成为工作部件，再在其中建立几何模型；第二种是先在装配中建立一个几何模型，然后创建一个新组件，同时将该几何模型链接到新建组件中。

1. 第一种自顶向下装配方法

首先建立一个新组件，它不包含任何几何对象，即“空”组件，然后使其成为工作部件。具体过程如图 2-1 所示。

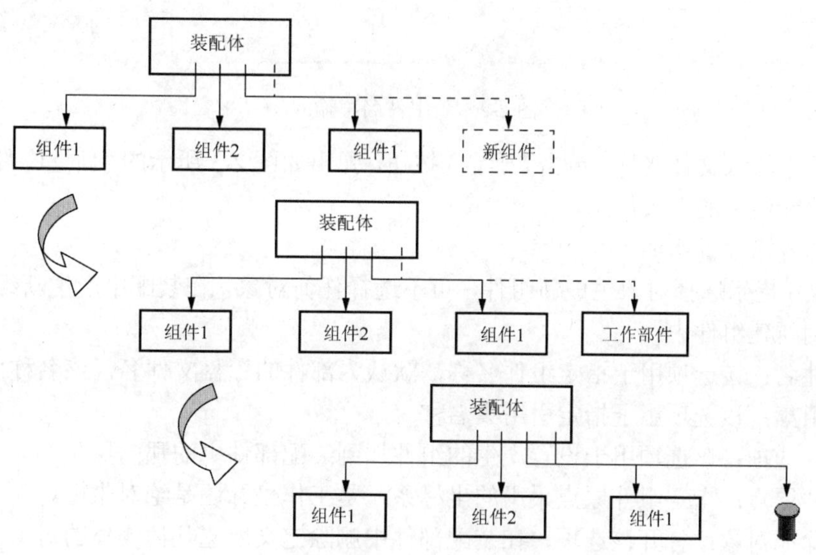

图 2-1 第一种自顶向下装配方法

1）打开一个文件

该文件可以是一个不含任何几何体和组件的新文件，也可以是一个含有几何体或装配部件的文件。

2）创建新组件

在主菜单上选择命令【装配】→【组件】→【创建新组件】，或者是在装配工具栏中单击图标，系统弹出“新组建”对话框，在该对话框中输入文件名称，如图 2-2 所示。

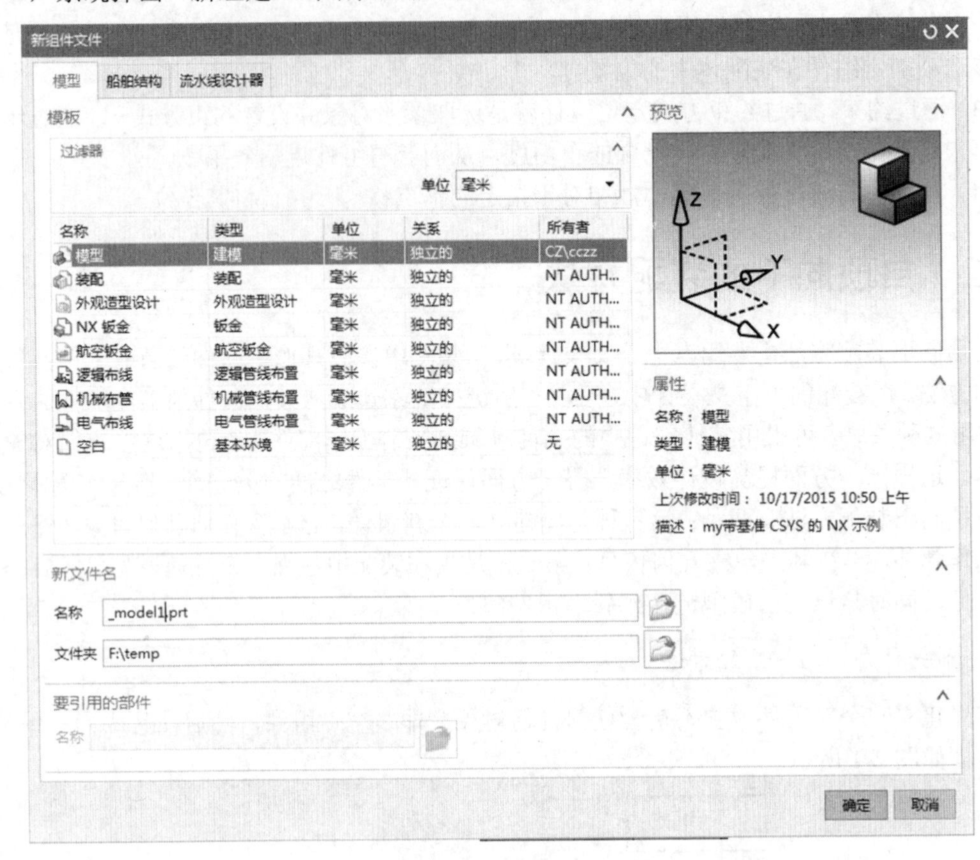

图 2-2　新组件名称输入

在对话框中输入文件名称，单击【确定】按钮，弹出如图 2-3 所示的“新建组件”对话框，要求用户设置新组件的有关信息。

该对话框各选项说明如下。

（1）对象：提示选择对象生成新组件，可不选择任何对象，在装配中产生新组件，并把几何模型加入到新建组件中。

（2）组件名：该选项用于指定组件名称，默认为部件的存盘文件名，该名称可以修改。

（3）引用集：该选项用于指定引用集名称。

（4）图层选项：该选项用于设置产生的组件加到装配部件中的那一层。

（5）组件原点：指定组件原点采用的坐标系，是工作坐标还是绝对坐标。

（6）删除原对象：打开该选项，在装配部件中删除定义所选几何实体的对象。

在上述对话框中设置各选项后，单击【确定】按钮。至此，在装配中产生了一个含所选几何对象的新组件。新建的组件出现在装配导航器中，如图 2-4 所示。

图 2-3 【新建组件】对话框

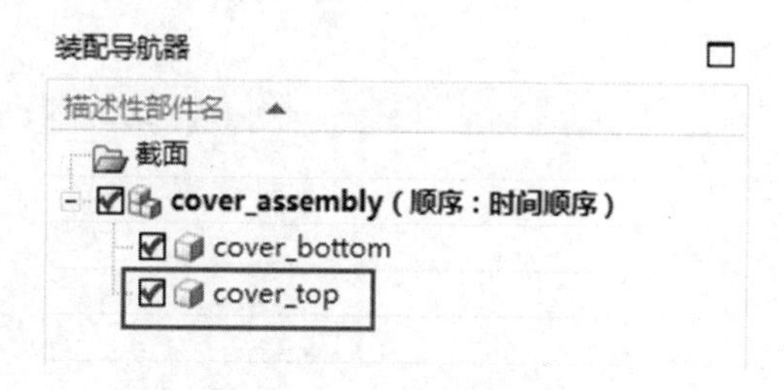

图 2-4 装配导航器

3）新组件几何对象的建立和编辑

新组件产生后，可在其中建立几何对象，首先必须改变工作部件到新组件中。具体操作如下：选择命令【装配】→【关联控制】→【设置工作部件】，或者是在装配导航器中，用右键单击新建的组件，选择“设为工作部件”。该部件将自动成为工作部件，而该装配中的其他部件将变成灰色，如图 2-5 所示。

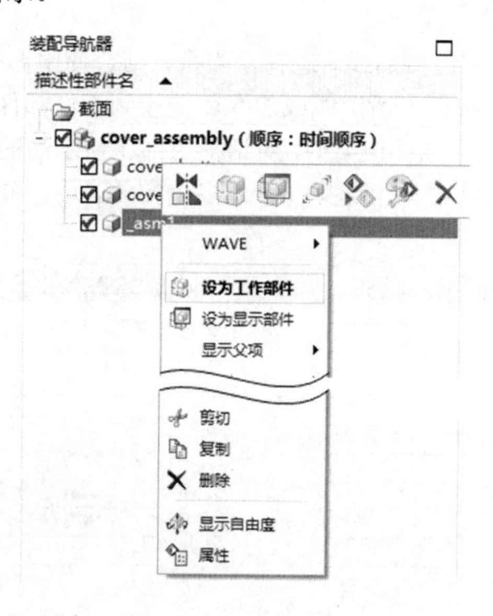

图 2-5 设置工作部件

对于建模操作，有两种建立几何对象的方法：

第一种是直接建立几何对象，若不要求组件间的尺寸相互关联，则将新组件改变为工作部件，直接在新组件中用 NX 建模的方法建立和编辑几何对象。

第二种是建立关联几何对象。若要求新组件与装配中其他组件有几何关联性，则应在组件间建立链接关系。在组件间建立链接关系的方法：保持显示部件不变，按照上述设置工作部件的方法改变工件部件到新组件，再选择【装配】→【WAVE 几何链接器】命令，或者也可以在装配工具栏中选择图标，将会弹出【WAVE 几何链接器】对话框，如图 2-6 所示，该对话框用于链接其他组件中的点、线、面、体等到当前工作部件中。

图 2-6 【WAVE 几何链接器】对话框

对话框中的类型用于指定链接的几何对象，在自顶向下装配中常用的有复合曲线和面。其他选项在第 4 章有详细介绍。

（1）复合曲线。用于建立链接曲线。选择该类型，结合使用选择过滤器，从其他组件上选择线或边缘，单击【确定】按钮，所选线或边缘就链接到工作部件中，如图 2-7 所示。

（2）面。用于建立链接面。选择该类型，对话框中部将显示面的选择类型，如图 2-8 所示，按照一定的面选取方式从其他组件上选择一个或多个实体表面，单击【确定】按钮，所选表面就链接到工作部件中。

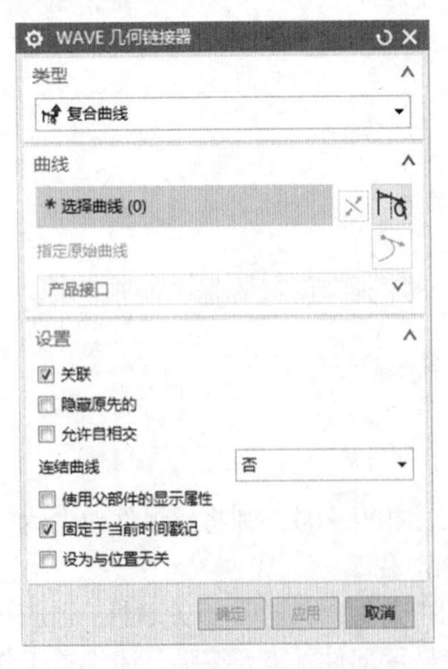

图 2-7 链接复合曲线对话框

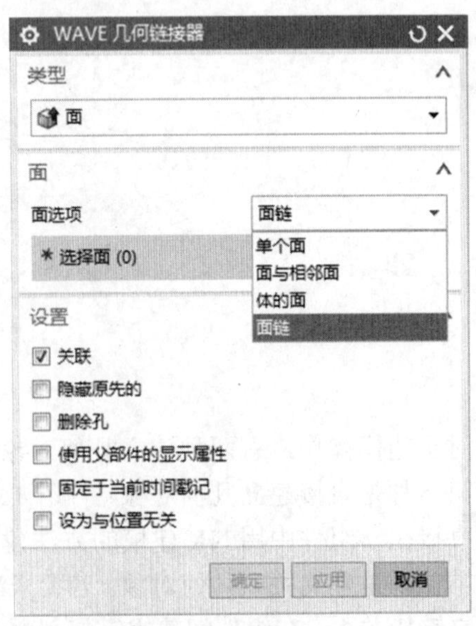

图 2-8 链接面对话框

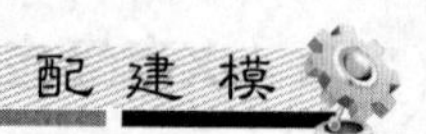

对话框中的“关联”复选框表示所选对象与原几何体保持关联，否则，建立非关联特征。即产生的链接特征与原对象不关联。

应用案例 2-1

本例演示第一种自顶向下的装配过程。

（1）启动 NX 软件，进入装配环境中，打开文件...part\chap2\wave_box.prt，如图 2-9 所示。

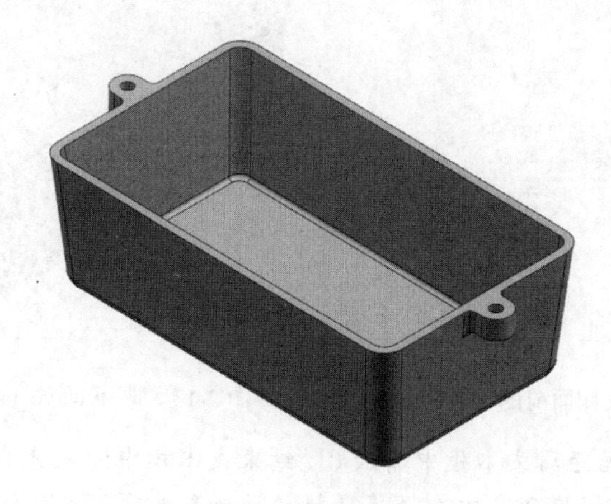

图 2-9　wave_box.prt 文件

（2）打开装配导航器，将 wave_box.prt 部件设为工作部件，打开部件导航器并注意该部件中只含有一个基准坐标系，如图 2-10 和图 2-11 所示。

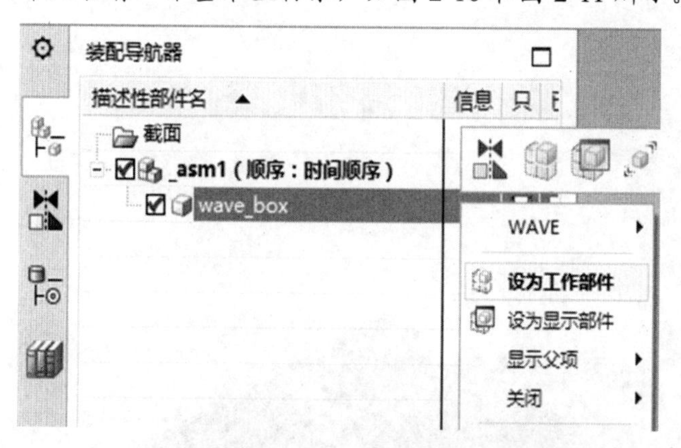

图 2-10　将 wave_box.prt 部件设为工作部件

图 2-11　部件导航器

（3）开始拉伸顶盖侧面。单击【拉伸】按钮，在选择条区域，选择范围列表中选择【整个装配】选项。在该列表相邻的位置单击【部件间的链接】按钮，使其高亮显示，如图 2-12 所示。

（4）选择 wave_box 组件的外边缘作为连接的曲线供顶盖使用。在选择条上，曲线规则列表中选择【相切曲线】选项。选择 wave_box 部件顶部的外侧边缘，如图 2-13 所示。在选择第一条边缘后将显示一条部件间复制消息，在该消息对话框中选择不再显示此消息复选框，并在部件间复制消息对话框上单击【确定】按钮。

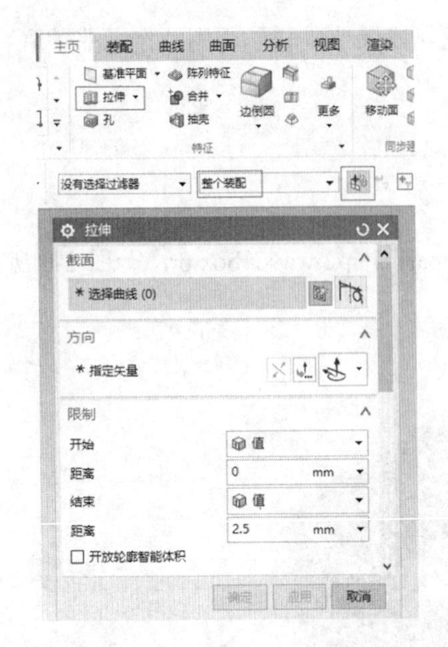

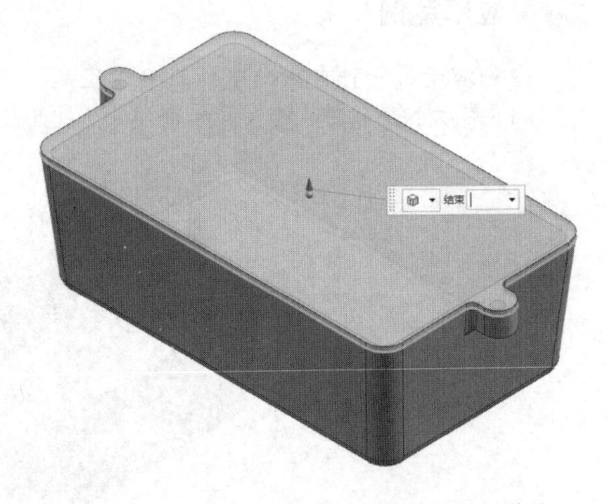

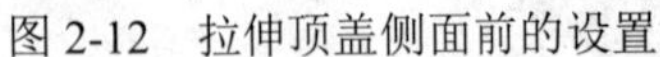

图 2-12　拉伸顶盖侧面前的设置　　　　图 2-13　选择 wave_box 部件顶部的外侧边缘

（5）在限制组的开始距离文本框中输入 0，结束文本框中输入 8；在布尔运算列表中选择【无】选项；在拔模组的拔模列表中选择【从起始限制】选项，在拔模角度文本框中输入-0.2 度；在偏置组中选择【两侧】选项，并在开始文本框中输入-1.5，结束文本框中输入 1.0，单击【确定】按钮，完成此拉伸特征。如图 2-14 所示，注意拉伸的方向为 Z 轴正向。第一次拉伸预览如图 2-15 所示。

图 2-14　拉伸参数的设置　　　　图 2-15　第一次拉伸预览

（6）利用已经存在的拉伸特征为盖子添加顶面。单击【拉伸】按钮 ，在选择范围列表中选择【仅在工作部件内部】选项，在选择条的曲线规则列表中选择【相切曲线】选项。选择上次拉伸特征最上方的外边缘曲线，如图 2-16 所示。

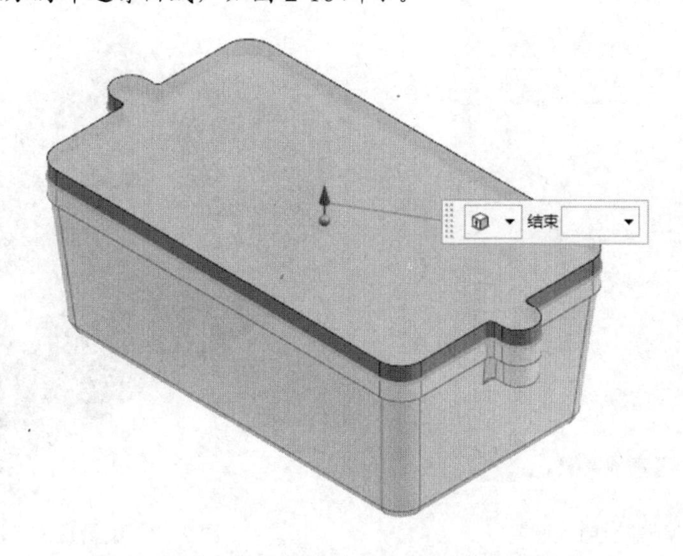

图 2-16 选择上次拉伸特征最上方的外边缘曲线

拉伸方向为 Z 轴正向；在开始文本框中输入 0，在结束文本框中输入 2.5；在布尔运算列表中选择“求和”选项。单击【确定】按钮，完成盖子顶面的拉伸，如图 2-17 所示。第二次拉伸的预览如图 2-18 所示。

图 2-17 拉伸参数设置

图 2-18 第二次拉伸预览图

（7）编辑顶盖的对象显示，选中顶盖，选择【编辑对象】显示按钮 ，将透明度设置为 85%左右，如图 2-19 所示。这样可以透过顶盖来观察并选择位于顶盖下面组件的面的边缘，如图 2-20 所示。

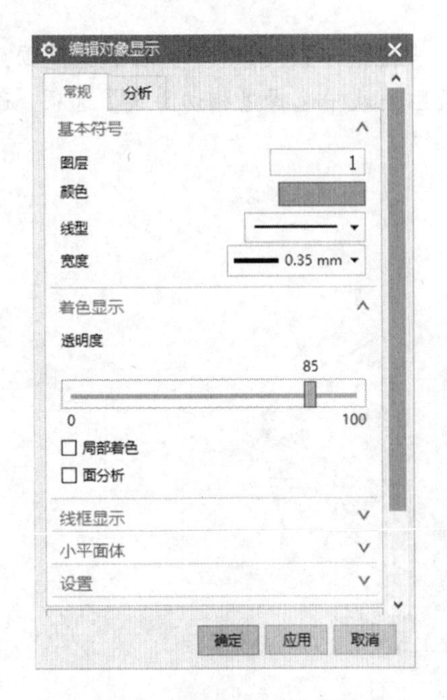

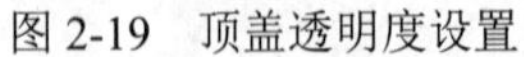

图 2-19　顶盖透明度设置　　　　图 2-20　编辑顶盖显示透明度

（8）单击【拉伸】按钮，链接盖子两边的面边缘并拉伸这些边缘生成凸台状特征。在选择范围列表选择“整个装配”选项，在该列表相邻的位置单击【创建部件间链接】按钮，使其高亮显示，在曲线规则列表中选择“单条曲线”选项。选择 wave_box 部件如图 2-21 所示的 2 条边，作为截面曲线，拉伸方向为 Z 轴正向。

图 2-21　选择拉伸的两条边

在拉伸限制组的开始距离文本框中输入 0，结束列表中选择“直至下一个选项”；在布尔列表中选择“求和”选项；在拔模组的拔模列表中选择“从起始限制选项”，拔模角度文本框中输入−0.125，单击【确定】按钮，完成拉伸特征，如图 2-22 所示。拉伸结果预览如图 2-23 所示。

（9）修改主装配体。显示父部件 wave_box，并把 wave_box 转为工作部件。对父特征的一些创建操作更改数据，那么相对应的一级控件的尺寸和形状也会随之而改变。

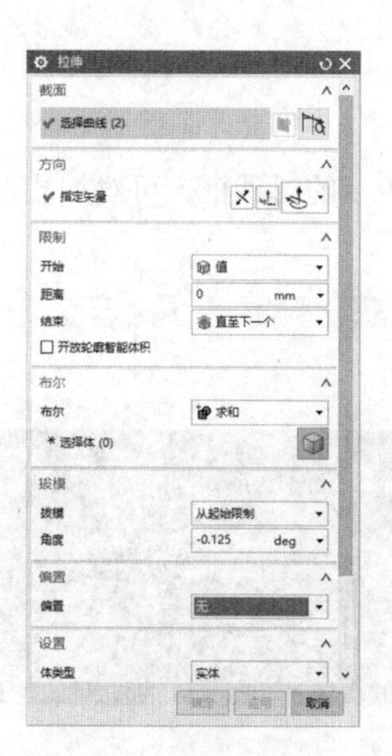

图 2-22 拉伸参数设置

图 2-23 完成的顶盖组件

2. 第二种自顶向下装配方法

该方法是在装配件中建立几何模型，然后再建立组件，即建立装配关系，并将新组件与装配中其他组件建立几何关联性，这种几何关联可以是同级装配组件，也可以是父装配组件。通过关联将几何模型添加到组件中去。与上一种装配方法不同之处在于：该装配方法打开一个不包含任何部件和组件的新文件，并且使用链接器将对象链接到当前装配环境中。

（1）打开文件并新建组件。打开一个文件，该文件可以是一个不含任何几何体和组件的新文件，也可以是一个含有几何体或装配部件的文件，然后创建一个新的组件。新组件产生后，由于其不含任何几何对象，因此装配图形没有什么变化。

（2）建立并编辑新组件几何对象。新组件产生后，可在其中建立几何对象。若要求新组件与装配中其他组件有几何连接性，则应在组件间建立链接关系。WAVE 技术是一种基于装配建模的相关性参数化设计技术，允许在不同部件之间建立参数之间的相关关系，即所谓的“部件间关联”关系，实现部件之间的几何对象的相关复制。

在组件间建立链接关系的方法：保持显示组件不变，按照上述设置组件的方法改变工作组件到新组件，然后利用“WAVE 几何链接器”链接其他组件中的点、线、面和体等到当前的工作组中。关于“WAVE”的具体使用方法在第 4 章中详细介绍。

2.2 装配加载选项

有效地使用装配加载选项可提高装配的性能，加载选项可控制加载的组件数据的量和形式，配置要打开的部件组件加载到内存的方式，包括以下几项。

- 使用多个版本加载部件的方式。
- 使用原生 NX 时组件的查找位置。
- 完全加载还是部分加载组件。

➢ 要加载的默认引用集。

➢ 装配书签文件的加载方式。

单击【文件】→【装配加载】选项，弹出如图 2-24 所示的对话框。可对加载部件、加载行为、引用集等选项进行设置。

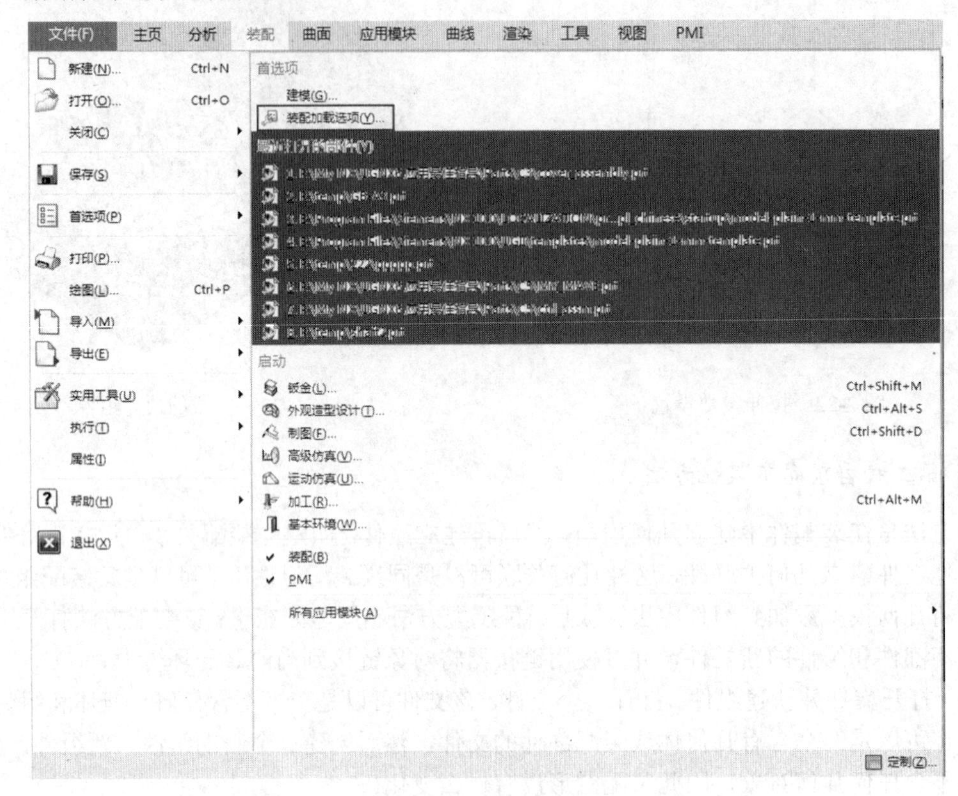

图 2-24 装配选项加载

1. 部件版本

部件版本用于指定组件加载的起始位置。

（1）按照保存的。从组件的保存目录中加载组件。

（2）从文件夹。从父装配所在的目录加载组件。

（3）从搜索文件夹。加载在搜索目录层次结构列表中找到的第一个组件。在运行 NX 的生产环境中，使用本机模式时通常有必要使用“搜索目录”选项，因为大多数装配所引用的标准件和已发放部件都组织到工作目录以外的中央文件夹或目录中。加载性能与必须搜索的目录和文件的数目成比例。

2. 加载范围

加载范围用于要加载的组件。

（1）所有组件。加载除了仅由空引用集表示的组件部件之外的每个组件部件。

（2）仅限于结构。只打开装配部件文件，而不加载组件。

（3）按照保存的。加载与装配上一次被保存时相同的组件组。

对于大中型装配可使用部分加载选项，以提高加载性能并降低内存需求。部分加载会将需

要从每个组件加载的数据量减到最少，它只加载足够的数据来显示活动引用集中包括的几何体。NX 有时将根据需要完全加载组件，或者可以随时直接加载组件。例如，使某个部件成为工作部件会立即完全加载组件。

使用轻量级表示加载在当前引用集中具有轻量级表示的组件。

3. 引用集

应使用“默认引用集”加载选项来为装配建立默认引用集，该装配将利用引用集的功能，来限制加载的数据量。该加载选项允许强制设置引用集加载优先级，不考虑装配以前是如何保存的。装配设计中若实施引用集标准，则某些标准可通过用户默认设置强制执行。

4. 已保存的加载选项

通过将 UGII_LOAD_OPTIONS 环境变量设置为等于"load_options.def" 文件，可覆盖系统默认的装配加载选项。这会让所有用户或用户组从标准化设置中受益。但是，它不会覆盖本地保存的加载选项文件。

完整的优先顺序如下：

（1）通过从以任一名称保存的文件中恢复来进行显式替代。

（2）由 UGII_LOAD_OPTIONS 指定的任意名称的文件。

（3）load_options.def 在用户默认设置目录中的本地副本。

（4）如果缺少任何文件，就使用硬编码系统默认设置。

应用案例 2-2

本例演示装配选项加载过程。

（1）NX 软件。

（2）单击【文件】→【装配加载选项】，弹出如图 2-25 所示的对话框。在“部件版本”选项中，对加载方法选择“按保存的”。

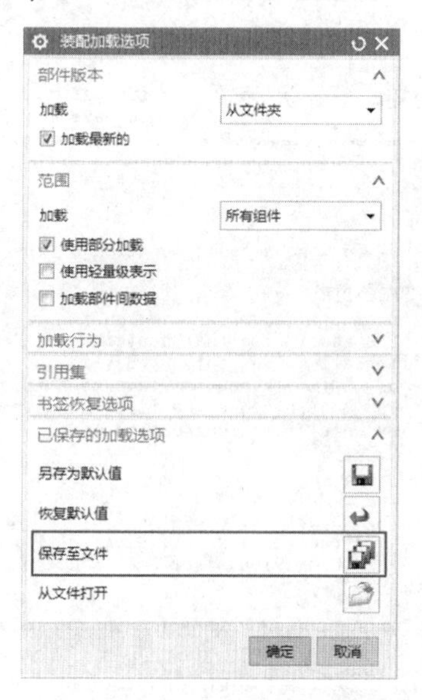

图 2-25　“装配加载选项”对话框

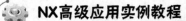

（3）设置好上述选项后，展开图 2-25 装配加载选项对话框中“已保存的加载选项”，单击保存至文件图标，弹出如图 2-26 所示的保存加载选项文件对话框，选择路径：...\Siemens\NX 10.0\UGII，文件名设为 my_load_options.def，单击【OK】按钮。

（4）用记事本打开 ugii_env_ug.dat，如图 2-27 所示。在“UGII_LOAD_OPTIONS=”后面添加以下内容：...Siemens\NX 10.0\UGII\ my_load_options.def。保存后退出。

（5）装配加载选项则按照刚才设置的选项进行加载。

图 2-26　保存加载选项文件

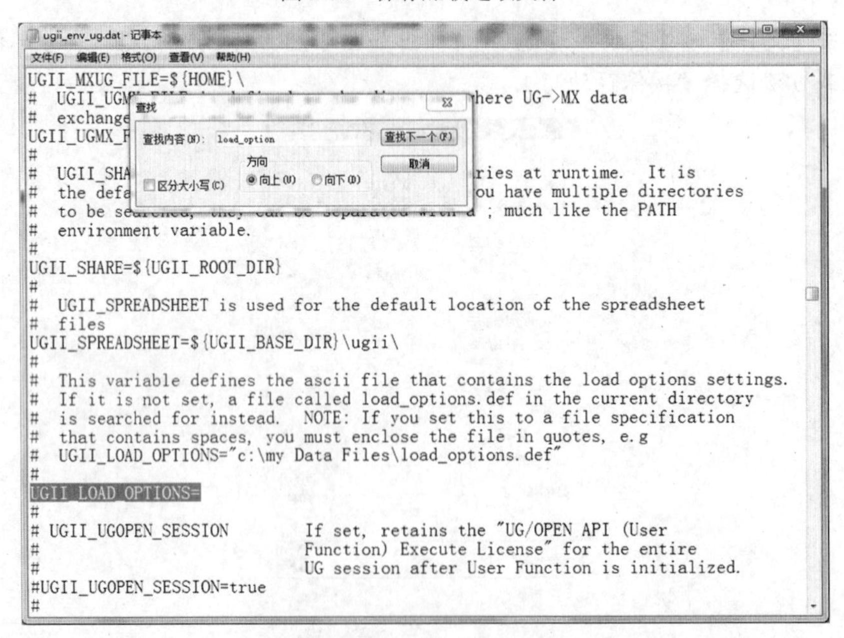

图 2-27　编辑 ugii_env_ug.dat 文件

2.3 引 用 集

在装配中，由于各组件含有草图、基准平面及其他辅助图形数据，如果要显示装配中各部件和子装配的所有数据，一方面容易混淆图形，另一方面由于引用零部件的所有数据，需要占用大量内存，因此不利于装配工作的进行。通过引用集可以过滤掉不需要的几何体，在装配中仅显示组件简单的几何体，以简化显示及提高性能。

2.3.1 概述

引用集（Reference Set）是在零件中定义的一系列几何体的集合，它代表相应的零部件参与装配，其命名方式可以用里面收集的几何体的含义来命名。引用集可包含以下数据：零部件名称、原点、方向、几何体、坐标系、基准轴、基准平面和属性等。一个零件可以定义包括空集在内的多个引用集。引用集对话框如图 2-28 所示。

虽然对于不同的零件，默认的引用集也不尽相同，但是对应的所有组件都包含两个默认的引用集：整个部件（Entire Part）和空集（Empty）。

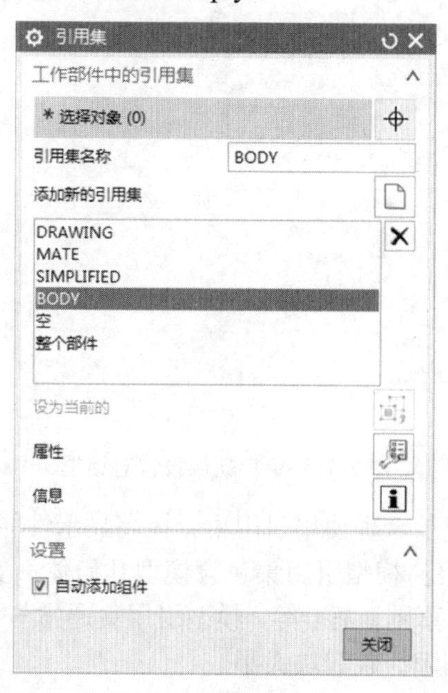

图 2-28　引用集对话框

（1）整个部件。该默认引用集表示整个部件，即引用部件的全部几何数据。在添加部件到装配中时，如果不选择其他引用集，默认是使用该引用集，如图 2-29 所示。

（2）空集。该默认引用集为空的引用集。空的引用集是任何几何对象的引用集，当部件以空的引用集形式添加到装配中时，在装配中看不到该部件。如果部件几何对象不需要在装配模型中显示，可使用空的引用集，以提高显示速度，例如图 2-30 中的弹簧。

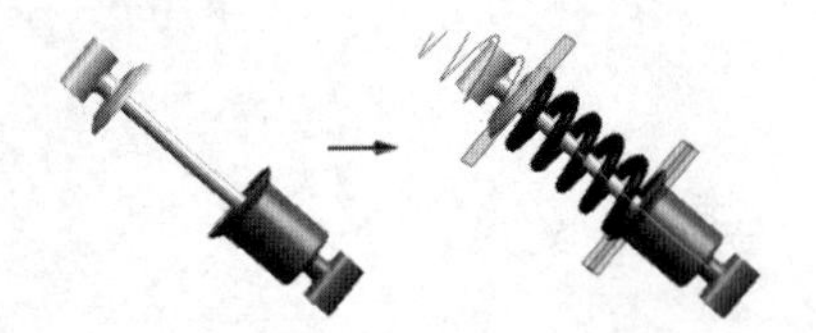

图 2-29　整个部件引用集

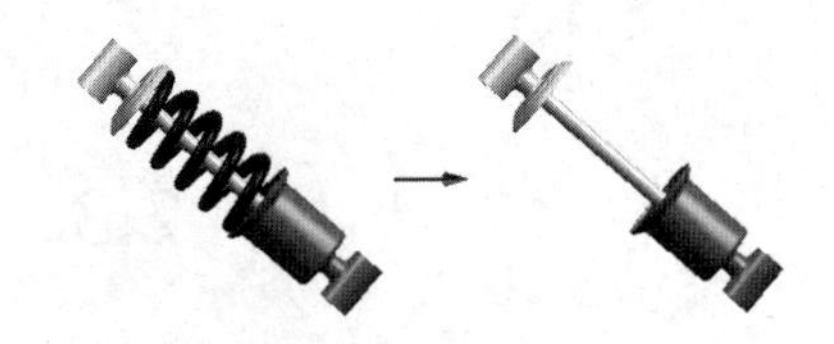

图 2-30　空引用集

NX 用户默认环境中可对引用集进行相关设置，选择【文件】→【实用工具】→【用户默认环境】，出现如图 2-31 所示的对话框。可对“模型引用集”、“轻量级引用集”和“简化引用集”进行设置。

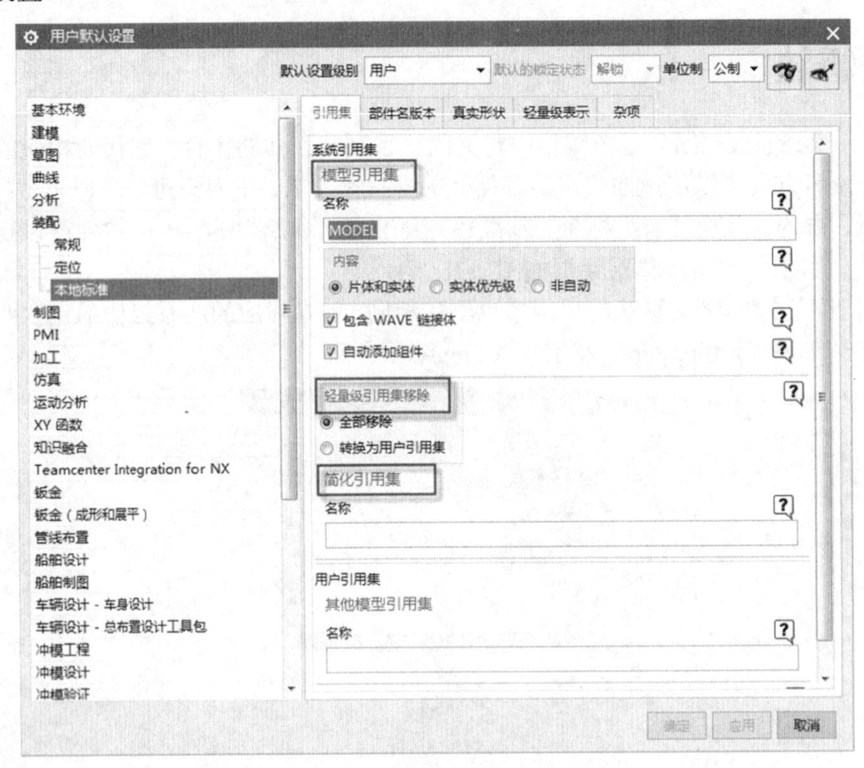

图 2-31　用户默认设置对话框

除此之外，在不同的环境下合理使用引用集会提高显示性能。使用方法如下：

（1）模型（Body）引用集。模型引用集包含模型几何体：实体、片体、轻量级表示。但不包含辅助构造几何体，例如草图、基准等。模型引用集通常与大装配结合使用，利用它可以准确计算重量或质量、装配间隙、包容块大小。

（2）制图（Drawing）引用集。制图引用集用于存放在制图中出现的几何体，这些参考几何体需要标注在工程图中，但在其他地方却不需要。

（3）配对（Mate）引用集。配对引用集用于存放装配中用于配对的基准。若使用“整个部件”引用集管理这些配对基准，则绘图区必然显得杂乱，建立只包含所需基准的标注引用集，可解决该问题。

（4）简化（Simplified）引用集。定义了简化引用集，则用户创建的任何包裹装配或链接的外部都自动添加到此引用集，如图 2-32 所示。

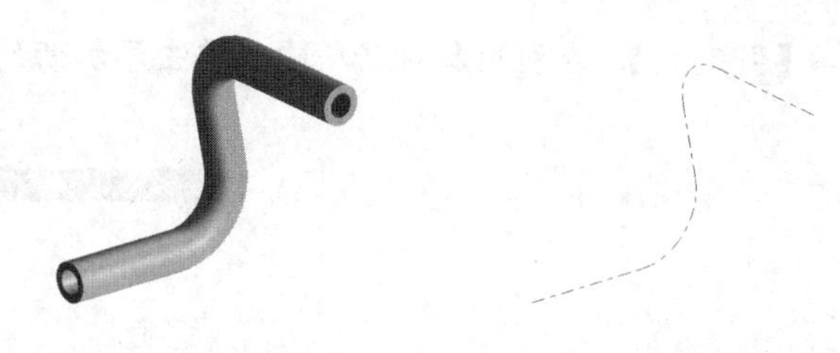

（a）模型引用集　　　　（b）简化引用集

图 2-32　模型引用集和简化引用集

2.3.2　创建引用集

要使用引用集管理装配数据，就必须首先创建引用集，并且指定引用集是部件或子装配，这是因为部件的引用集既可以在部件中建立，也可以在装配中建立。如果要在装配中为某部件建立引用集，那么应使其成为工作部件，“引用集”对话框下的列表框下将增加一个引用集名称。

创建引用集的步骤如下：

（1）在装配导航器中，单击右键，将拥有该引用集的组件或子装配，然后选择设为显示部件。

（2）通过抽取要显示在该引用集中的必要曲线、点或片体来准备部件。

（3）选择“装配”选项卡→【更多库】→【引用集】。

（4）在引用集对话框中，单击添加新的引用集。

（5）在引用集名称框中，输入“简单”。

（6）在设置组中选中自动添加组件复选框，以便在创建新组件时自动将其添加到引用集。

（7）在图形窗口中选择对象，直到在引用集中包含所需的所有对象。

（8）单击【关闭】按钮。

特别提示

创建引用集时，系统对其数量没有限制，而且同一个几何体可以属于几个不同的引用集。引用集名称最多只能有 30 个字符。名称大小写均可，系统会自动将名称转为大写字母。

应用案例 2-3

本例演示如何创建引用集。

（1）启动 NX 10.0，打开文件 part/chap2/o_ring.prt，如图 2-33 所示。

图 2-33　o_ring.prt 文件

（2）选择【格式】→【引用集】，在引用集对话框中，单击添加新的引用集，如图 2-34 和图 2-35 所示。

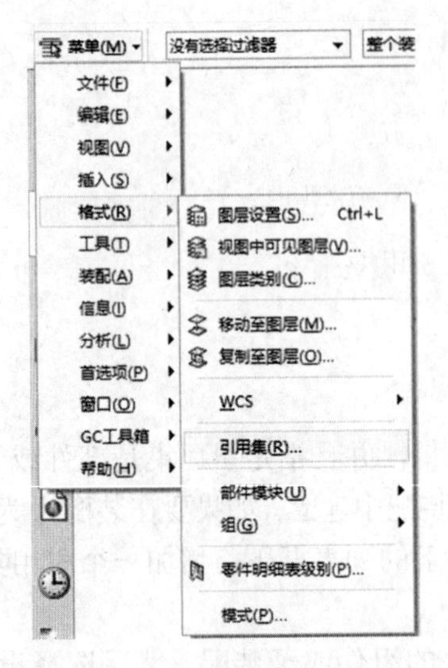

图 2-34　打开【引用集】

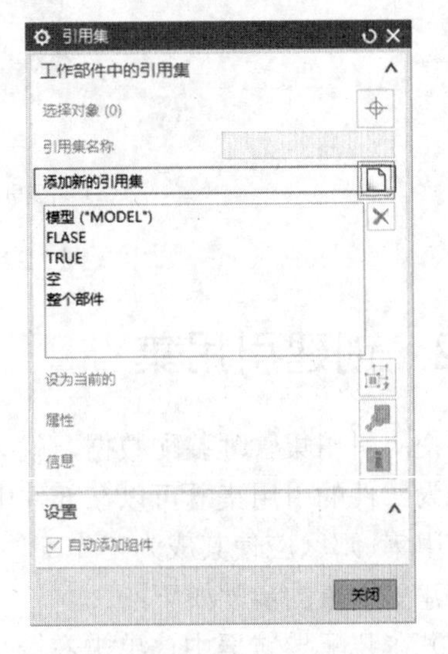

图 2-35　添加新的引用集

（3）若希望 NX 在创建新组件时自动将其添加到引用集，则在【设置】组中选中【自动添加组件】复选框；若不想使用默认名称，则在【引用集名称】框中输入新的名称，如图 2-36 所示。

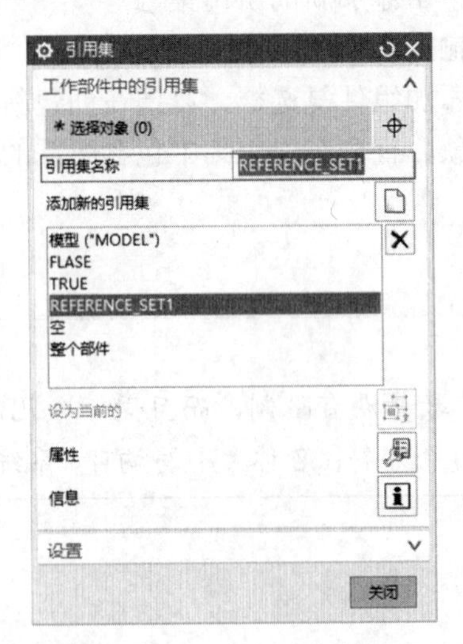

图 2-36　修改引用集名称

（4）选择 O 形环草图，在【引用集名称】文本框中输入“sketch-1”，完成对引用集的定义之后，关闭引用集对话框。

注意：【自动添加组件】复选框已被选中。这指定了新创建的组建是否会自动添加到高亮的引用集中。而在创建新引用集时，该复选框则控制是否将现有的组建添加到此新引用集中，如图 2-37 所示。

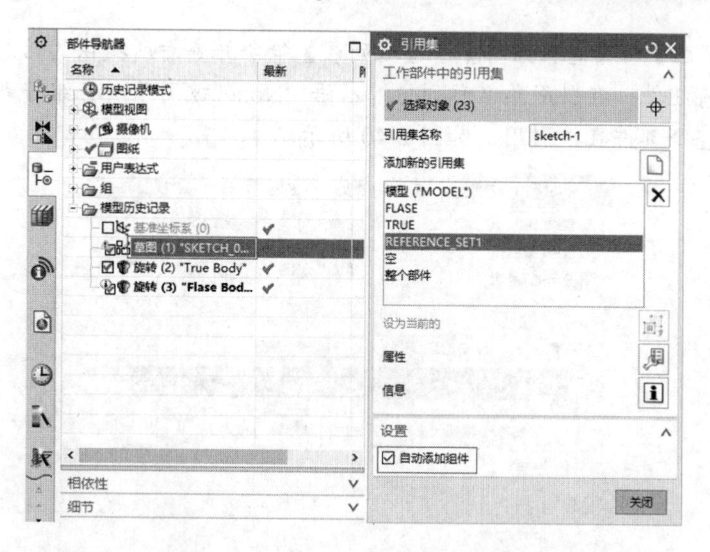

图 2-37　选择 O 形环草图创建引用集

（5）可以用下面方法来查看引用集中包含的对象。在【引用集对话框】中选择【SKETCH-1】，再单击信息按钮，可以阅读在此引用集中包含了什么，如图 2-38 所示。

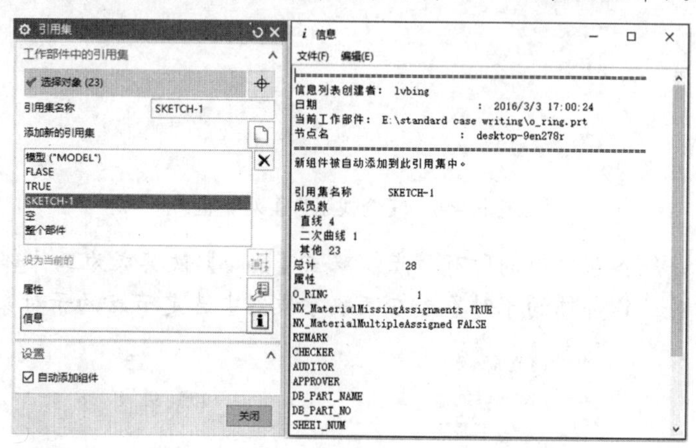

图 2-38　引用集信息对话框

应用案例 2-4

本例演示如何替换引用集。

（1）启动 NX 10.0，打开文件 part/chap2/base_asm.prt，如图 2-39 所示。

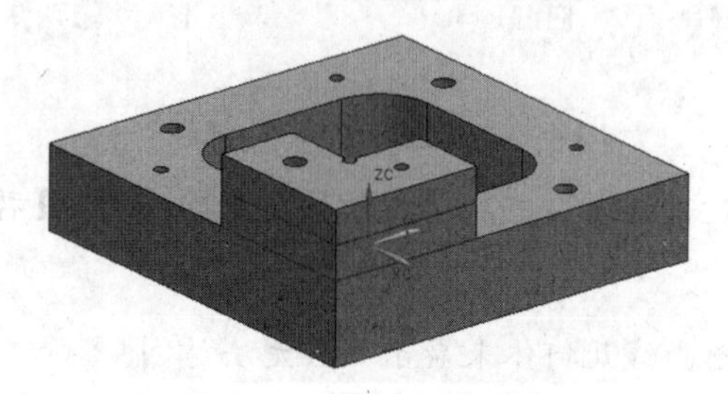

图 2-39　base_asm.prt 文件

（2）选择【装配】→【查找组件】→【从列表】命令并查看所提供的信息。该信息窗口列出了此装配中所有组件。在引用集名称列中，术语“None”被用于所有组件部件。这是一个默认的状态并表示整个部件在被引用，如图2-40所示。

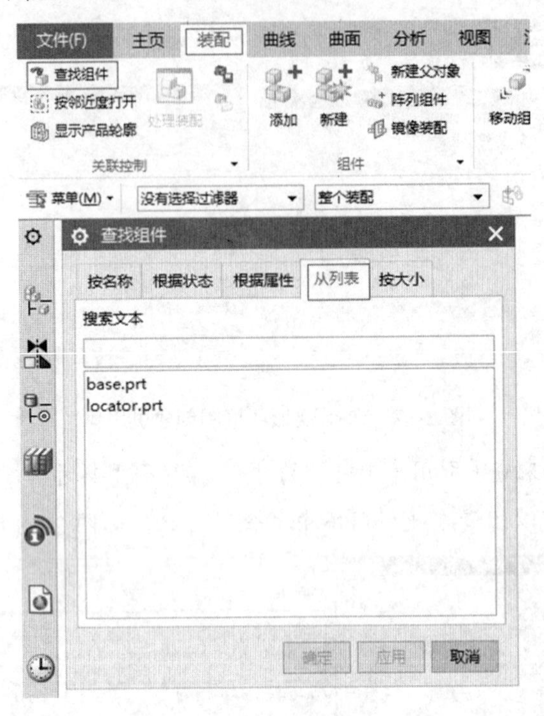

图2-40 【查找组件】对话框

（3）展开装配导航器窗口中的所有节点。双击【base】使其成为工作部件，如图2-41所示。替换引用集只对工作部件的子对象或在装配导航器中选定节点的子对象起作用。

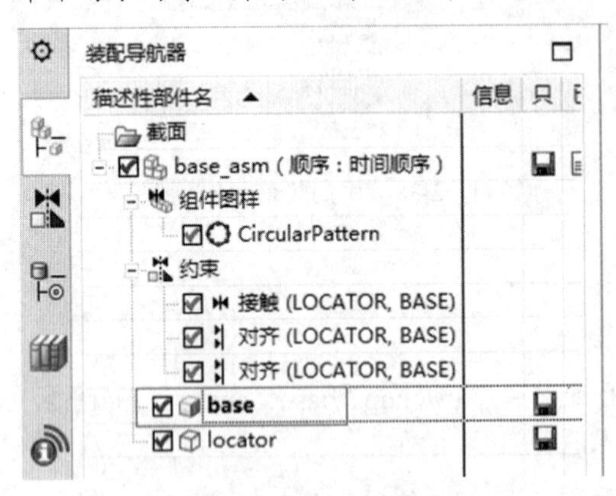

图2-41 设【base】为工作部件

（4）在装配导航器中右击【base】，并在弹出的快捷菜单中选择【替换引用集】→【MODEL】命令，如图2-42所示。

注意：基准平面和草图曲线几何体未显示并且无法访问。

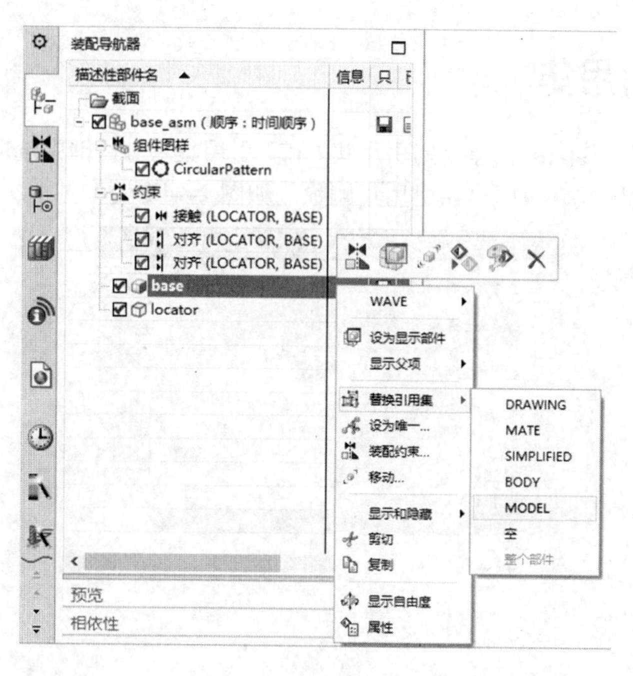

图 2-42　将【base】替换引用集为【MODEL】

（5）大范围更改引用集。若在装配导航器中按下“Ctrl”键并单击【base】、【locator】节点，则其被选中并高亮显示。右击高亮的节点，并在弹出的快捷菜单中选择【替换引用集】→【MODEL】命令，如图 2-43 所示。至此，装配中的所有组件都具有了 MODEL 引用集。

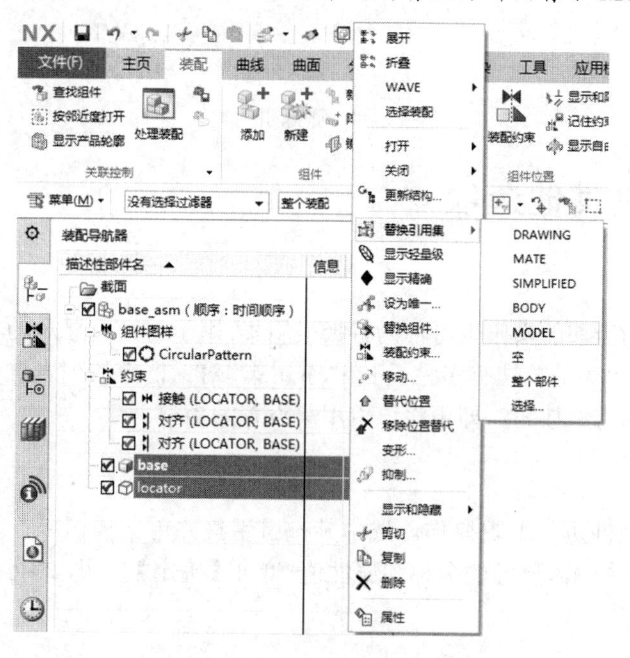

图 2-43　大范围更改引用集

（6）可以按照需要，对任意数量的组件和子装配使用这种方法。在更改引用集时，如果任意组件不具备将要替换成的引用集名称，都将会收到信息提示。

2.3.2 删除引用集

用于删除组件或子装配中已建立的引用集。在“引用集”对话框中选取需要删除的引用集后，单击“删除”图标☒，即可将该引用集删除，如图 2-44 所示。

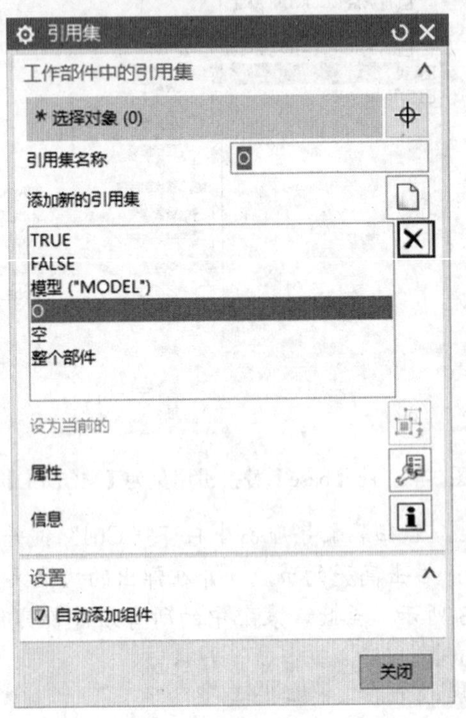

图 2-44 删除引用集

2.3.4 引用集其他选项

1. 设为当前

将引用集设置为当前的操作也可称为替换引用集，用于将高亮显示的引用集设置为当前的引用集。执行替换引用集的方法有多种，可在“引用集”对话框下的列表框中选择引用集名称，然后再单击“设为当前”按钮，即可将该引用集设置为当前。

2. 性

用于对引用集属性进行编辑操作。选中某一引用集并单击按钮，打开“引用集属性”对话框。在该对话框中输入属性的名称和属性值，单击【确定】按钮，即可执行属性编辑操作。

3. 信息

该选项用于查看当前零部件中已建引用集的有关信息。在列表框中选中某一引用集后该选项被激活，单击选项，则直接弹出引用集信息窗口，列出当前工作部件中所有引用集的名称，如图 2-45 所示。

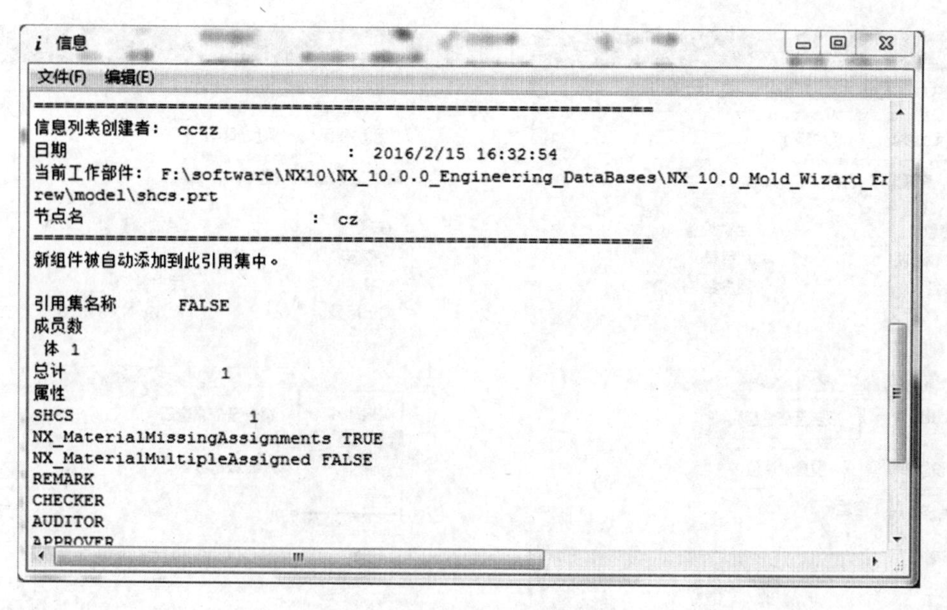

图 2-45　引用集信息窗口

2.4　克隆装配

NX 装配克隆功能提供另外一种自顶向下的方法，根据提供的现有装配创建或复制一个新装配或一组相关装配，新创建的装配与原装配具有完全相同的装配结构、装配约束关系或关联性。例如可以建立一个现有装配的几个版本，它们有一共同组件的核心集，在克隆的装配组件中可以被修改，也可以添加新组件以满足新的设计要求。

进入装配应用模块，选择【装配】→【克隆】→【创建克隆装配】命令，弹出克隆装配对话框如图 2-46 所示。

1. 主要选项

（1）添加装配：为克隆操作选择一个装配。选择的装配组件包括在克隆操作中。这个选项一次可以选择多个装配包括在克隆操作中。

（2）加部件：类似加装配，除去组件不包括在克隆操作中，这个选项一次也可以选择多个部件包括在克隆操作中。

（3）报告：报告选项如图 2-47 所示。

- 仅仅根部件（root parts only）：报告装入到操作内的所有的顶级装配。组件不包括在报告中。
- 简洁（terse）：仅仅报告部件的输入和输出名。
- 完全的（full）：生成一个完全的报告，包括由每一种子部件将采取什么动作和在克隆的装配中新部件名字是什么。

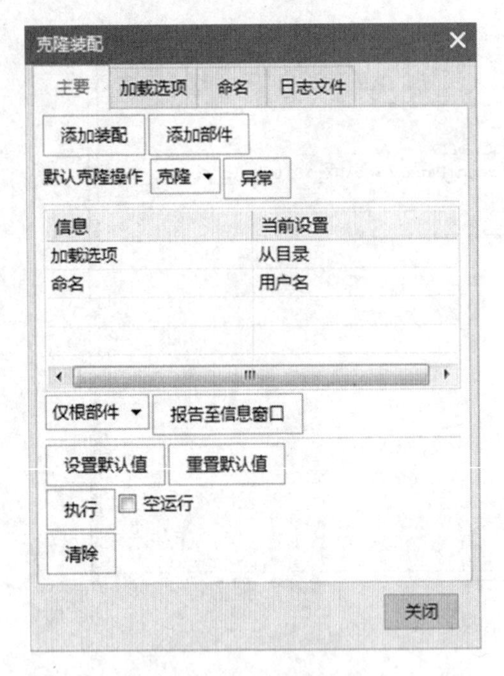

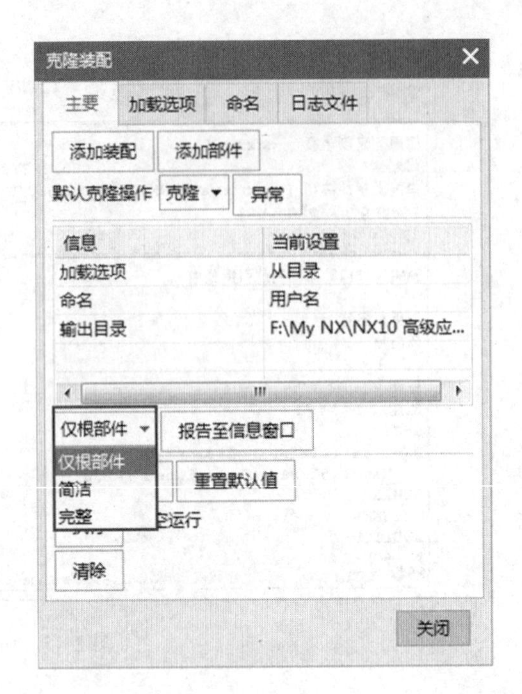

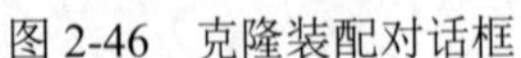

图 2-46　克隆装配对话框　　　　图 2-47　报告选项

2. 装载选项

加载一个装配到克隆操作时，定义作用的装载方法和搜索目录。该选项与装配加载选项类似。

3. 命名

规定对如何命名克隆的零部件。通过利用命名规则，定义克隆的组件默认命名，如图 2-48 所示。

若不添加命名规则，用户必须一个一个地重新指定部件的名称，或者在命名规则中选择添加前缀或后缀来自动命名，但新的装配体无法保持和原来名字一致。这里有个小技巧：若原装配文件在命名中都存在如“_”之类的特殊符号，那可以通过替换的命名方式用“_”来替换“_”，这样就能保证新的装配体和原文件命名的一致。

4. 输出目录

新的装配体保存的路径，系统会把选定装配体及其子零件统一另存到新的目录。

5. 记录文件

在执行克隆之后，一个克隆记录文件出现在信息窗口，并可选地存储到一个文件中。克隆记录文件摘录在克隆操作期执行的活动，包括从输入到输出装配的映像。可以存储记录文件和用于之后的操作，如图 2-49 所示。

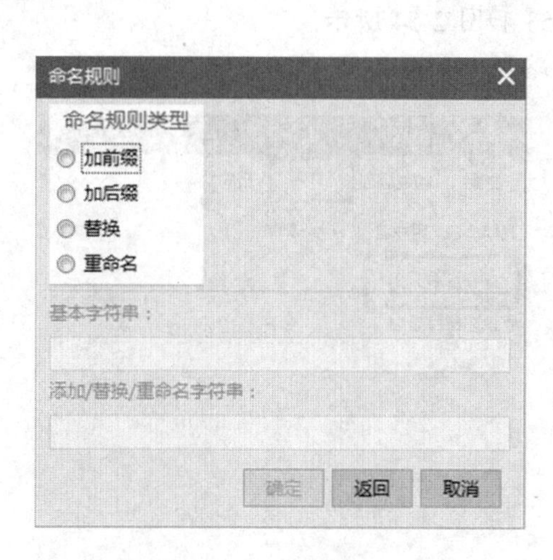

图 2-48　命名规则

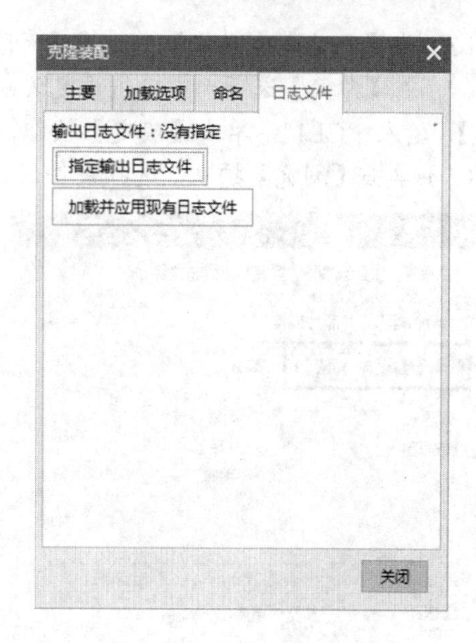

图 2-49　记录文件选项

应用案例 2-6

本例演示如何使用装配克隆。

（1）打开名为 part\chap2\huqian\hq_asm.prt 的装配文件，出现如图 2-50 所示的实体装配模型。

（2）选择【装配】→【克隆】→【创建克隆装配】，在【主要】选项卡中单击【添加装配】按钮；在【添加装配到克隆操作】对话框中选择 hq_asm.prt，然后单击【确定】按钮，如图 2-51 所示。

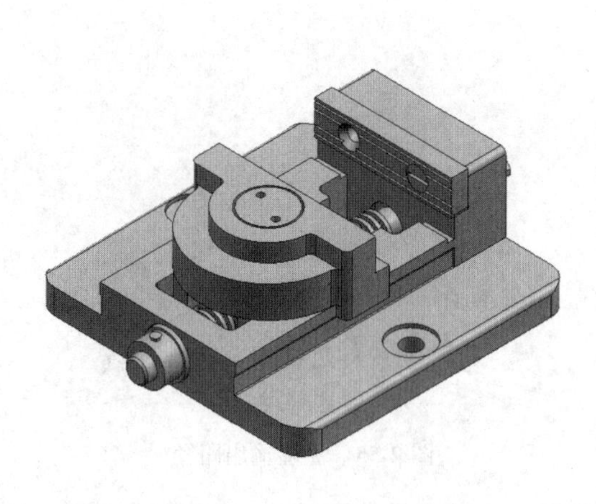

图 2-50　实体装配模型

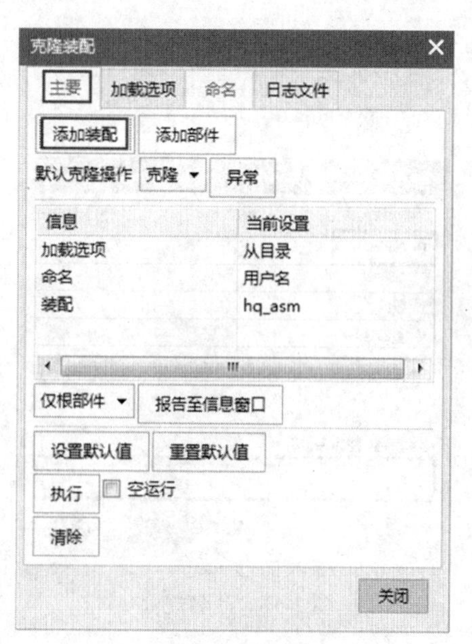

图 2-51　克隆装配对话框

（3）在【默认克隆操作】中选择【克隆】，如图 2-52 所示。

（4）在【命名】选项卡中单击【定义命名规则】按钮，在【命名规则】对话框中选择【加前缀】，输入“CL1”，单击【确定】按钮，如图 2-53 和图 2-54 所示。

（5）单击【浏览】按钮，选择文件的默认输出路径，如图 2-55 所示。

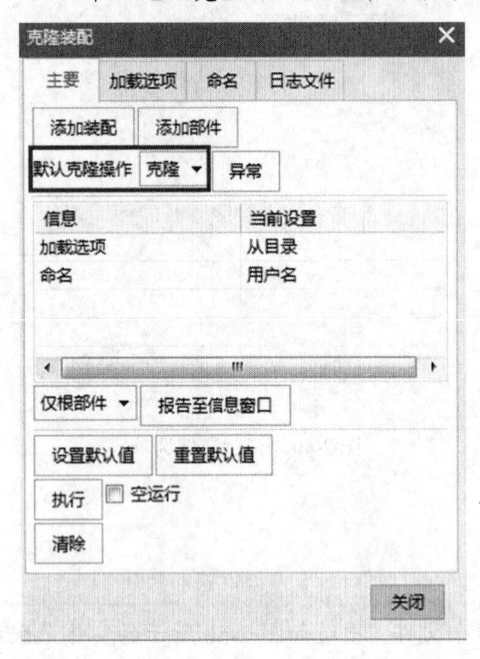

图 2-52　克隆装配设置

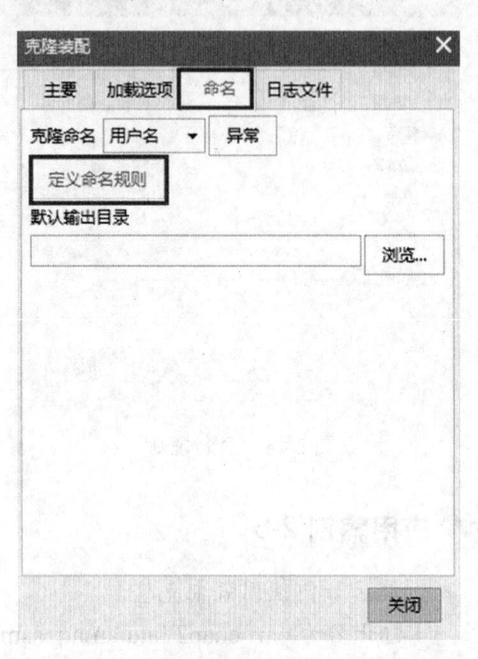

图 2-53　命名主页

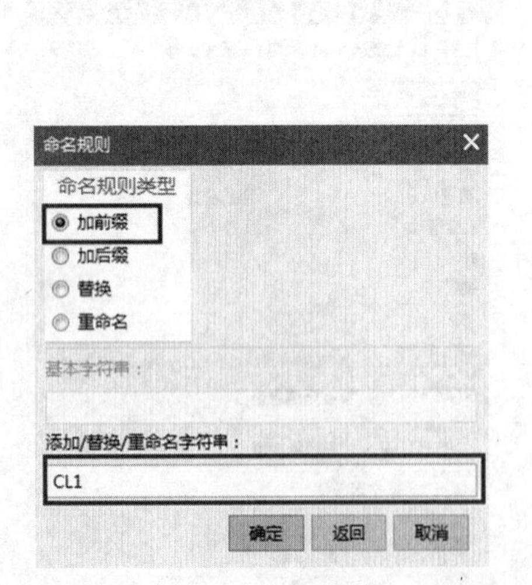

图 2-54　命名规则

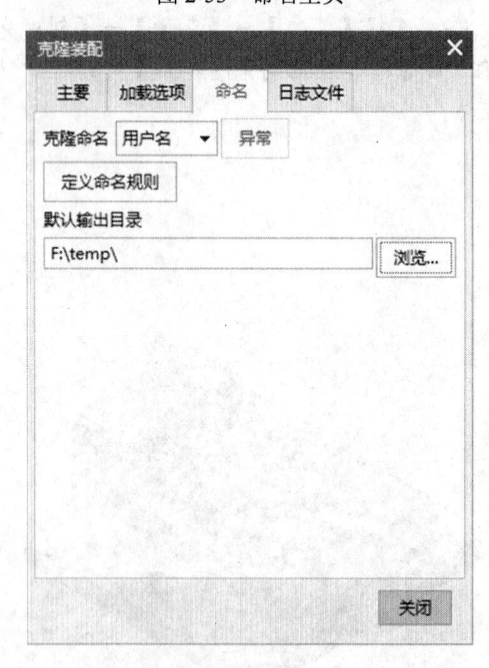

图 2-55　克隆输出路径

（6）单击【异常】按钮，在【操作异常】对话框中选择【保持】操作，选择 luoding（操作意图：不对 luoding.prt 进行装配克隆），如图 2-56 所示。

（7）在【主要】选项卡中，选择【完整】选项；单击【报告到信息窗口】按钮，如图 2-57 所示。

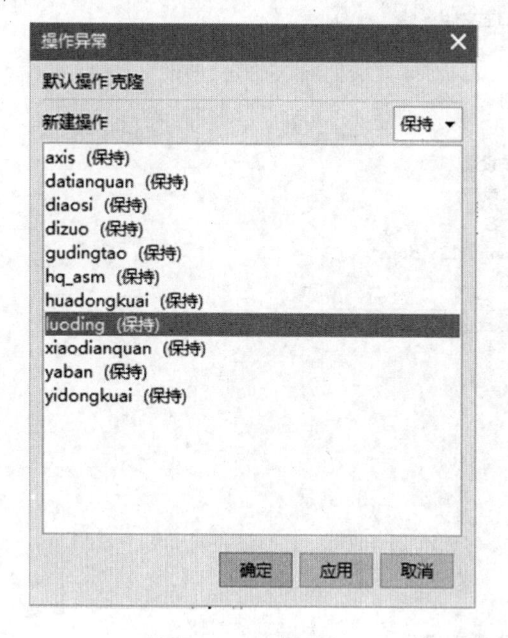

图 2-56　异常操作

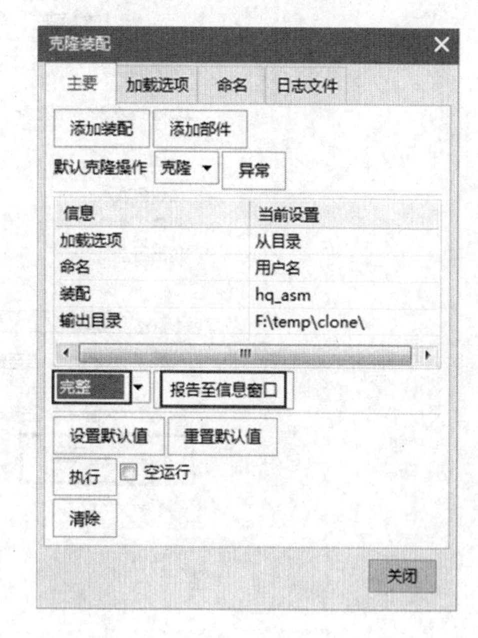

图 2-57　克隆设置

（8）单击【报告至信息窗口】，在【信息】文本中查看所有部件的状态，如图 2-58 所示。

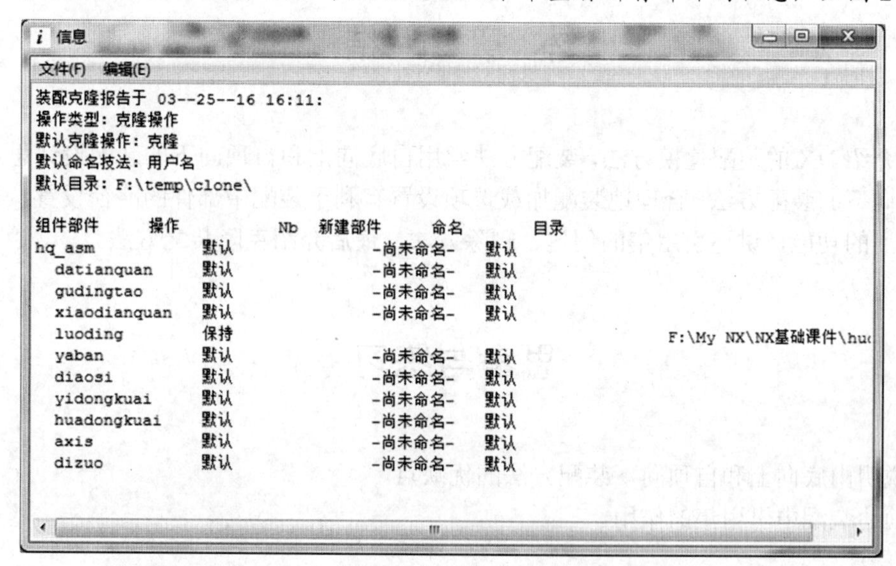

图 2-58　信息窗口

（9）选择【空运行】，单击【执行】，若信息窗口显示所有克隆部件的列表而没有出现错误提示，则说明可以成功克隆这个装配，如图 2-59 所示。

（10）查看路径下的文件生成结果。在 clone 文件夹下生成了 cl1_hq_asm.prt 总装，在 clone 文件夹下生成了其他组件，并没有生成 luoding. prt 文件。

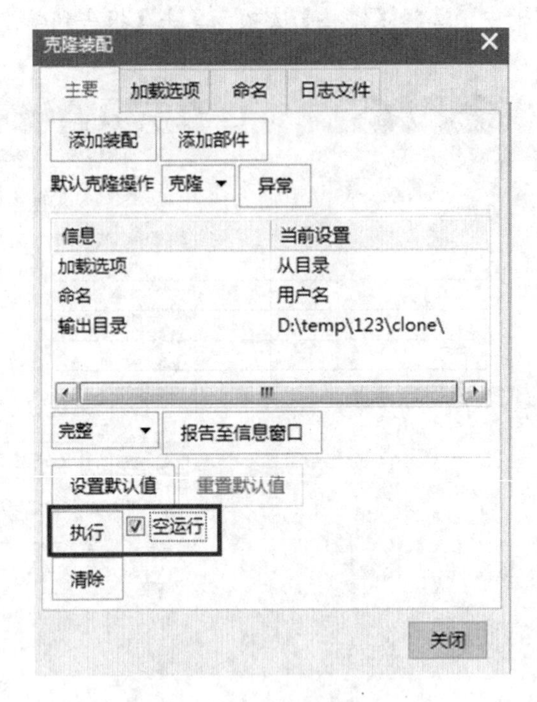

图 2-59　执行克隆装配操作

本 章 小 结

本章介绍 NX 的装配建模方法，装配方法常用自底向上和自顶向下的装配设计思路，重点讲述自顶向下的装配方法，合理地装配加载选项设置有利于装配中部件的路径设置。引用集是装配中实用的功能，讲述引用集的创建、删除方法，最后介绍克隆装配方法。

思考与练习

1．说明由底向上和自顶向下装配方法的优缺点。

2．简述装配中引用集的作用。

第3章　参数化建模基础

参数化建模技术是 NX 软件的精华，是 CAD 技术的发展方向之一。对于优秀的设计人员来说，熟练掌握参数化设计技术是必须的。因此，理解掌握参数化技术的思想，正确应用通过草图、特征、定位及表达式等手段实现参数化建模，实现部件的全相关设计和关键变量的参数化设计。

学习目标

- ❒ 参数化建模的方法
- ❒ 表达式的使用
- ❒ 部件族的创建
- ❒ 重用库
- ❒ NX MoldWizard 标准件定制

3.1　参数化建模概述

传统的 CAD 系统所构造的产品模型只包含几何元素（点、线、面等），仅仅描述了产品的可视形状，而不包含产品的设计思想（即产品的几何元素间的拓扑关系和约束关系），因此不能使产品模型随几何尺寸的变化而改动。参数化设计在 CAD 系统中是通过尺寸驱动实现的，能够将产品的设计要求、设计目标、设计原则、设计方法与设计结果用可以改变的参数和明确统一的模型来表示，以便在人机交互过程中根据实际情况加以修改。

3.1.1　参数化建模

参数化建模是在实体建模基础之上发展的一种建模技术，从几何图形中抽象出几何约束，使其与工程设计中其他约束条件结合，充分体现了设计者的设计意图，提高产品建模的智能化水平。参数化设计（Parametric Design）也称为尺寸驱动（Dimension-Driven），是指参数化模型的部分尺寸用现有尺寸的关系表达式表示，而不需要确定具体的数值。变化一个参数，将自动改变所有与其相关的参数化模型尺寸，并遵循一定的约束条件。

参数化设计突出的优点是快速、准确，传递数据可靠，特别是对外形结构形式相似的零件设计。在实际工程设计中，经常会遇到系列产品的设计工作。这些产品在结构上基本相同，但由于使用场合、工况的差别，在结构尺寸上形成了一个系列。对于这类设计任务，如果进行重复的建模，势必给工程设计人员带来巨大的重复工作量，也延长了设计周期。引进参数化设计理论能够很好地解决这个问题，提高设计效率。三维参数化设计中经常用到的概念有约束、尺寸驱动、数据相关、基于特征的设计等。

（1）约束（constraint）。约束是利用一些法则或限制条件来规定构成实体的元素之间的关系。约束可分为尺寸约束和几何拓扑约束。尺寸约束一般指对大小、角度、直径、半径等这些可以具体测量的数值量进行限制；几何拓扑约束一般指平行、垂直、共线、相切等这些非数值的几何关系方面的限制，也可以形成一个简单的关系式约束，如一条边与另一条边的长度相等。全尺寸约束是将形状和尺寸联合起来考虑，通过尺寸约束来实现对几何形状的控制。参数化的几何模型必须以完整的尺寸参数为出发（全约束），不能漏注尺寸（欠约束），不能多注尺寸（过约束）。

参数化技术的实质就是以几何约束系统表示产品的几何模型，并且实现产品几何模型的约束驱动，即在确定产品几何约束模型之后，通过给予特定约束值自动地生成或改变产品的几何模型。

（2）尺寸驱动。通过约束推理确定需要修改某一尺寸参数时，系统自动检索出此尺寸参数对应的数据结构，找出相关参数计算的方程组并计算出参数，驱动几何图形状的改变。

（3）数据相关。尺寸参数的修改导致其相关尺寸得以更新。它彻底克服了自由建模的无约束状态，几何形状由尺寸控制。如打算修改零件形状时，只需编辑尺寸的数值即可实现形状上的改变。

参数化模型是通过捕捉模型中几何元素之间的约束关系，将几何图形表示为几何元素及其约束关系组成的几何约束模型。参数化建模的关键在于建立几何约束关系。因此，所建立的参数化模型必须满足以下两点：

（1）确定几何元素之间的约束关系，保证几何拓扑关系一致，维持图形的几何形状不变。

（2）建立几何信息和参数的对应机制，图形的控制尺寸由一组参数约束，设计结果的修改受到尺寸的驱动，实现参数化设计。

三维参数化设计技术以约束造型为核心，以尺寸驱动为特征，允许设计者首先进行草图设计，勾画出设计轮廓，然后输入精确尺寸值来完成最终的设计。参数化造型技术的突出优点如下：

（1）设计人员的初始设计要求低，无须精确绘图，只要勾绘出草图即可，然后可通过适当约束得到所需精确图形。

（2）便于系列化设计，一次设计成形后，可通过尺寸的修改得到同种规格零件的不同尺寸系列。

（3）便于编辑、修改，能满足反复设计需要，当在设计中发现有不适当的部分时设计者可通过修改约束而方便地得到新的设计。

图 3-1 是垫圈参数化示意。图形的控制尺寸由参数 D_1、D_2 和 H 来约束；

图 3-2 是改变尺寸后的垫圈示意，它是修改参数 D_1 为 $D_1+\Delta D_1$ 和修改 D_2 为 $D_2+\Delta D_2$ 后得到的图形，相应厚度 H 也有增加。尺寸变化前后图形的拓扑关系不变。

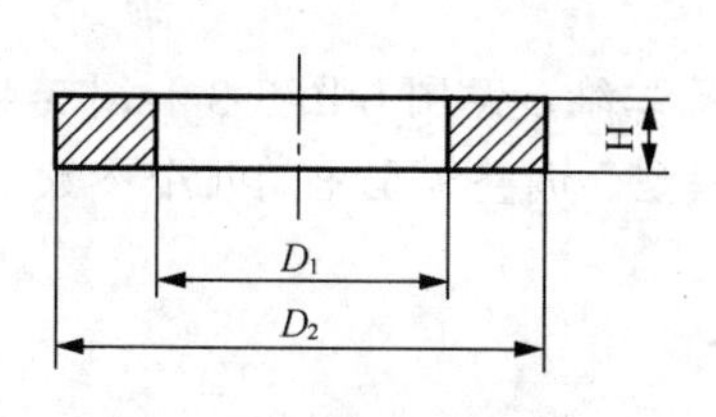

图 3-1　垫圈参数化示意

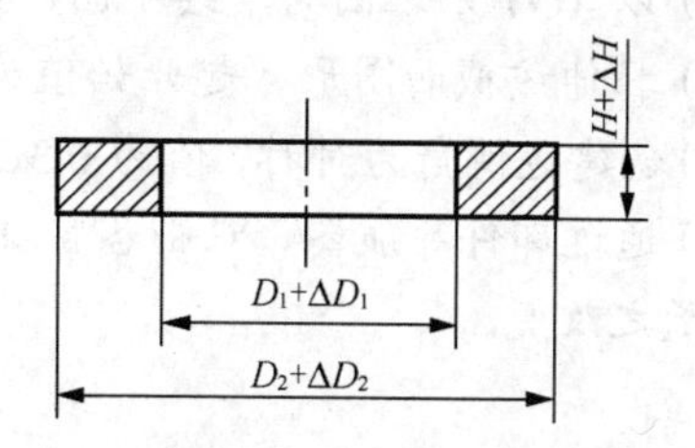

图 3-2　改变尺寸后的垫圈示意

3.1.2　NX 软件的参数化建模方法

参数化建模技术是 NX 软件的精华，是 CAD 技术的发展方向之一。因此，理解掌握参数化技术的思想，正确应用通过草图、特征、定位及表达式等手段实现参数化建模，实现部件的全相关设计和关键变量的参数化设计。通常有三种参数化建模方法：基于特征的参数化设计、基于草图的参数化设计和基于装配的参数化设计。

1. 基于特征的参数化设计

基于特征的参数化设计是将特征造型技术与参数化技术有机结合起来的一种建模方法，主要是将参数化设计的思想用到特征造型技术中，用尺寸驱动或变量设计的方法实现参数化特征造型。它是参数化设计的一种最基本和最重要的方法。

特征是组成零件实体模型的基本元素，是具有属性、与设计制造活动有关、并含有工程意义的基本几何实体或信息的集合。既能方便描述零件的几何形状，又能为加工、分析及其他工程应用提供必要和充分的信息，因而特征是面向整个产品设计过程和制造过程的。

零部件特征类型包括形状特征、装配特征、精度特征、性能分析特征、补充特征（如成组编码）等。其中，形状特征为最基本的特征，是其他特征的载体。

NX 软件中形状特征分类如下：

- 实体特征，指直接构造实体的特征。
- 曲面特征，指曲面造型的各种曲面特征。
- 基准特征，指造型过程中起辅助作用的非实体的几何体，如点、线、面等基准。
- 修饰特征，如倒角、螺纹等。
- 用户自定义特征，指由用户自定义，或来自特征库。

基于特征的参数化设计的关键是形状特征及其相关尺寸的变量化描述，主要是采用参数化定义的特征，应用约束定义和修改几何模型，实现尺寸和形状的变更。特征本身是参数化的，它们之间的构成是变量化的，即由尺寸（参数）驱动。当修改某一尺寸时，系统自动按照新尺寸值进行调整，生成新的几何模型。若遇到几何元素不满足约束条件，则保持拓扑约束不变，按尺寸约束修改几何模型。下面以螺钉紧固轴端挡圈为例来说明特征参数化建模的步骤。

应用案例 3-1

本例演示如何建立参数化的零件模型。

（1）启动 NX 软件，进入建模环境。

（2）以 *XOY* 基准面为草绘平面，绘制两个同心圆，直径分别为 5、10。

（3）拉伸该截面图形，起开始值为 0，结束值为 2。

（4）创建边倒角为对称，值为 0.3，完成的三维模型及二维示意图如图 3-3 和图 3-4 所示。

（5）通过部件导航器，双击各特征调整参数，验证模型。调整模型中的几个参数，检验模型是否随之改变。

图 3-3 形状特征

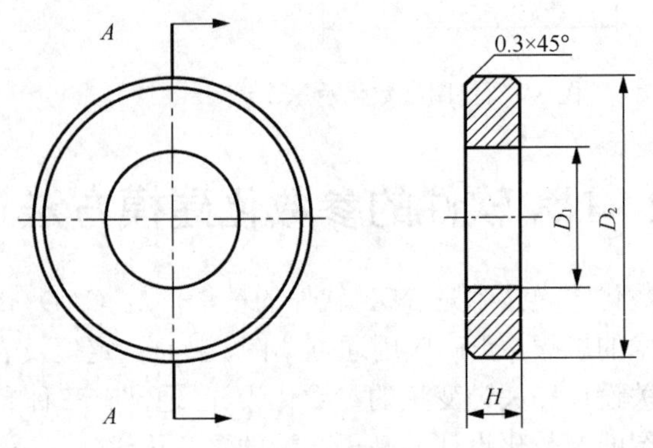

图 3-4 参数设置

特征建模是进行参数化设计最简便、应用最为广泛的设计方法。基于特征的参数化建模将几何信息、拓扑信息及其相关属性参数化，通过各类属性来描述零件的几何形状及它们之间的功能关系，可以方便地修改尺寸、形状等信息，最终满足所需的设计要求。其局限性是几何模型必须可以分解为数目有限的基本体素或特定的结构特征。

2. 基于草图的参数化设计

目前关于三维的 CAD 软件都采用了基于特征的建模技术，如 NX、CATIA 等，但是在实际应用中，有些产品模型或其中部分形状不适合利用特征来描述。这时，可以利用草图创建参数化截面，然后通过对截面进行拉伸、旋转或扫掠等操作得到相应的参数化实体模型。

草图是组成轮廓曲线的集合，是二维成形特征。应用草图工具，用户可以首先绘制近似的曲线轮廓，然后添加约束，从而完整表达设计的意图。草图约束包括几何约束和尺寸约束，几何约束用来控制二维形体的相互位置，即定位草图对象和确定草图对象间的相互关系。尺寸约束用来驱动草图对象的尺寸，限制草图中几何对象的大小，即在草图上标注尺寸，并设置尺寸标注线的形式。通过添加草图约束可以保证草图的具体形状和尺寸，还可以利用尺寸参数对草图进行尺寸驱动。由于进行拉伸、旋转或扫掠等操作所生成的实体模型是建立在草图之上的，因此，通过更改草图的尺寸参数可以改变模型，实现参数化设计。

在三维实体建模中，草图设计是最基础也是最关键的设计步骤。在对模型进行三维重建时，若发生错误情况，例如模型不能正确显示或调用等，大多数都是由于草图中存在错误引起的。因此，只有正确地绘制所需要的二维草图和三维实体模型才能被成功创建。

基于草图的参数化设计方法对于截面复杂的零件尤为实用。草图设计的形状和稳定性直接影响着建立在草图之上的实体模型的形状和稳定性，这就要求创建具有合理约束关系的草图。合理的规划草图，避免草图设计中的尺寸冲突，能够提高设计的质量和效率。

应用案例 3-2

本例演示如何建立基于草图的参数化设计方法。绘制如图 3-5 所示的六角螺母。

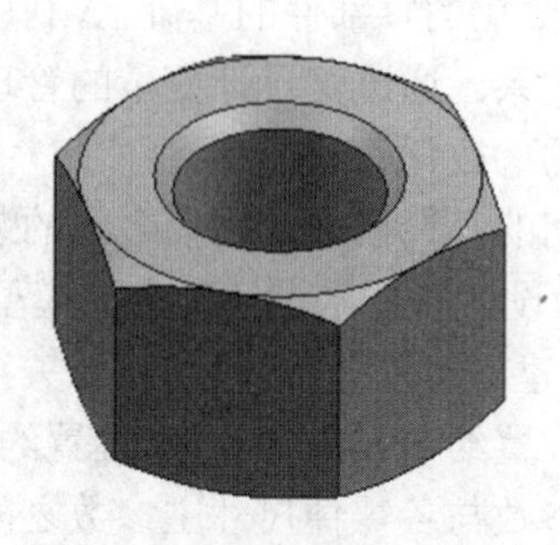

图 3-5　六角螺母三维模型

（1）绘制草图。在创建的草图平面上画出二维截面大致的轮廓和位置，但是形状和尺寸不能与标准轮廓相差太多，否则添加约束时图形有可能严重变形，与原设计意图相违背。先绘制一个六边形，如图 3-6 所示，然后通过添加约束来保证具体轮廓的形状和尺寸，并用参数 s 约束六边形的尺寸。

特别提示

在进行草图约束前，一定要注意对草图进行细致的约束分析，避免出现欠约束或过约束的情况。否则，将无法创建合格的参数化模型。欠约束是指草图中某些图素的自由度还未完全被限制，草图的形状存在很大的不确定性，容易造成模型的不稳定性；过约束是指标注了多余尺寸，导致对图素重复约束，草图就会产生约束干涉。

（1）对绘制的草图进行拉伸操作，得到三维实体模型，并制作倒角，如图 3-7 所示。

（2）添加螺纹孔特征，选择 M10*1.5，结果如图 3-8 所示。

（3）按照标准调整螺母参数，验证模型。当修改参数 s 时，模型的相关尺寸也随着更改，但是模型的结构不会发生改变。

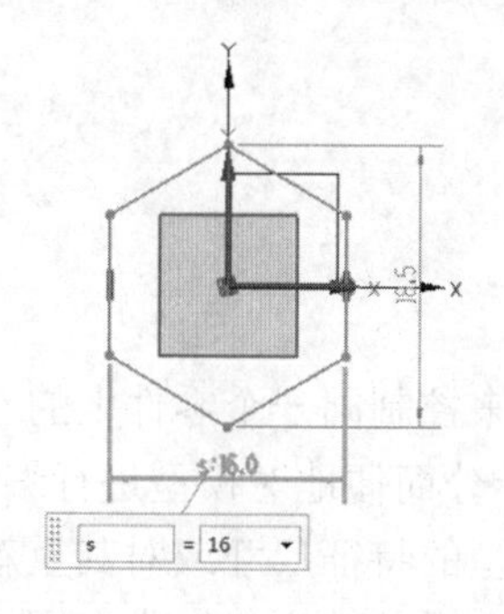

图 3-6　草图特征

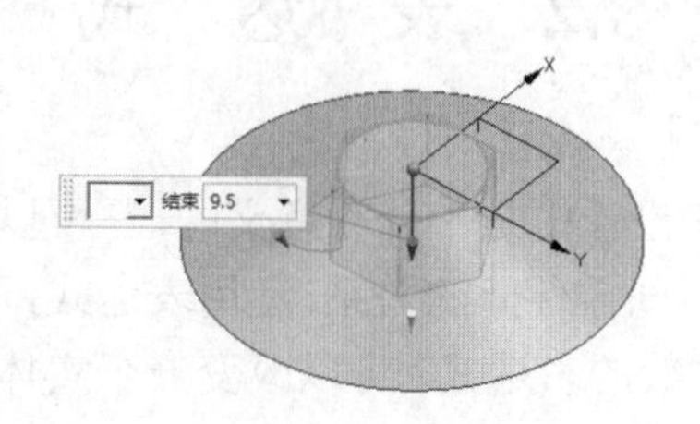

图 3-7　参数设置

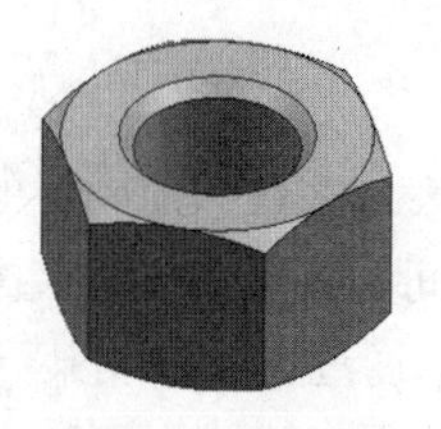

图 3-8　螺母模型

1. 基于装配的参数化设计

基于特征或草图的参数化设计可以完成体素特征明确、定位关系简单的零件的参数化建模，但无法实现部件的整体参数化设计，以及复杂零部件的参数化建模。基于装配的参数化设计将装配关系引入参数化设计中，在参数化的零部件的基础上，利用装配关系进行零部件间的约束，并建立零部件间设计变量的函数关系。通过对设计变量的管理，实现了零部件间尺寸的联动，最终实现了复杂零件及整个部件的参数化设计。

装配模型通过建立零部件之间的几何模型及它们之间的装配信息描述，来表达设计意图、产品原理和功能，是一种支持概念设计和技术设计的产品模型。装配参数化设计是在零件参数化设计的基础上实现的，关键是要建立装配关系。所谓装配关系是零部件之间内在约束的体现，如配合、对齐等，表示零件之间的位置约束和尺寸约束。位置约束是指各零件在装配中的定位，而尺寸约束是用来规定装配尺寸参数与各零件尺寸主参数之间的约束关系，可以通过在装配尺寸参数与各零件尺寸主参数之间建立函数关系来实现。由于引入了装配关系和关联参数之间的函数关系，并将它们分别以装配关系表和函数关系驱动表的形式管理起来，这就建立了装配零件之间的联系。当零件主参数或装配参数修改时，将传递给装配参数来确定零件位置，同时改变与此装配参数相关的零件尺寸。

基于装配关系的参数化设计的一般步骤：

（1）建立参数化零件。对零部件进行形体分析，尽可能地将模型进行简化。同时，将复杂零部件分解为若干个单元分别进行参数化建模，对各图形元素建立几何约束和尺寸约束，根据尺寸驱动对零件进行参数化设计。

（2）建立装配关系，完成零件的装配。建立装配关系，以确定各个零件在装配中的相对位置和约束关系。将各零件装配到相应的位置，完成零件的装配。

（3）建立关联参数之间的函数驱动关系表。将构成装配模型的若干零部件间与装配相关的参数进行关联，根据装配关系建立零部件主参数与装配参数之间的函数关系，实现零部件间尺寸的联动。需要注意的是，尽量减少装配关联参数的数目，这样可以减少参数间的传递数据量，减少关联参数间的函数关系式。

（4）调整参数，验证模型。调整装配模型中零件主参数或装配参数，检验模型是否随之改变。

基于装配的参数化设计可以解决复杂模型某个部分无法定位的难题，能够依托零件参数实现跨部件超级链接。这种参数化建模方法是参数化设计的必然发展方向。

3.2 表 达 式

表达式在NX软件的参数化设计中是十分有意义的，它可以用来控制同一个零件上的不同特征间的关系或一个装配中的不同零件间的关系。运用表达式，可十分简便地对模型进行编辑；同时，通过更改控制某一特定参数的表达式，可以改变一个实体模型的特征尺寸或对其重新定位。使用表达式也可产生一个零件族。通过改变表达式值，可将一个零件转为一个带有同样拓扑关系的新零件。

3.2.1　表达式的创建方法

1. 手工创建表达式

在模型建立过程中，在草图环境或建模环境下，根据控制图形变量的类型，如长度、角度等，确定表达式变量，选择量纲，输入对应的值即可。

新建一个表达式时，选择下拉菜单【工具】→【表达式】或按组合键 Ctrl+E，可创建需要的表达式；对于已经存在的表达式，可改变其的表达式的名字，可选择下拉菜单【工具】→【表达式】，选取已存在的表达式，直接修改然后单击“Rename”。

2. 系统自定义表达式

在建模应用中，随着特征(包括草图) 的建立，系统自动地将建立参数以表达式形存储于部件中。默认表达式变量名为 p0，p1，p2，…，pn。

（1）建立一个特征时，系统对特征的每个参数建立一个表达式。

（2）标注草图尺寸后，系统对草图的每一个尺寸都建立一个相应的表达式。

（3）定位一个特征或一个草图时，系统对每一个定位尺寸建立一个相应的表达式。

（4）生成一个匹配条件时，系统会自动建立相应的表达式。

表达式可应用于多个方面，它可以用来控制草图和特征尺寸和约束；可用来定义一个常量，如 pi=3.1415926；也可被其他表达式调用，例如:

```
expression1=expression2+expression3
```

这对于缩短一个很长的数字表达式十分有效，并且能表达它们之间的关系。

3.2.2　表达式的分类

表达式可分为三种类型：数学表达式、条件表达式、几何表达式。

1. 数学表达式

可用数学方法对表达式等式左端进行定义。表 3-1 列出了一些数学表达式。

表 3-1　数学表达式

符号	数学含义	例子
+	加法	p2=p5+p3
–	减法	p2=p5-p3
*	乘法	p2=p5*p3
/	除法	p2=p5/p3
%	余数	p2=p5%p3
^	指数	p2=p5^2
=	相等	p2=p5

2. 条件表达式

通过对表达式指定不同的条件来定义变量。利用 if/else 结构建立表达式，其句法为

```
VAR=if (exp1) (exp2) else (exp3)
```

例如：width=if (length<8) (2) else(3)

其含义：若 length 小于 8，则 width 为 2。否则，为 3。

3. 几何表达式

几何表达式是通过定义几何约束特性来实现对特征参数的控制。几何表达式有以下三种类型。

（1）距离。指定两物体之间、一点到一个物体之间或两点之间的最小距离。

（2）长度。指定一条曲线或一条边的长度。

（3）角度。指定两条线、平面、直边、基准面之间的角度。

几何表达式表示方法：p2=length(20)，p3=distance(22)，p4=angle(25)

3.2.3 表达式语言

表达式语言的表示方法就是通过运算公式，将结果赋值给表达式变量。运算公式可以是具体的数值、字符、运算符号或包含函数的运算关系式。例如：Angle=30°，p1=100mm，Length =p1，Height = Length*tan（Angle）。

1. 变量

变量名是字母与数字组成的字符串，但必须以一个字母开始；变量名中不允许包含空格，但可包含下画线符号“_”；变量名中不能包含运算符号；变量名不区分大小写，长度限制在 32 个字符内。

2. 运算符

表达式运算符分为算术运算符、关系及逻辑运算符，与其他计算机书中介绍的内容相同，如表 3-2 和表 3-3 所示。各运算符的优先级别及相关性如表 3-4 所示，同一行的运算符的优先级别相同，上一行的运算符优先级别高于下一行的运算符。

表 3-2 表达式运算符

算术运算符		其他运算符	
+	加号	>	大于
-	减号	<	小于
*	乘号	>=	大于等于
/	除号	<=	小于等于
%	余数	==	等于
∧	指数	！=	不等于
=	赋值号	—	—

表 3-3　逻辑运算符

运算符	含义
&&	逻辑与
‖	逻辑或
!	逻辑非

表 3-4　各运算符的优先级别及相关性

运算符	相关性	运算符	相关性
∧	右到左	> < > = < =	左到右
-(负号)!	右到左	= = ! =	左到右
* / %	左到右	&&	左到右
+ -	左到右	‖	右到左

3. 机内函数

表达式中允许使用机内函数，表 3-4 为部分机内函数。

表 3-4　机内函数

机内函数	含义	示例
Abs	绝对值	abs(-3)(其值为 3)
Ceil	向上取整	ceil l(3.12)(其值为 4)
Floor	向下取整	floor(3.12) (其值为 3)
Sin	正弦	sin(30)(30 为角度值，其值为 0.5)
Cos	余弦	cos(60) (60 为角度值，其值为 0.5)
Tan	正切	tan(45)(45 为角度值，其值为 0.5)
Exp	幂（以 e 为底数）	exp(1)(其值为 2.7183)
Log	自然对数	log(2.7183)(其值为 1)
Log10	对数（以 10 为底数）	log10(10)(其值为 1)
Sqrt	平方根	sqrt(4)(其值为 2)
pi()	机内常数（π）	
Deg	弧度向角度的转换函数	deg(atan(1))(其值为 45)
Rad	角度向弧度的转换函数	rad(180)(其值为 3.14159)
Fact	阶乘	fact(4)(其值为 24)
Asin	反正弦	asin(1/2)(其值为 0.5236rad)
Acos	反余弦	acos(1/2)(其值为 1.0472)
Atan	反正切（atan(*x*)）	atan（1）(其值为 0.7854rad）
Atan2	反正切（atan2(*x*,*y*)为 *x*/*y* 的反正切）	atan(1,0)(其值为 1.5708rad)

4. 表达式注解

可在表达式中产生一段注解。在注解前用双斜线进行区分“//”。“//”将提示系统忽略它后面的语句。用回车键中止注解。若注解与表达式在同一行，则需先写表达式内容。

例如：length=2*width　//comment　　有效

　　//comment　//width=5　　　无效

表达式可利用尺寸、角度等变量，或利用不同条件来控制图形变化，在创建表达式时必须注意以下几点：

- 表达式左侧必须是一个简单变量，等式右侧是一个数学语句或一条件语句。
- 所有表达式均有一个值（实数或整数），该值被赋给表达式的左侧变量。
- 表达式等式的右侧可认是含有变量、数字、运算符和符号的组合或常数。
- 用于表达式等式右侧的每一个变量，必须作为一个表达式名字出现在某处。

3.2.4 创建和编辑表达式

选择下拉菜单【工具】→【表达式】或按组合键 Ctrl+E 后，弹出如图 3-9 所示建立和编辑表达式对话框。对话框的上部为控制表达式列表框中列出那些表达式的相关选项，对话框的下部为对表达式的操作功能选项。利用该对话框可建立和编辑表达式。

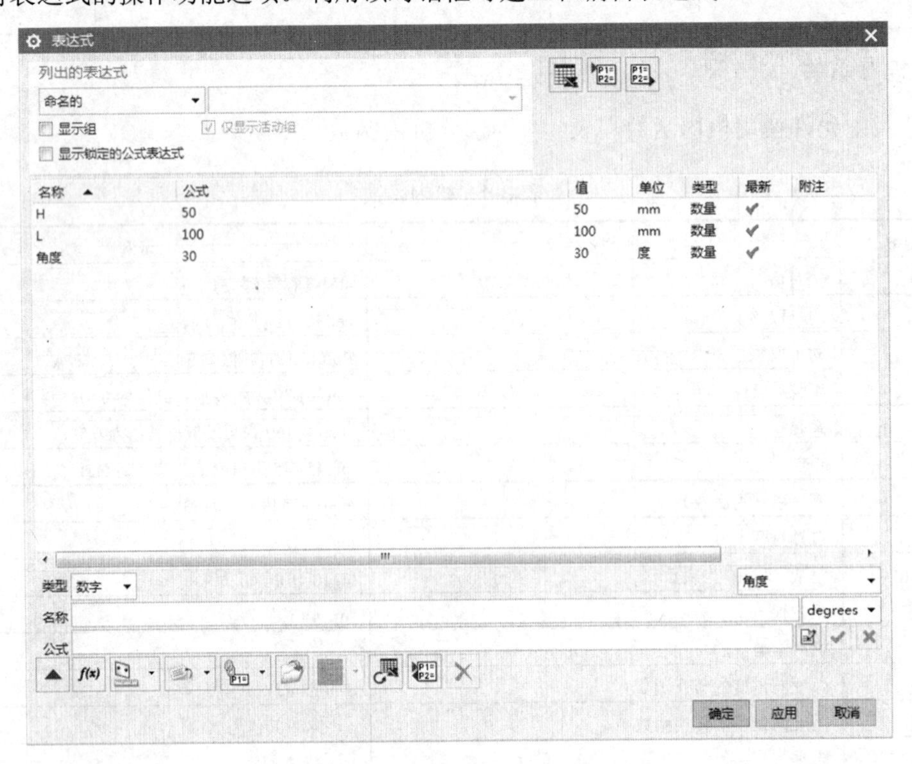

图 3-9 “表达式”对话框

1. 建立表达式

用户通过输入表达式的名称、量纲及数值时即可建立自定义的表达式。表达式类型可以为数值、字符串、布尔型等，同时长度类型的表达式还可以设置不同的单位。名称可以是字母，也可以是汉字。

1）直接建立表达式

在图 3-9 对话框的表达式文本框中输入表达式，在公式文本框中输入相应的值，单击回车键或【确定】按钮或【应用】按钮即可。

（1）名称。用于指定新表达式的名称、更改现有表达式的名称，以及高亮显示现有表达式以进行编辑。表达式名必须以字母字符开始，但可以由字母数字字符组成。表达式名可以包括内置下画线。表达式名中不可以使用任何其他特殊字符。除了在某些条件下，表达式名不区分大小写（若表达式名的量纲被初始设为“常数”，则表达式名会区分大小写）。

（2）类型。表达式类型包含数字、字符串、布尔。其中，字符串表达式返回字符串而非数字，并且是指带双引号的字符序列。字符串表达式的公式可以包含函数调用、运算符或常量的任意组合，对公式求值时，将生成一个字符串。可以使用字符串表达式表示部件的非数字值，如部件描述、供应商名称、颜色名称或其他字符串属性。“布尔运算”创建支持使用布尔值“true”或“false”的备选逻辑状态的表达式。使用此数据类型来表示相对条件，如由表达式抑制和组件抑制命令的抑制状态。

（3）量纲。当数字为所选类型时，“量纲”选项列表可用。建模表达式最常用的尺寸类型有长度、距离、角度、常数（即无量纲，就如实例阵列中孔的数量）。

① 建立几何表达式。在图 3-9 所示的对话框中几何表达式图标 包含 7 种选择类型选项，常用的有距离、长度及角度，具体使用方法在后边实例中介绍。

② 从文件导入表达式。

在图 3-9 中选择图标 ，弹出如图 3-10 所示的引入对象对话框，从文件列表框中选择欲读入的表达式文件（*.exp），或在文件名文本框中输入表达式文件名（不带扩展名.exp），单击【确定】或双击文件列表框中对应的表达式文件名即可。

对于当前部件文件与引入表达式文件中的同名表达式，其处理方式可以通过设置图 3-10 中的导入选项（import options）来选择。导入选项包含如下 3 个单选项。

- 替换现有的：选择该单选项，以表达式文件中的表达式替代与当前部件文件中同名的表达式。
- 保持现有的：选择该单选项，保持当前部件文件中同名表达式不变。
- 删除导入的：选择该单选项，在当前部件文件中删除与读入表达式文件中同名的表达式。

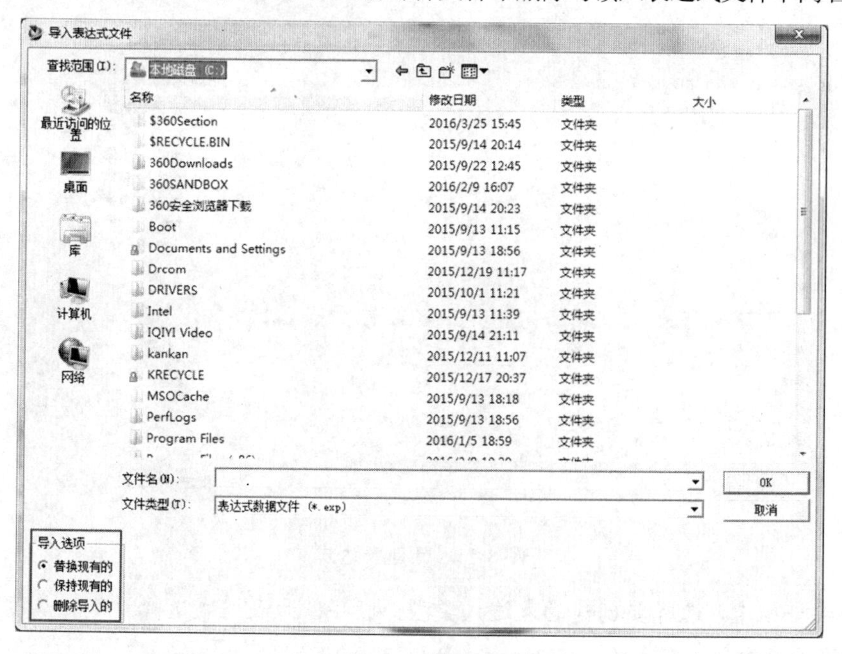

图 3-10　引入对象对话框

2）建立部件间表达式

部件间表达式是跨越部件建立的连接表达式。利用部件间表达式关联在同一个装配件中组件间的参数。通过部件间的表达式，可以使部件间的表达式和其他部件相关联。

```
部件 1_名:: 表达式名 = 部件 2_名:: 表达式名
```

2. 编辑表达式

在编辑表达式过程中，几何表达式与其他类型表达式的编辑方法不同，现分别介绍如下。

（1）一般表达式的编辑。在图 3-9 所示的表达式列表框中选择欲编辑的表达式，然后在表达式文本框中作相应修改，再单击 Enter 键或【确定】或【应用】按钮即可。在列表框中选择欲删除的表达式后，单击图标 ☒ 即可删除表达式。

（2）几何表达式的编辑方法。修改几何表达式可通过选取【编辑】→【特征】→【编辑参数】或通过模型导航器来进行。当选取此命令后，几何表达式出现在特征选择对话框中，在其中选取距离类型、长度类型、角度类型几何表达式。选定之后会立即弹出编辑特征对话框，重新指定点或线来改变距离、角度等。

应用案例 3-3

本例演示如何建立用户自定义表达式。

（1）启动 NX 10.0，新建文件，命名为 xj_exp.prt，进入建模模块。

（2）选择【工具】，单击实用工具中图标=，打开表达式对话框，类型及量纲选择默认值，分别在名称和公式文本框中输入表达式，如图 3-11 所示。

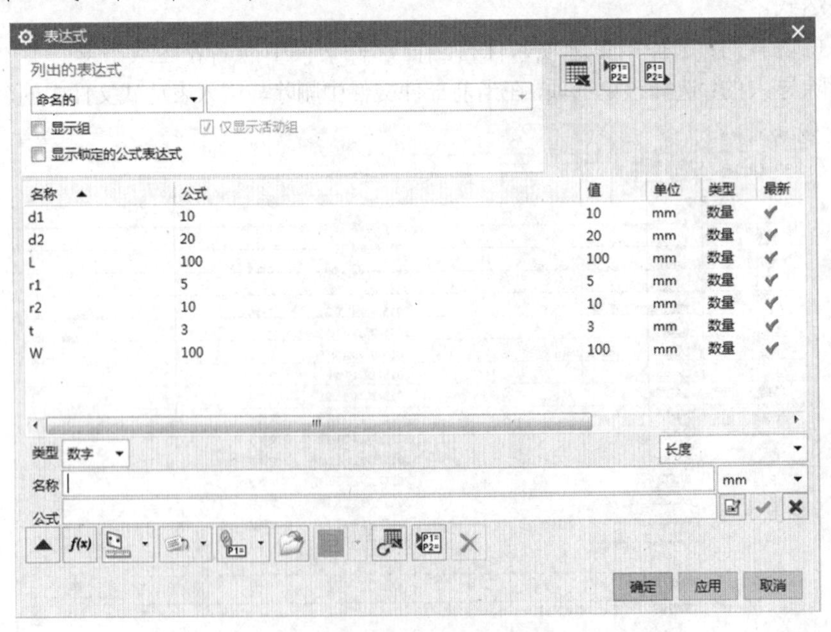

图 3-11　新建表达式

（3）在类型框中，选择要创建的表达式类型：数字；为表达式选择量纲，长度；选择表达式的单位类型：mm。

（4）在名称框中，键入表达式的名称：L，在公式文本框中键入值：100。单击“接受编辑”图标，完成第一个表达式的创建。

（5）重复上述步骤，分别赋值：W=100，d1=10，d2=20，r1=5，r2=10，r=3。

（6）按【确定】按钮。

（7）进入草绘环境，建立如图 3-12 所示的草图，创建约束，并使矩形的两条边分别为 L 和 W，图形对称于 X 轴。

（8）拉伸该截面，开始值为 0，结束值为 t，如图 3-13 所示。

（9）以 XOZ 面为草绘面，绘制草图如图 3-14 所示。

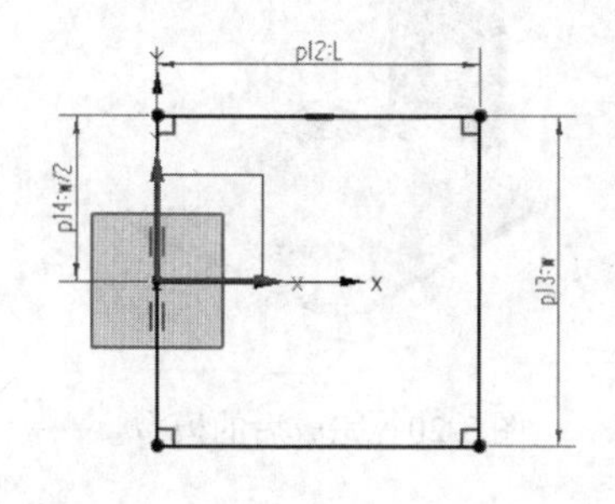

图 3-12　建立草图

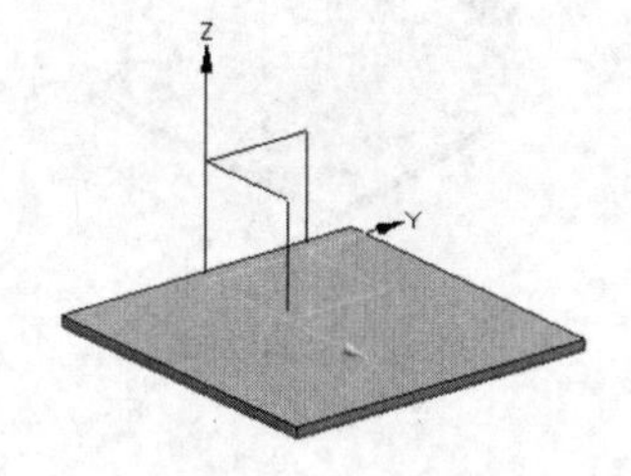

图 3-13　拉伸特征

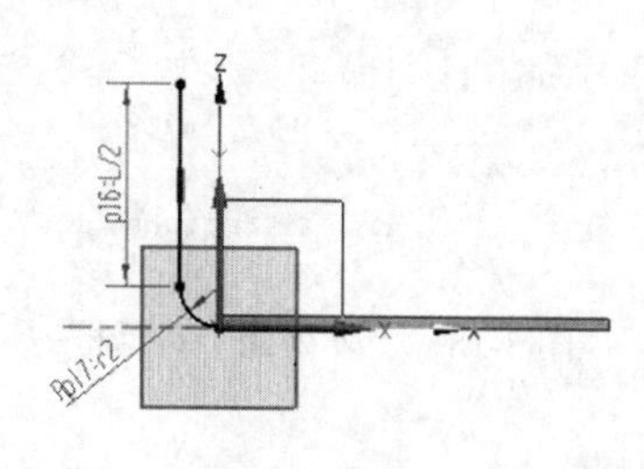

图 3-14　建立 XOZ 面的草图

（10）拉伸图 3-12 所示的截面，如图 3-15 和图 3-16 所示。

图 3-15　拉伸并偏置

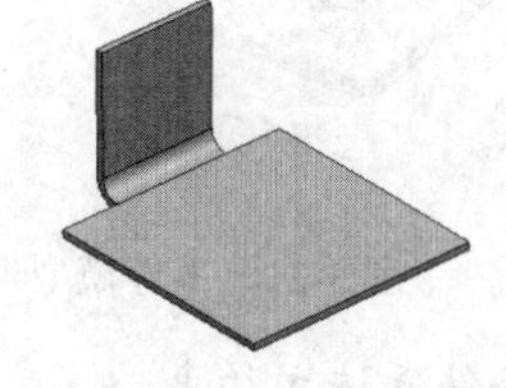

图 3-16　拉伸后的实体

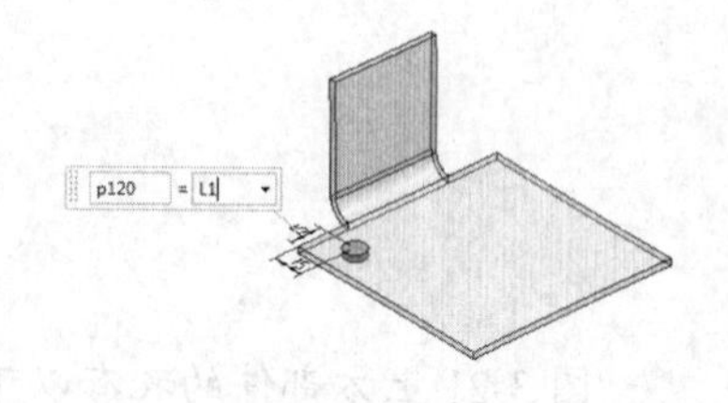

图 3-17　添加孔

（11）添加孔特征，使孔中心距两边的距离为 L1，直径为 d1，如图 3-17 所示。

（12）打开“阵列面”，对话框设置阵列孔特征，如图 3-18 和图 3-19 所示。

（13）创建孔特征，添加倒圆，半径为 r1，如图 3-20 所示。

（14）保存文件。

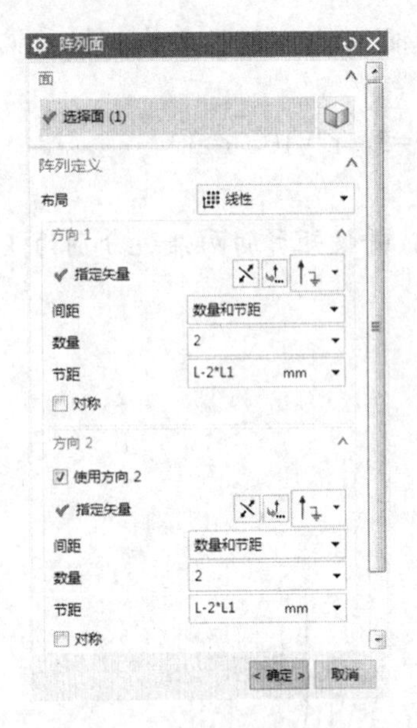

图 3-18 “阵列面”对话框

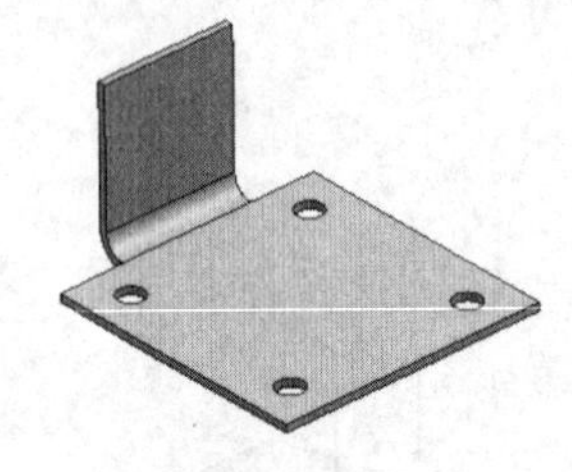

图 3-19 阵列孔

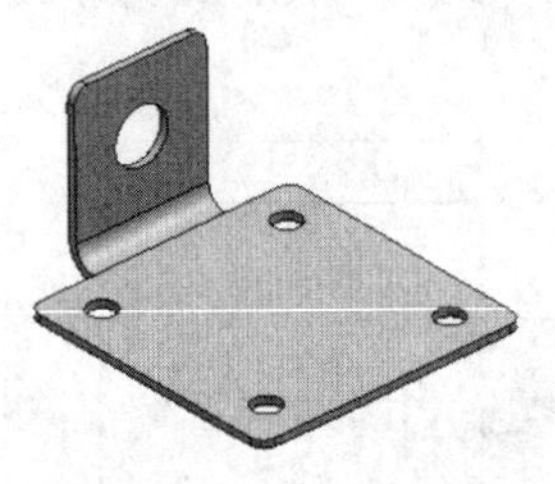

图 3-20 完成后的模型

 应用案例 3-4 建立条件表达式

本例演示如何建立条件表达式，并通过条件表达式来改变设计意图。

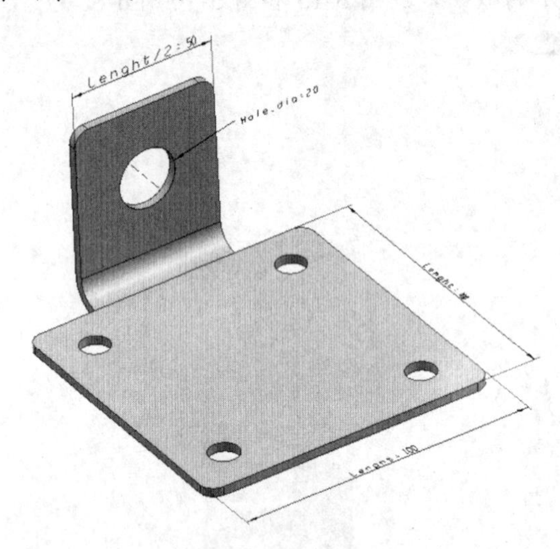

图 3-21 零件模型

图 3-21 上方部件的孔有以下条件表达式约束：

（1）hole_dia = if (length>=100) (20) else (hole_b) //如果高度值大于等于 100，hole_dia=20，否则，等于表达式 hole_b

（2）hole_b = if (length>=70) (15) else (hole_a) //如果高度值大于等于 80，hole_dia=15，否则，等于表达式 hole_a

（3）hole_a = if (length>40) (10) else (hole_sup) //如果高度值大于等于 60，hole_dia=10，否则，等于表达式 hole_sup

（4）hole_sup = if (length<=40) (0) else (1)　//如果高度值小于等于 40，抑制该孔。

第一步，打开光盘文件\chapter3\part\chap3\tjbds.prt，如图 3-21 所示。

第二步，创建孔的抑制表达式，因为孔在直径的值等于零时会出错，所以需要先创建抑制表达式。选择菜单中的【编辑】→【特征】→【由表达式抑制】，选取上部件大孔特征，如图 3-22 和图 3-23 所示，然后单击【确定】。选择菜单中的【信息】→【表达式】→【按引用列出所有表达式】，找到 Suppression Status，然后知道名称 “p248”（不同的模型名称不一样）代表抑制表达式，如图 3-24 所示。重新单击【工具】→【表达式】，将列出的表达式选为 “按名称过滤”，单击名称“p248”所在的行，将名称改为 hole_sup，在公式中重新输入 if (length<=40) (0) else (1)，如图 3-25 所示。然后单击按钮✔，再单击【确定】按钮。

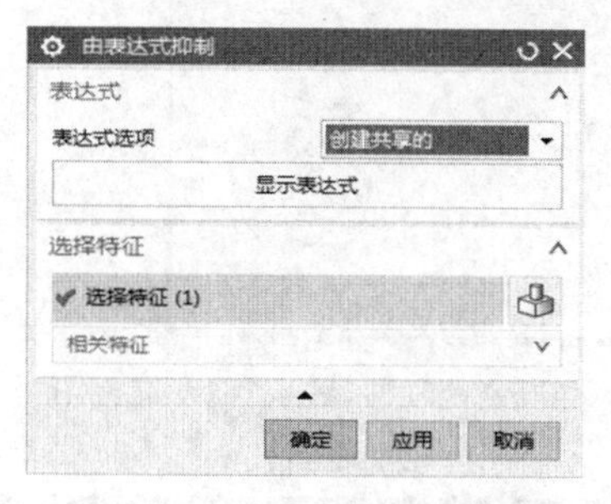

图 3-22　表达式抑制对话框

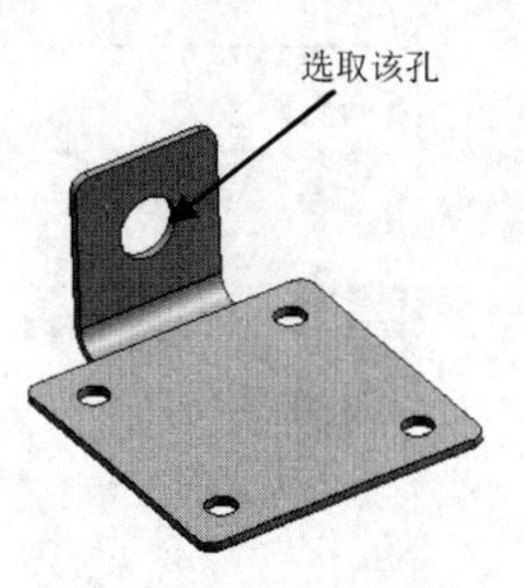

图 3-23　孔的表达式抑制

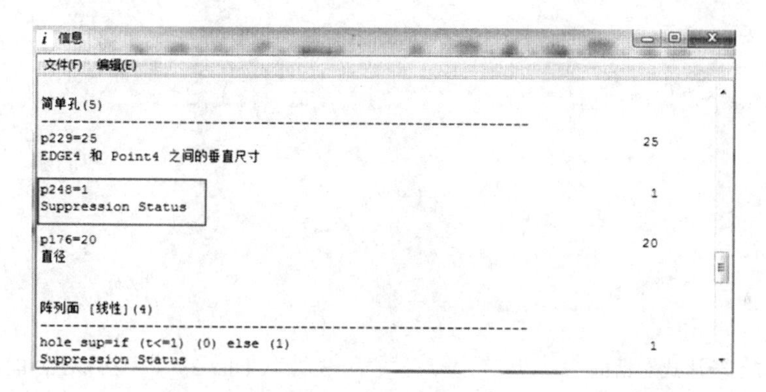

图 3-24　抑制表达式信息

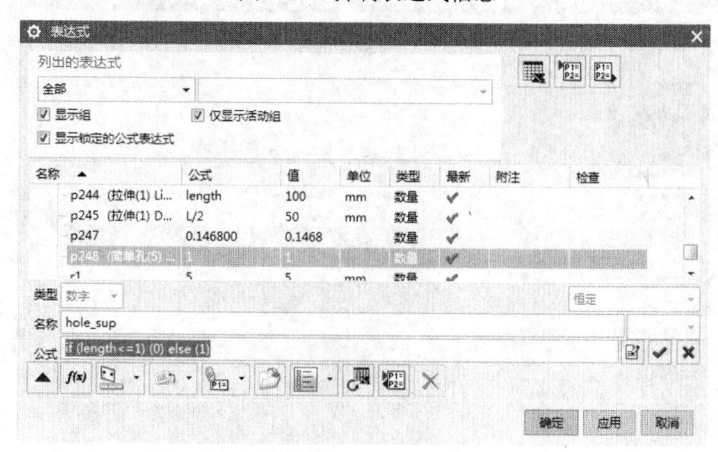

图 3-25　修改抑制表达式

第三步，通过【信息】→【对象】找到孔所代表的名称“p176”，如图 3-26 所示。建立零件下部孔与高度相关的条件表达式，选择【工具】→【表达式】，单击“p176”所在的行，将名称改为 hole_dia，然后在公式中依次输入 hole_a = if (length>40) (10) else (hole_sup)，hole_b = if (length>=70) (15) else (hole_a)，hole_dia = if (length>=100) (20) else (hole_b)，如图 3-27、图 3-28 和图 3-29 所示，然后单击按钮✔，再单击【确定】按钮。

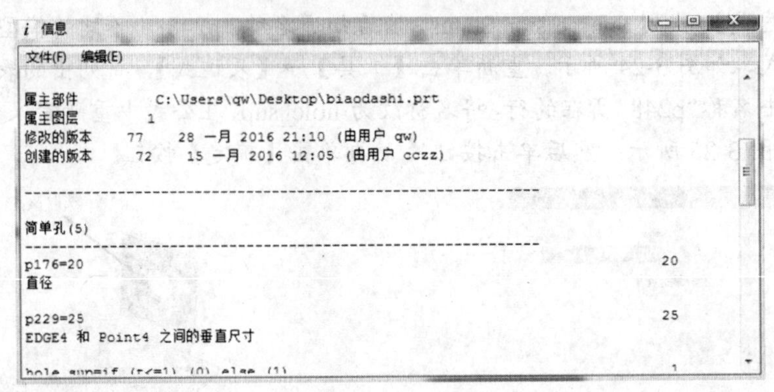

图 3-26 特征信息

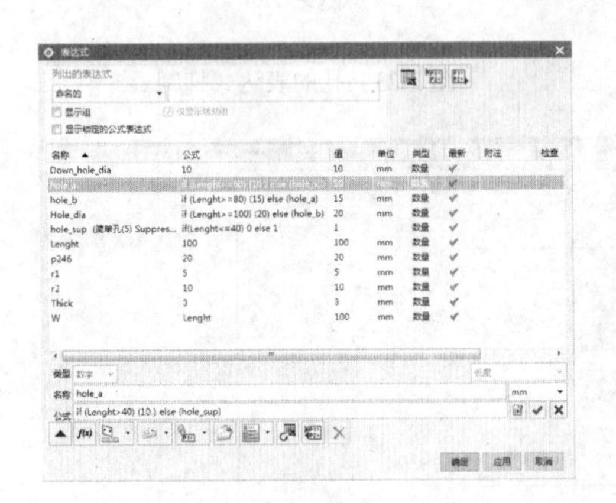

图 3-27 表达式对话框（一）

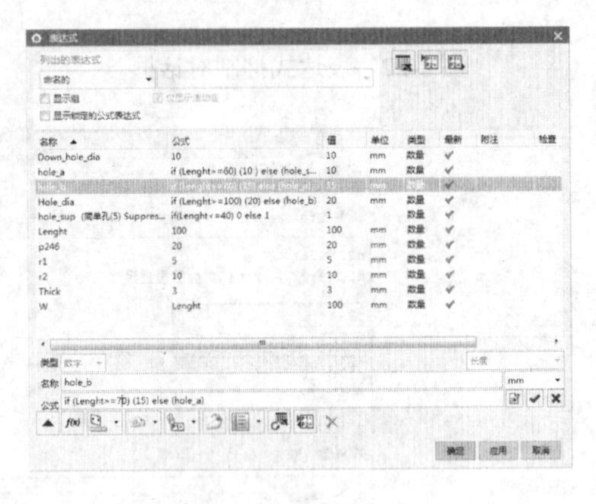

图 3-28 表达式对话框（二）

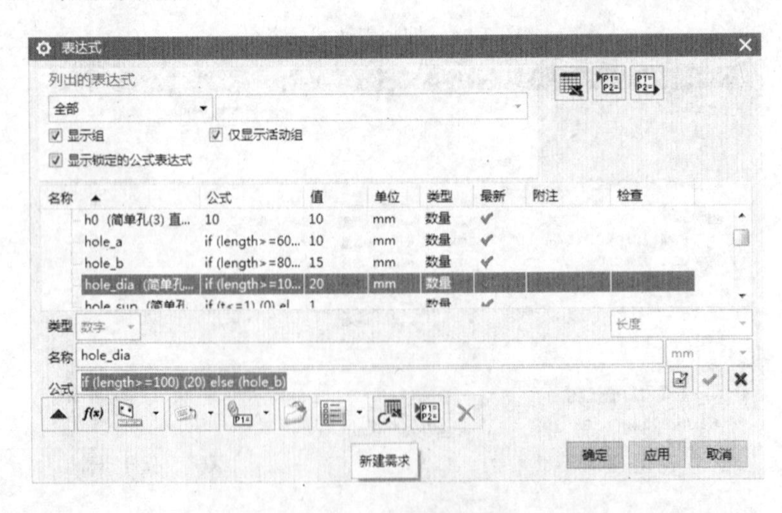

图 3-29 表达式设置

第四步，保存文件。

第五步，依次修改 length 的值来验证条件表达式，首先将 length 的值在表达式中改为 90，得到如图 3-30 所示结果，孔直径变为 15。再将 length 的值改为 70，得到如图 3-31 所示结果，孔直径变为 10。最后将 length 值改为 30，得到如图 3-32 所示结果，孔的特征被抑制。

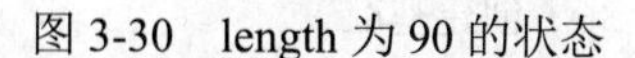

图 3-30 length 为 90 的状态

图 3-31 length 为 70 的状态

图 3-32 length 为 30 的状态

应用案例 3-5 建立几何表达式

本例演示如何建立几何表达式，并通过建立几何表达式给特征定位来捕捉设计意图。设计意图如图 3-33 所示。

（1）线 A 为一条假想的线，以对角点为起始和终止点。

（2）线 B 为孔的中心线，与线 A 成 90°，并通过边 C。

（3）孔的深度为 F 值 80%。

（4）线 A 与线 B 的交点位于线 A 的中点。

第一步，打开光盘文件\chapter3\part\jhbds.prt，如图 3-34 所示。

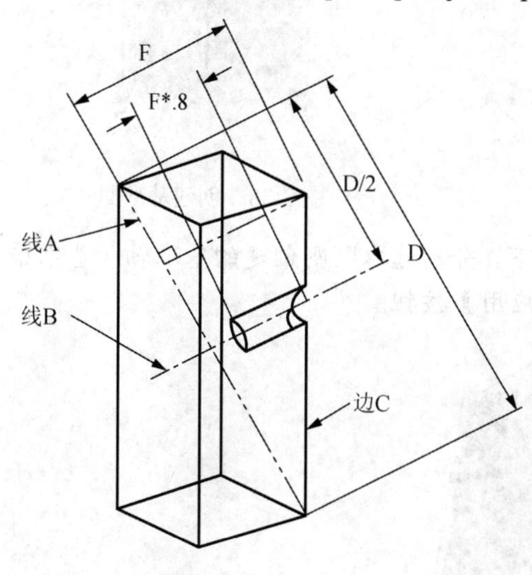

图 3-33 设计意图

图 3-34 零件模型

第二步，单击图标基准轴 ，将类型选为“两点”，在模型中选取如图 3-35 和图 3-36 所示的两点，然后单点【确定】按钮。

第三步，单击图标基准面 ，将类型设置为“两直线”，选取如图 3-37 和图 3-38 所示的两条边，建立基准面，单击【应用】按钮。

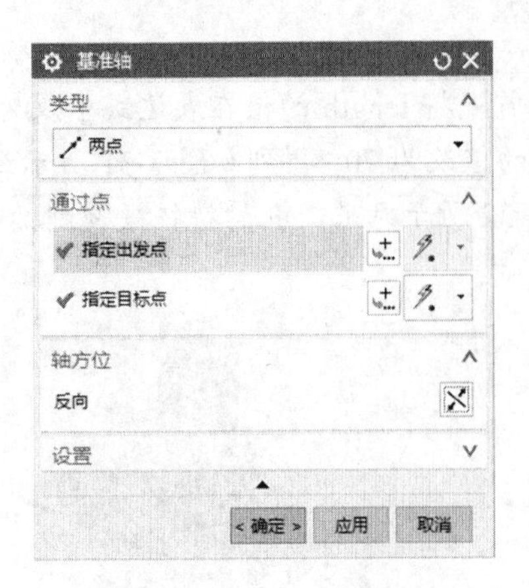

图 3-35　选取基准轴

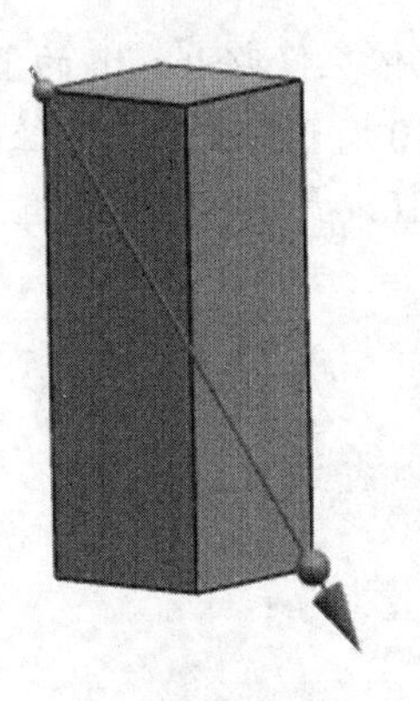

图 3-36　创建基准轴

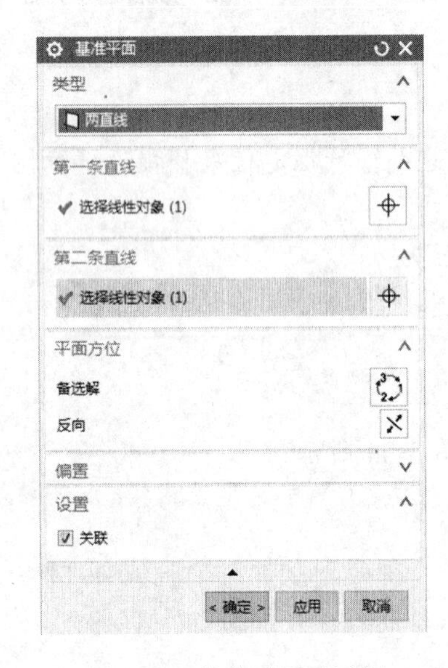

图 3-37　基准平面对话框

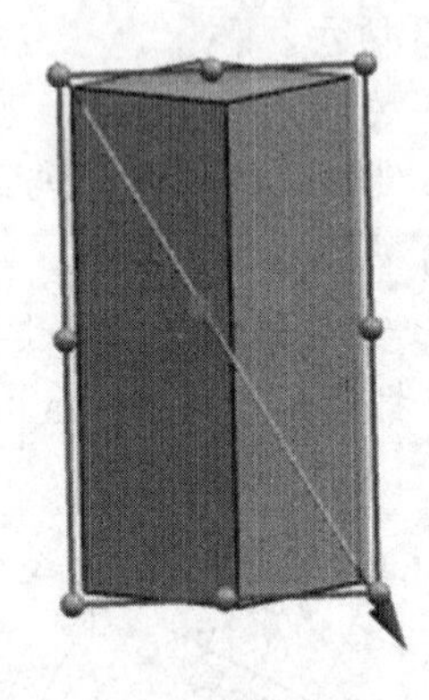

图 3-38　创建基准面

第四步，在类型选为“自动判断”的情况下，分别选取刚刚创建的基准轴和基准平面，将角度值设置为 90°，如图 3-39 所示，单击【应用】按钮。

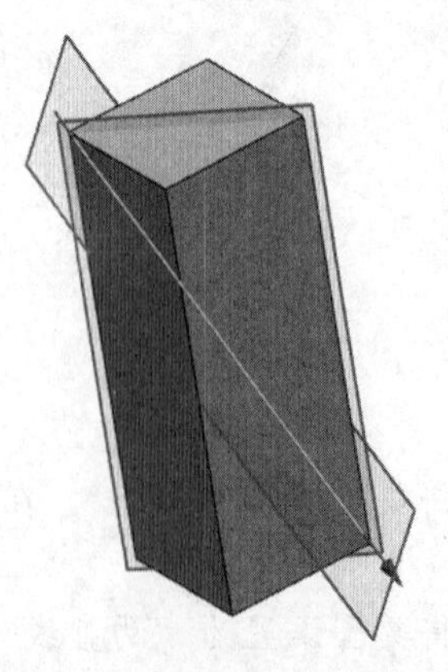

图 3-39　创建辅助面

第五步，分别选取刚刚创建的辅助面和模型右侧上端端点，并单击【确定】按钮。如图 3-40 和图 3-41 所示。

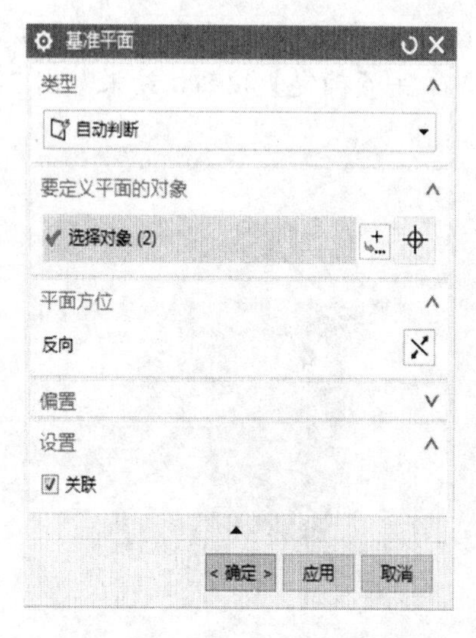

图 3-40　基准平面对话框

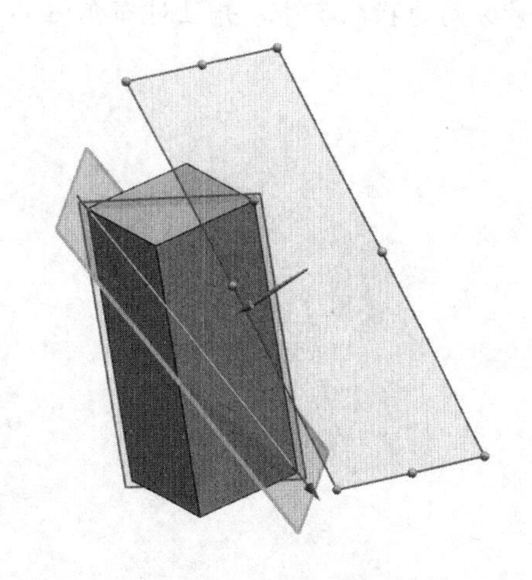

图 3-41　创建辅助面

第六步，建立几何表达式，选择【工具】→【表达式】，单击测量距离图标，如图 3-42 所示，选取如图 3-43 所示的两端点，并单击【确定】按钮。通过测量产生了表达式，并将刚产生的表达式改名为 djx，然后测量如图 3-44 所示的辅助面到模型右侧上端端点的距离，并将产生的表达式改为 F。

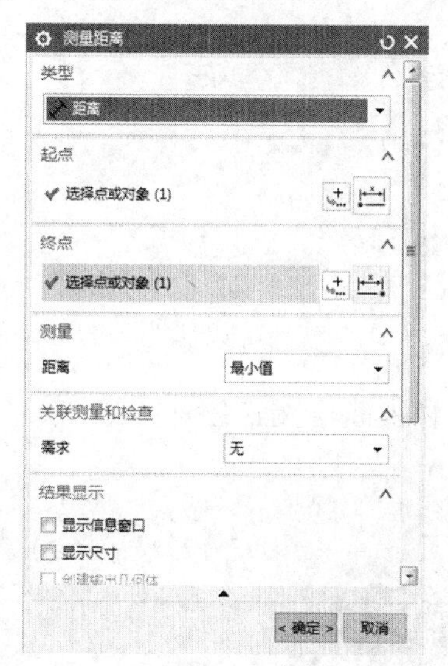

图 3-42　测量距离对话框

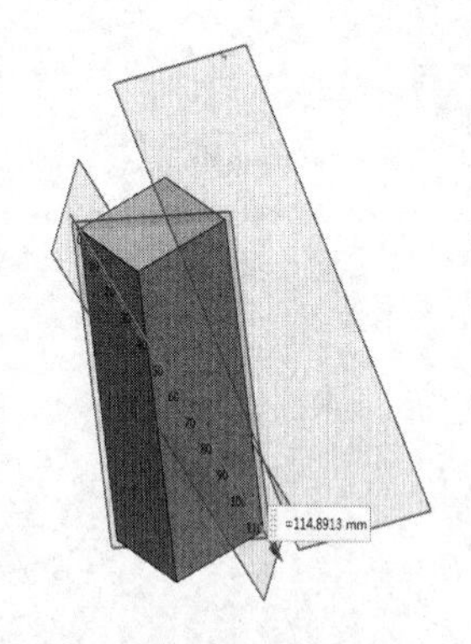

图 3-43　两点间测量距离

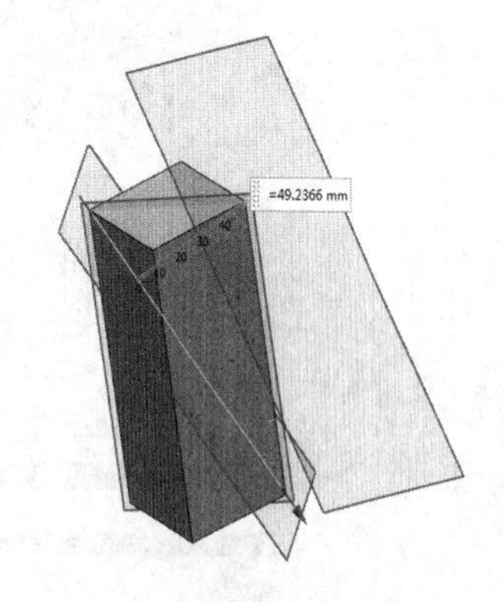

图 3-44　面和点间测量距离

第七步，创建点。在草绘环境下创建点，选择步骤 4 创建的基准面为草绘面，在长方体对角线上创建点，标注其与对角线一端的距离为几何测量表达式“jdx/2”，完成草绘，如图 3-45 所示。

第八步，通过几何表达式建立孔的特征。单击图标，将空的类型设置为“常规孔”，孔的形状设置为简单孔，在直径中键入 Diameter=10，在深度中键入 Depth=jihebds_2 * .8，然后选择如图 3-46 所示的辅助面，进入草绘环境。选择刚刚创建的点，如图 3-46 和图 3-47 所示，单击【确定】按钮，然后完成草图，如图 3-48 所示。然后按图 3-49 所示将孔的路径改为“沿矢量”，单击矢量对话框图标，弹出矢量对话框，如图 3-49 所示。选择两点方式形成矢量，使矢量方向为指向实体，并且对布尔运算选择“求差”，单击【确定】按钮，结果如图 3-50 所示。

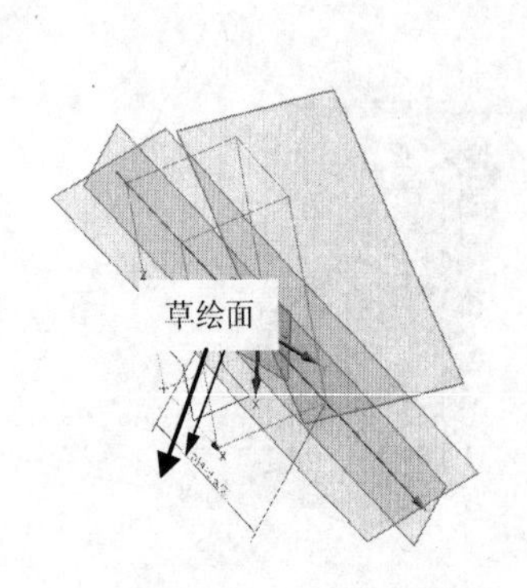

图 3-45　创建点

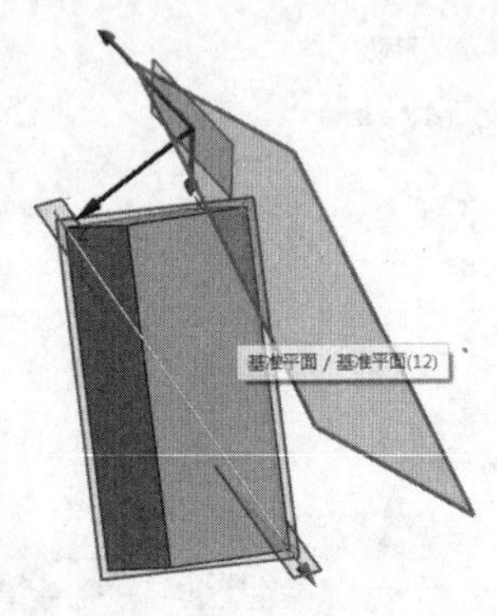

图 3-46　选择辅助面

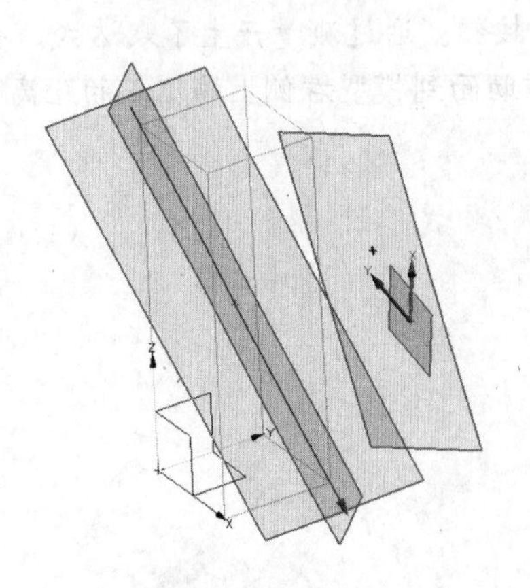

图 3-47　草绘点

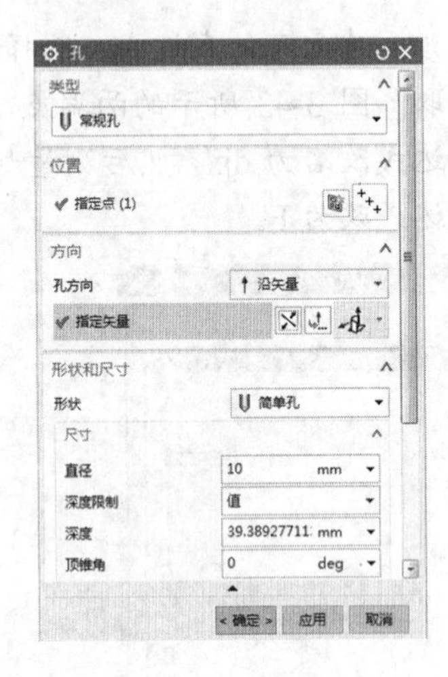

图 3-48　孔对话框

图 3-49　矢量对话框

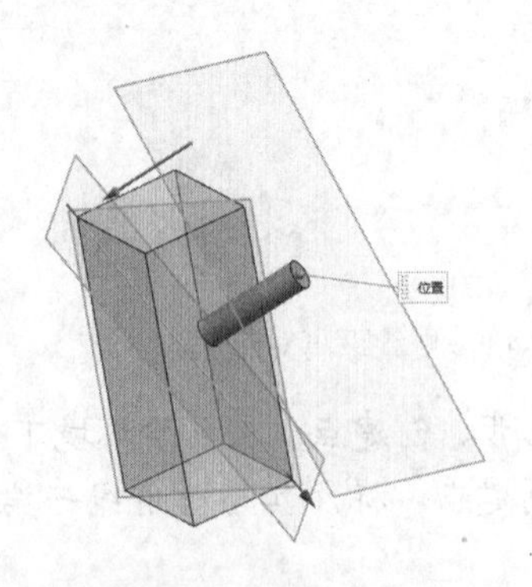

图 3-50　完成的模型

第九步，保存文件。

第十步，修改拉伸高度为200，得到如图3-51所示的模型，验证几何表达式设置成功。

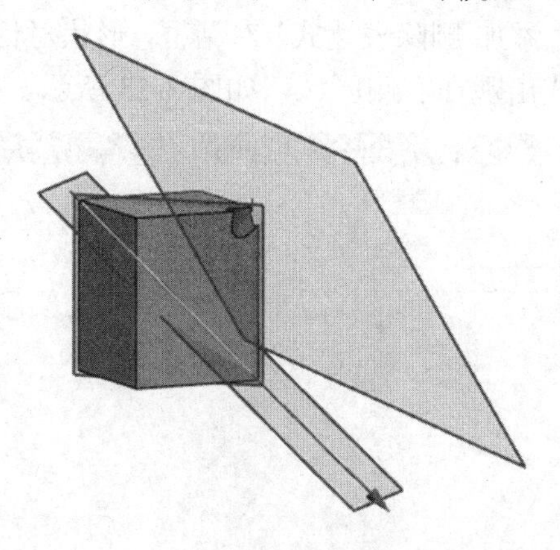

图3-51　修改过高度的模型

3.3　可视化参数编辑器

可视化编辑器是用可视化的图形界面来修改编辑模型的表达式，实现可视化参数化模型的修改。

打开模型后，选择【工具】→【可视化编辑器】选项，将弹出如图3-52所示的“可视参数编辑器”对话框。下面介绍该对话框中的设置。

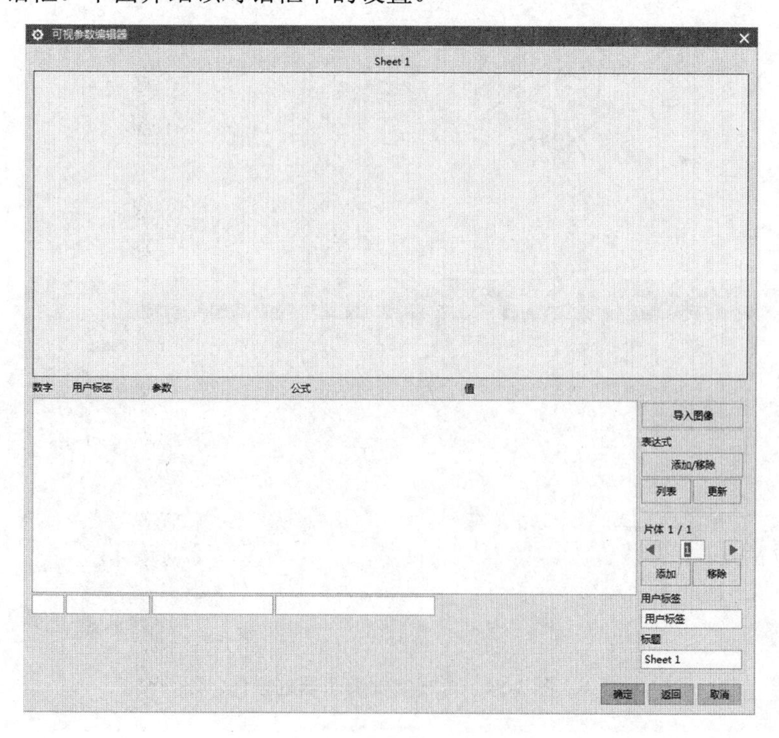

图3-52　“可视参数编辑器”对话框

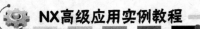

单击【导入图像】按钮，已经打开的工作部件自动出现在图形区域。单击【添加/删除】按钮，弹出如图 3-53 所示的“添加/删除表达式”对话框，形状对话框左侧的表达式“lenght”，单击【添加】按钮，该表达式出现在右侧区域，如图 3-53 所示。

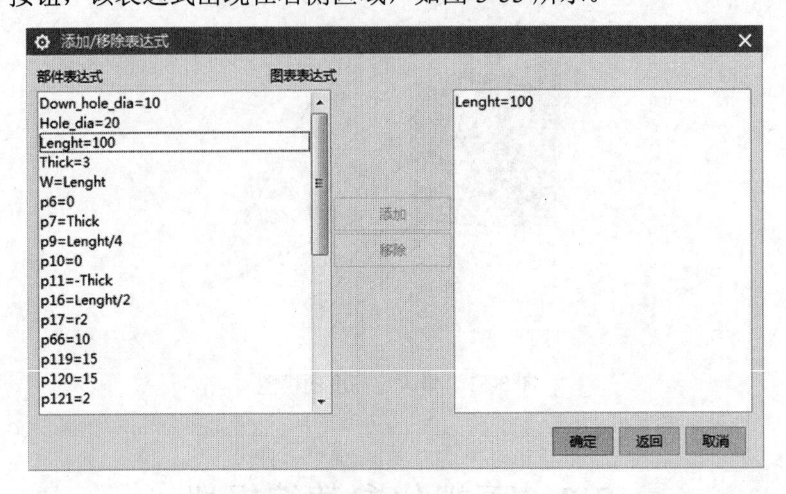

图 3-53 “添加/删除表达式”对话框

在图 3-53 对话框中，单击【确定】按钮，“可视参数编辑器”对话框内容如图 3-54 所示。单击编辑器下部列表框中的内容，即可在列表框下面的文本框修改表达式的值。

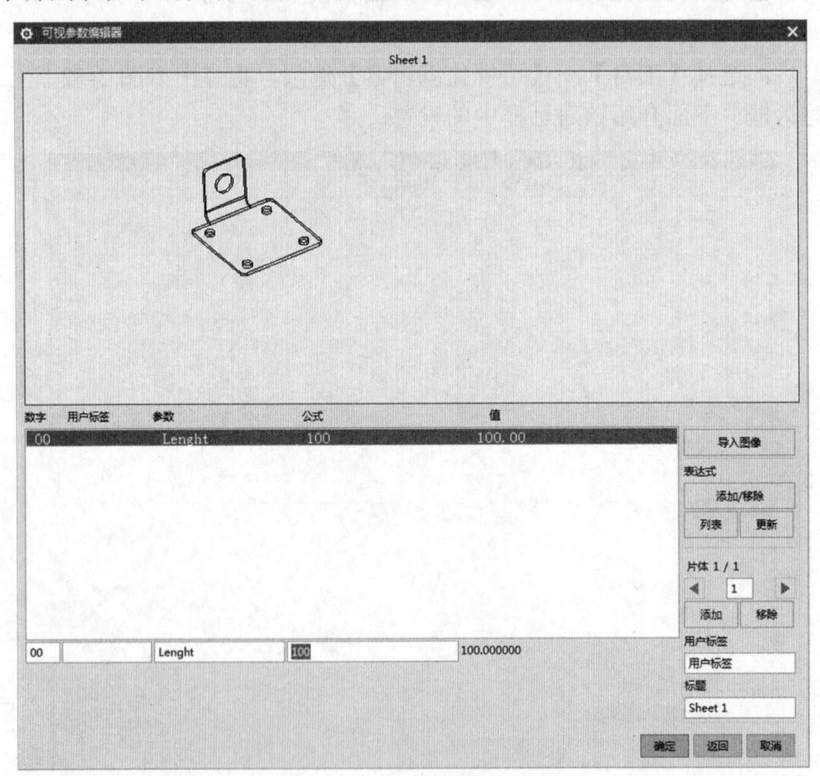

图 3-54 可视参数编辑器的操作

3.4 部　件　族

部件族（Part Families）是一个零件族的主文件，可以用变量来驱动其参数而形成一系列形状类似而具体尺寸各异的零件。

部件族提供了一种快速定义一族类似零件的方法，这一族零件是基于一个模板文件的。这个模板文件可以是单一的零件，也可以是一个装配。可用 NX 电子表格来定义部件族的成员及其各个属性值，这些属性在部件成员中可能是变化的，比如表达式值、属性值（attributes）、可选的特征等。模板文件的改变将被影响到所有的部件族成员。

3.4.1　术语

利用 NX 软件建立部件族，常用到以下术语。

（1）模板文件（Template part）：NX 的 part 文件，一组类似的零件基于它创建的。

（2）部件族表（Family table）：在模板文件里通过 NX spreadsheet 创建的一张表，描述了模板文件的各种属性，这些属性当创建部件族成员时可以修改。

（3）部件族成员（Family member）：一个由模板文件和部件族表创建的，并与之相关的只读文件。

（4）部件族（Part Family）：模板文件、部件族表和部件族成员的和。

3.4.2　部件族的创建

在 NX 建模环境下，建立三维参数化零件模型，然后通过设定表达式并将设计变量分配给模型，创建一个含有所设变量的外部电子表，将电子表与当前模型链接起来，于是电子表中的变量即可被当前模型文件的零件尺寸所引用。因此该电子表就可以用来驱动当前模型文件中零件的尺寸，设计人员可通过控制外部电子表格数据来修改零件尺寸，减少由于设计变化而重复修改的工作量，即用一个模型即可描述多个相同结构的零件。

NX 部件族的创建步骤如下：

（1）创建一个模板文件。

（2）在模板文件里定义部件族中将要使用的属性。

（3）在电子表格里创建部件族表，定义部件族成员的各种配置并保存。

（4）使用部件族。

新建 NX 文件，鼠标左键选择【工具】→【部件族】，弹出如图 3-55 所示的对话框。

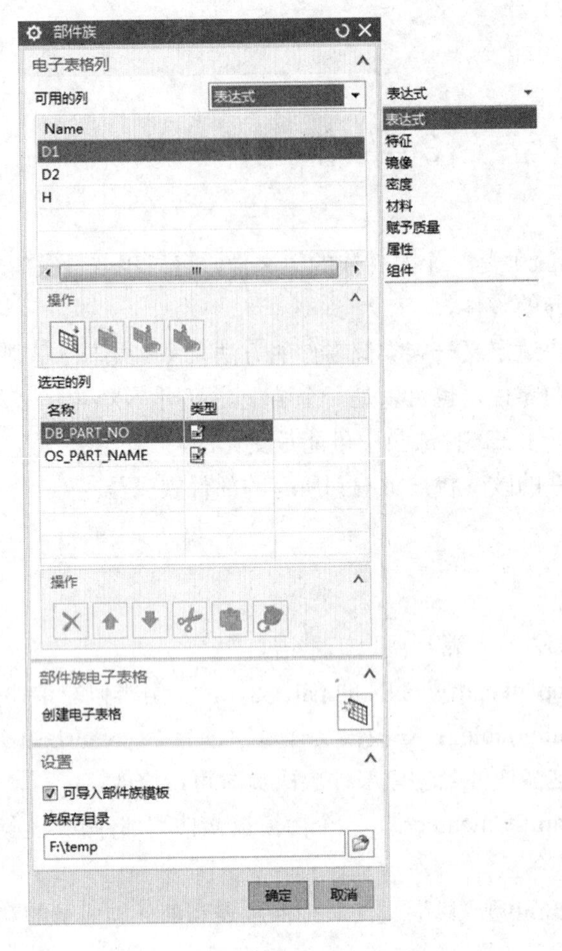

图 3-55　“部件族”对话框

1．可用的列

在部件族电子表格中可选的 6 种特性类用来定义电子表格的列。常用特性类如下。

（1）表达式。当创建部件族成员时，提供表达式值。表达式值只能为常值。

（2）特征。特征是否抑制。可以通过在电子表格中指定其值为 yes 或 no。

（3）镜像。如果模板文件中有镜像体，则部件族成员可以使用基体（镜像特征值为 yes）或者镜像体（mirrored body）（镜像特征值为 no）。

（4）密度。给出零件中命名的实体列表，可以为每一个命名指定密度当创建部件族成员时，可以指定密度给每一个名字，则该密度值会应用到该名字的实体上。使用【编辑】→【属性】来给实体指定名字。

（5）属性。使用部件属性（attributes）及值。

（6）组件。仅用于装配模板文件。可以去掉指定的组件（表格留空）或者用不同的组件来替换指定的组件。

2．操作

（1）表示在末尾添加。在“选定的列”列表框中最后一行，添加选定的内容。

（2）表示在选定的列后添加，在“选定的列”列表框中选定行之后，在列表框中添加选定的内容。

（3）表示移除列。选中要移除的列名，然后选择按钮×。

3. 创建电子表格

单击图标，创建电子表格，启动 Excel。此时，NX 操作被抑制。

4. 电子表格选项

1）确认部件

确认部件就是测试以当前的定义值是否能成功地创建族成员。

选定行的族成员已测试，并且有一条消息提示是否可能用当前的属性配置值创建一个部件。在此过程中，控制被传递回 NX。要继续操作并返回电子表格，请选择部件族对话框上的恢复电子表格。

2）应用值

应用值用于将当前定义的值应用于部件。除非部件处于新的状态，否则会将值应用到此部件。在此期间，控制将传递回 NX，可以使用新状态下的模型在 NX 中编辑族或进行其他工作。

3）更新部件

更新部件有两种情况：

（1）未选择任何行。NX 会搜索族中的每个成员。首先，使用当前搜索规则（在文件选项卡→首选项→装配加载选项→定义搜索目录下指定的搜索目录）。如果找不到成员，NX 会搜索在文件选项卡→保存→保存选项下指定的部件族成员目录。

对于找到的每个成员，系统要检查该成员对于当前定义是否已过时，包括对模板部件的几何更改和对族表格中定义的更改。若成员过时，则创建一个更新版本，然后保存到成员部件被找到的位置。若成员部件被写保护，则将新的成员部件保存到部件族成员目录中。同时生成更新报告。若没有行被选中并且选择更新部件，则要求确认操作。

（2）已选择行。NX 搜索族的已选成员，但是未检查已查看成员是否过时。只是简单地创建并保存新版本，或者将它保存到当前位置，或者保存到保存选项对话框中指定的目录。

4）创建部件

创建所选行的族成员，并将其保存为 NX 部件文件。在部件创建过程中，控制被传递回 NX，且信息窗口提示部件是否已成功创建和保存。若要继续，请选择部件族对话框上的恢复电子表格返回电子表格。

将创建的部件保存在文件选项卡→选项→保存选项下指定的部件族成员目录中。此选项将保存电子表格，但不会保存模板部件，需另外在 NX 建模环境中保存。

5）保存部件族

保存电子表格数据并返回 NX。【保存族】和【创建部件】将保存电子表格的内容（spreadsheet），但是模板文件没有被保存 。

6）取消

返回 NX 而不保存电子表格所作的任何改变。

应用案例 3-6

本例以导柱为例演示如何建立部件族。

（1）启动 NX 10.0，打开光盘文件 ...\part\chap3\daozhu.prt，如图 3-56 所示。

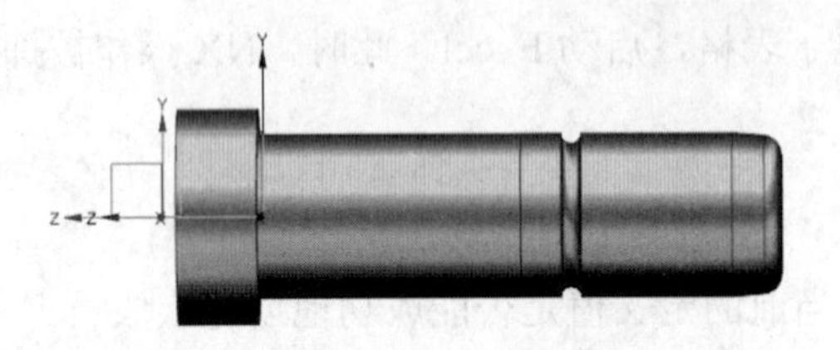

图 3-56　导柱实体模型

（2）建立部件族，选择【工具】→【部件族】，打开部件族对话框，把“可用的列”中已经建立的表达式添加到选定的列中，如图 3-57 所示。

（3）将族保存在第二步所建立的目录下（此目录不能包含任何中文），单击创建电子表格，如图 3-58 所示。

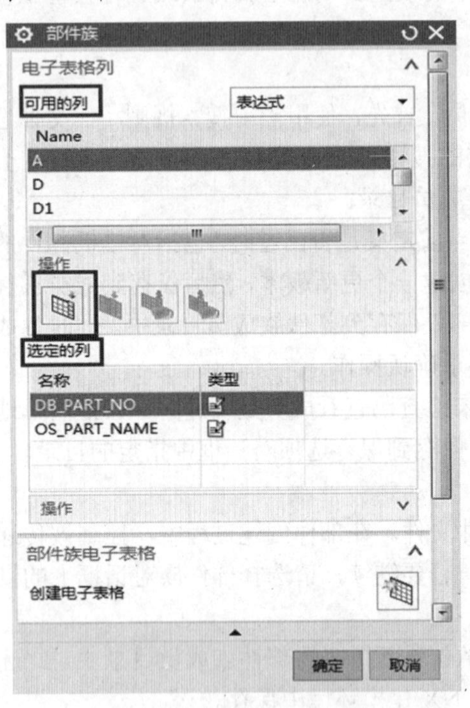

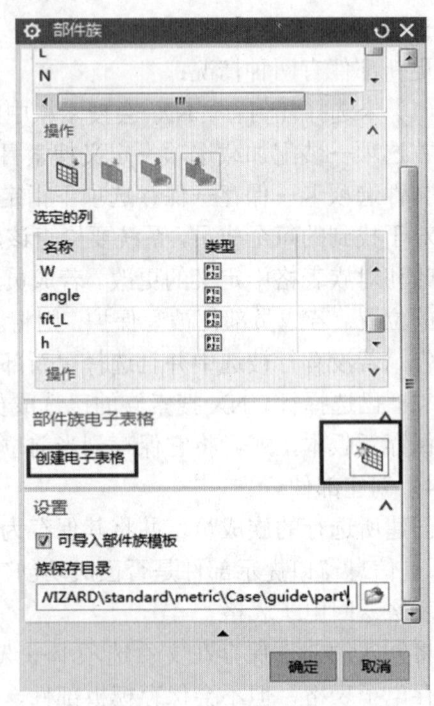

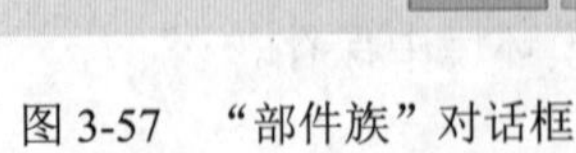

图 3-57　“部件族”对话框　　　　图 3-58　创建电子表格

（4）单击创建电子表格图标，启动 Excel，如图 3-59 所示，在 DB_PART_NO 列输入序号，在 OS_PART_NAME 列输入零件名称，在其他列输入相应的值，如图 3-60 所示。

（5）输入数值后就可以保存部件族了，单击【加载项】→【部件族】→【保存族】，这时会自动返回到 NX。如果对于设置的数值不满意，可以单击【取消】按钮，这时也将返回到 NX，可以重新创建部件族。

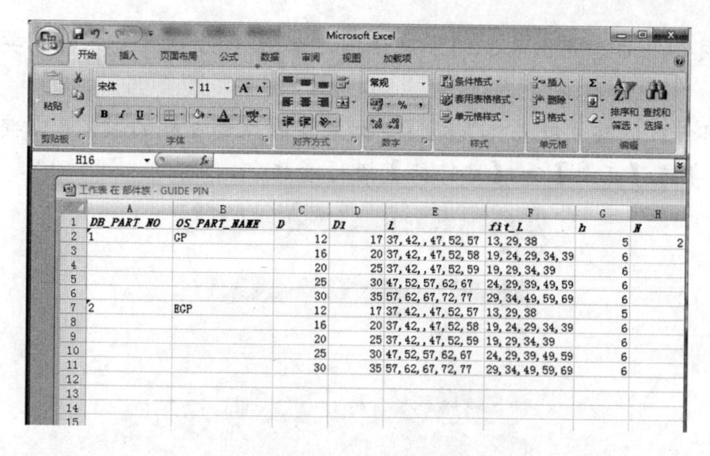

工作表 在 部件族 - GUIDE PIN

	A	B	C	D	E	F	G	H
1	DB_PART_NO	OS_PART_NAME	D	D1	L	fit_L	h	N
2	1	GP	12	17	37, 42, , 47, 52, 57	13, 29, 38	5	2
3			16	20	37, 42, , 47, 52, 58	19, 24, 29, 34, 39	6	
4			20	25	37, 42, , 47, 52, 59	19, 29, 34, 39	6	
5			25	30	47, 52, 57, 62, 67	24, 29, 39, 49, 59	6	
6			30	35	57, 62, 67, 72, 77	29, 34, 49, 59, 69	6	
7	2	EGP	12	17	37, 42, , 47, 52, 57	13, 29, 38	5	
8			16	20	37, 42, , 47, 52, 58	19, 24, 29, 34, 39	6	
9			20	25	37, 42, , 47, 52, 59	19, 29, 34, 39	6	
10			25	30	47, 52, 57, 62, 67	24, 29, 39, 49, 59	6	
11			30	35	57, 62, 67, 72, 77	29, 34, 49, 59, 69	6	

图 3-59　输入数值

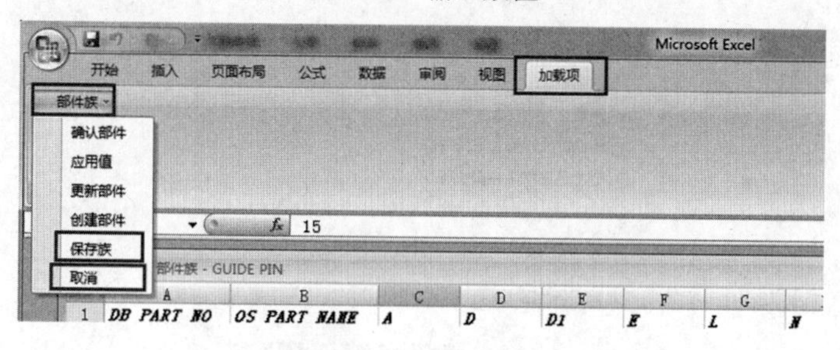

图 3-60　部件族的建立

（6）新建一个 NX 文件，进入建模模块，选择【装配】→【组件】→【添加组件】，打开添加组件对话框，单击【打开】打开刚才的 NX 文件 daozhu.prt，如图 3-61 所示。

（7）打开后，在已加载的部件一栏中会出现 daozhu.prt，双击 daozhu.prt，打开【选择族成员】对话框，在【匹配成员】中选择所需要的部件，如图 3-62 所示。

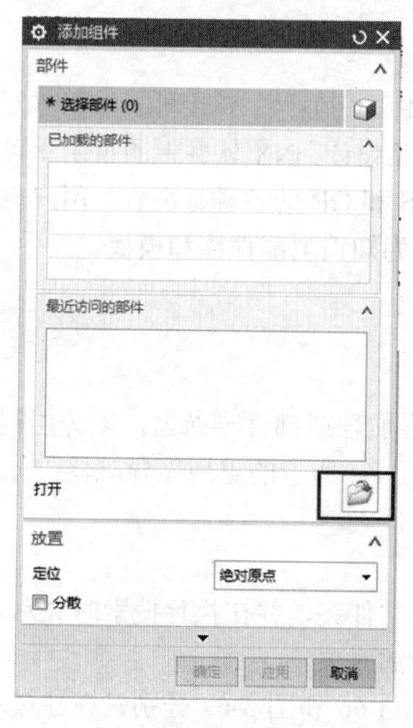

图 3-61　选择部件

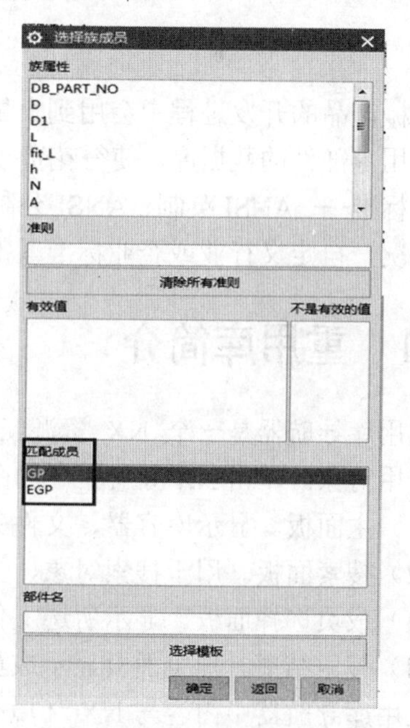

图 3-62　选择族成员

（8）选定成员部件后，弹出装配约束对话框，如图 3-63 所示。根据需要添加约束，完成添加组件操作。

（9）到这里部件族的建立就基本完成了，如果要修改部件族的数值，需要打开最初建立的 daozhu.prt 文件，单击【工具】→【部件族】进行修改。

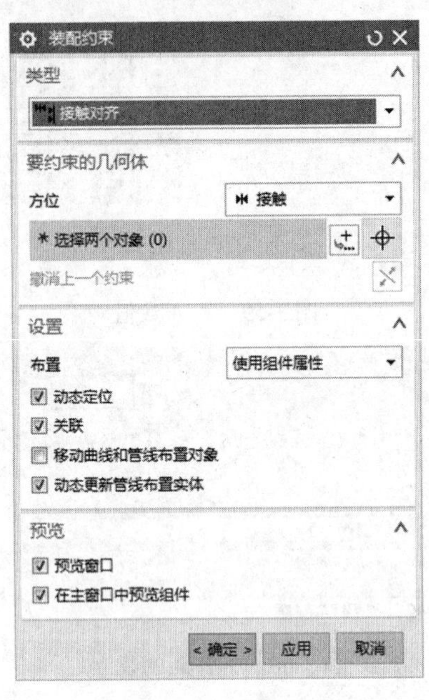

图 3-63　添加装配约束

3.5　重　用　库

机械产品的开发过程中会用到大量的通用件、标准件、相似件、借用件，如何方便地建立这些常用零部件的数据库，使得花费较少的时间完成产品设计。NX 软件中的重用库可支持所有主要标准——ANSI 英制、ANSI 公制、DIN、UNI、JIS 和 GB 的各种标准件，用户也可针对不同情况，自定义行业或企业标准零部件。这些部件均为知识型部件族和模板。

3.5.1　重用库简介

重用库导航器是一个 NX 资源工具，类似于装配导航器或部件导航器，以分层树结构显示可重用对象。单击 NX 导航器中的图标，弹出如图 3-64 所示的重用库导航器。

（1）主面板。显示库容器、文件夹及其包含的子文件夹。

（2）搜索面板。用于搜索对象、文件夹和库容器。

（3）成员选择面板。显示所选文件夹中的对象和子文件夹，并在执行搜索时显示。

（4）搜索结果。预览面板显示成员选择面板中所选的对象。

重用库导航器中内容与 NX 环境有关，图 3-65、图 3-66 和图 3-67 分别是在建模环境下、注塑模向导环境下和级进模向导环境下的重用库。

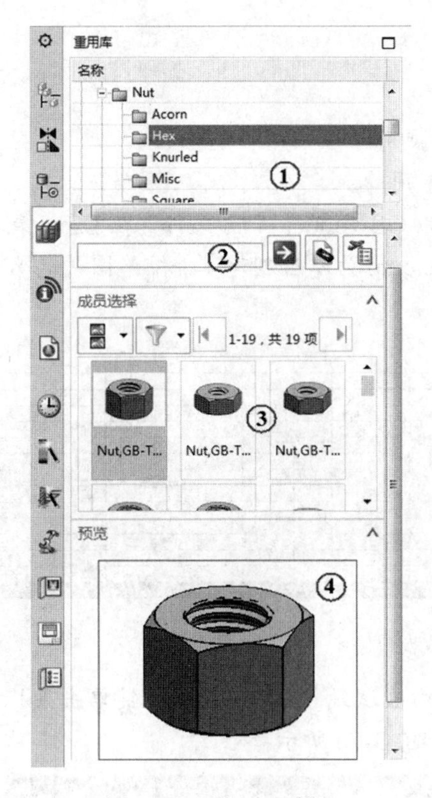

图 3-64　重用库导航器

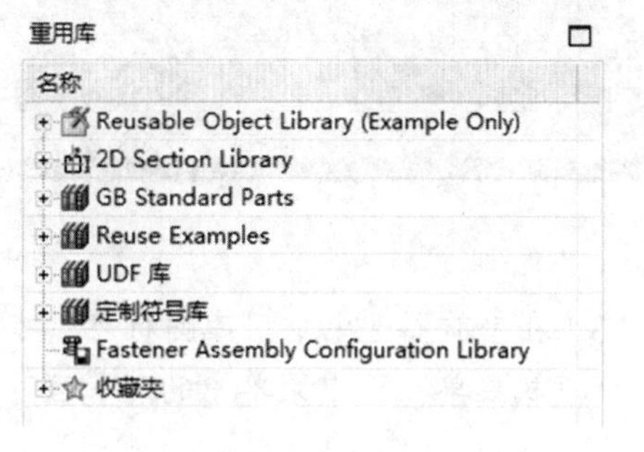

图 3-65　建模环境下的重用库内容

图 3-66　注塑模向导环境下的重用库

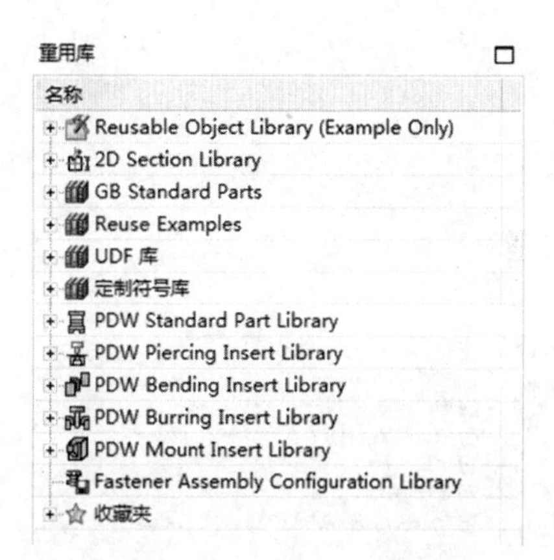

图 3-67　级进模向导环境下的重用库

3.5.2　部件族与重用库的结合

部件族通常不单独使用，与重用库结合后，可使部件族成员在装配体中，作为组件进行重用，并可同时添加约束。这为行业或企业的标准件的制作及调用带来极大的方便。

应用案例 3-7

本例以导柱为例演示如何使部件族与重用库结合使用。

（1）创建一个文件夹“导柱”，用于管理创建的重用库。

（2）在垫片文件夹内新建一个 Excel 文件，命名为 GB-Guide。打开文件，在 Excel 表格中输入如图 3-68 所示内容。其中，BITMAP 为大写，guide.bmp 为以后创建零件缩略图片的名称。PARAMETERS 为零件参数，END 表示写入结束。

A	B	C	D	E	F	G	H	I	J	K	L	M	N	O	P	Q	R
BITMAP	/standard/metric/case/guide/bitmap/guide_pin.bmp																
PARAMETERS																	
CATALOG	D	D1	L	fit_L	h	N	D_clr	D1_clr	E	angle	R	RELEF	W	A	P	tol	SIDE
GP	12	17	37,42,47,52,57	19,29,39	5	2	D	D1+1	5	10	2	0	2	15	9	0.015	A,B
	16	20	37,42,47,52,57	19,24,29,34,39	6												
	20	25	37,42,47,52,57	24,29,39,49,59	6											0.017	
	25	30	47,52,57,62,67	29,39,49,59,69	8				6		3				12		
	30	35	47,52,57,62,67,72	24,29,39,49,59	8											0.02	
EGP	12	17	37,42,47,52,57	19,29,39	5				5	5	2				9	0.015	
	16	20	37,42,47,52,57	19,24,29,34,39	6												
	20	25	37,42,47,52,57	24,29,39,49,59	6				6							0.017	
	25	30	47,52,57,62,67	29,39,49,59,69	8										12		
	30	35	47,52,57,62,67,72	24,29,39,49,59	8											0.02	
END																	

图 3-68　导柱参数表

（3）在导航器选中重用库图标，然后在其中空白区域或“名称”栏用右键单击鼠标，弹出一个下拉菜单。选中菜单中的库管理，如图 3-69 和图 3-70 所示。

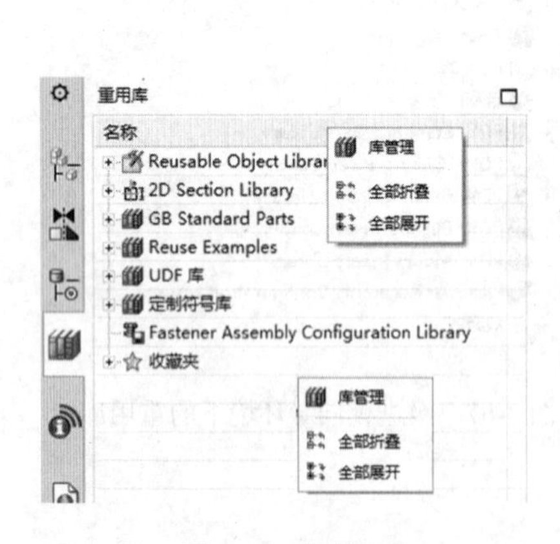

图 3-69　库管理

图 3-70　重用库管理对话框

（4）进入库管理后选中红框中图标。进入选择目录，选择已经创建的文件夹“导柱”，然后单击【确定】按钮。之后会在库管理界面中出现新增加创建的库“导柱”，如图 3-71 所示。继续单击【确定】按钮，在重用库中增加“导柱”，如图 3-72 所示。

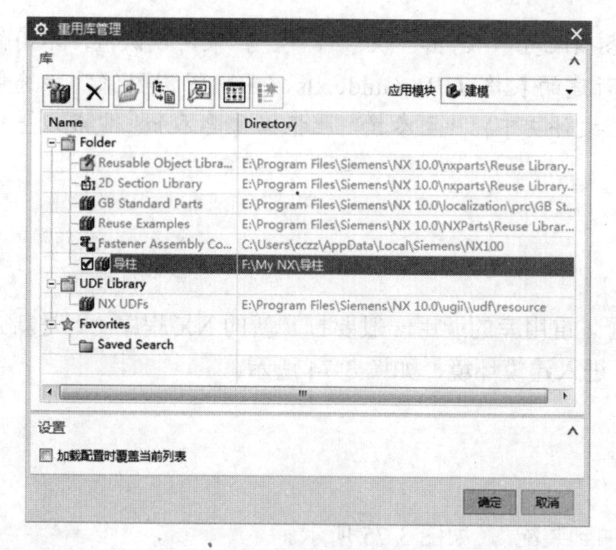

图 3-71　添加文件夹到重用库

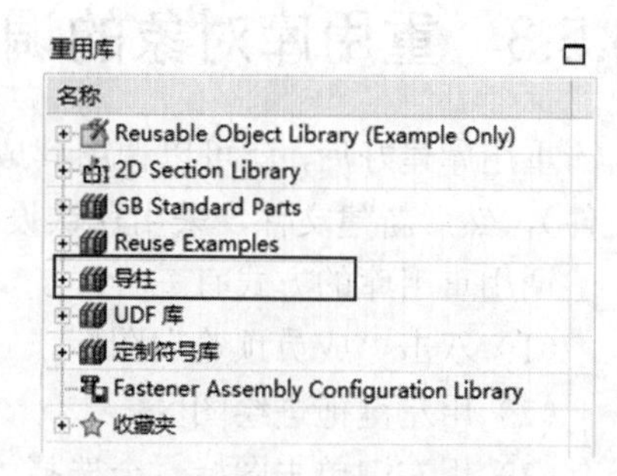

图 3-72　新增加的导柱重用库

（5）此时导柱重用库已经生成，选中图 3-72 中的导柱，在“成员选择”里面出现预览的导柱图像。用右键单击该图像，弹出下拉菜单，再单击“创建/编辑 KRX 文件”选项，如图 3-73 所示。

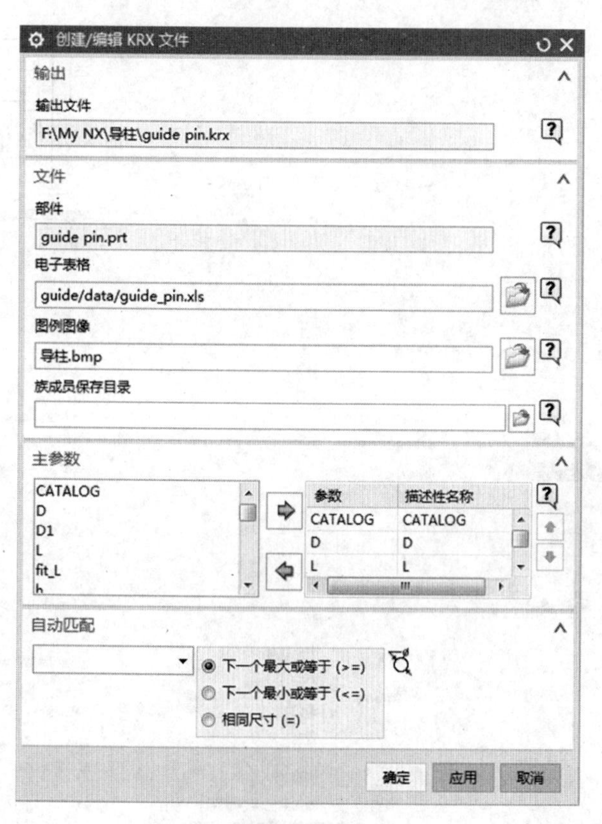

图 3-73　创建/编辑 KRX 文件

（6）在 KRX 文件对话框中，进行各项配置。“输出”及“部件”栏采用默认值，不用修改。在“电子表格”栏选中步骤 2 中新建的表格 GB- Guide.xls，在“图例图像”栏选中 Guide.bmp(bmp 图像由自己制作放在对应文件夹下)，“主参数”栏根据需要添加。完成以上所有步骤后，重用库就创建成功。

3.5.3 重用库对象的调用

重用库建好后，就可以调用其成员了。重用库的调用一般要打开新的 NX 程序（不是新建文件），然后新建文件，采用默认设置，进入建模环境，如图 3-74 所示。

调用重用库的方式有三种：

（1）双击“成员预览”图标。

（2）用左键拖进绘图区。

（3）用右键单击图标，会选择“添加到装配”，如图 3-75 所示。

使用上述任何一种方法，出现如图 3-76 所示的“添加可重用组件”的对话框。通过对该对话框内容的设置，可选择导柱的尺寸型号、定位方式及引用集等。

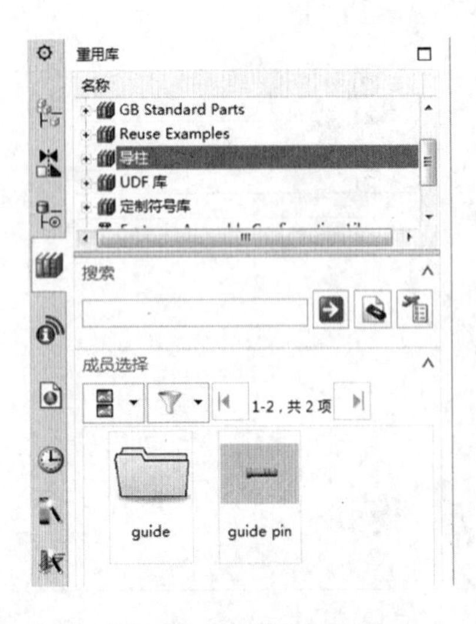

图 3-74　重用库导航器

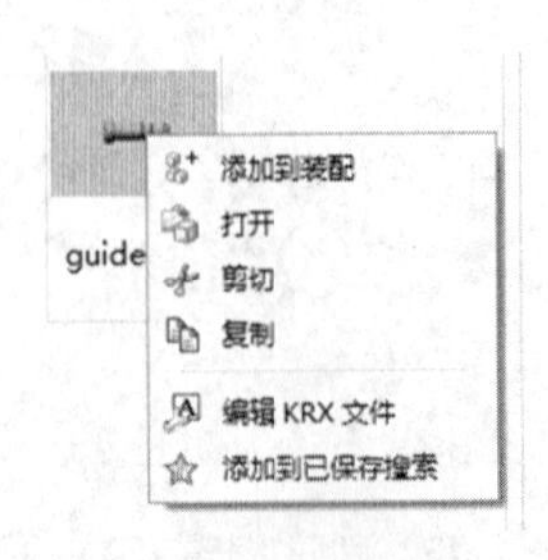

图 3-75　调用重用库

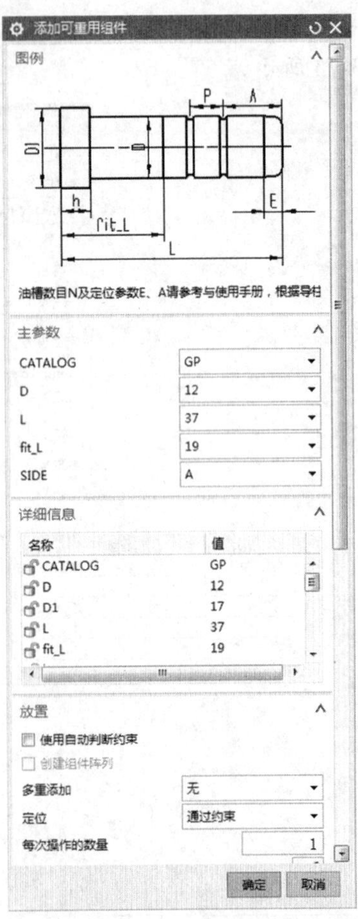

图 3-76　调用重用库对话框

（1）图例。显示包含描述参数的标注的一般图像。

（2）主参数。显示尺寸，这些参数可选择模板的有效配置。更改主参数会导致其他参数也更改，以反映有效的配置，如导柱的直径、长度等。对于特定参数的值，可以从列表中选择。

（3）详细信息。显示与部件关联的数据。该表不仅显示主参数，还显示在电子表格中定义的所有参数。若参数未锁定，则可为它输入一个新值。但是这些数值不能编辑部件族模板。部件族电子表格预定义只能引用其值的所有参数。

（4）放置。定义将组件定位到装配中的方法。可将指定装配约束来放置组件的位置，也可在添加的组件和固定组件之间建立约束关系。

3.6 NX MoldWizard 标准件定制

NX 软件包含三个模具模块，分别是 MoldWizard（注塑模设计向导）、Die Design（冲模设计模块）、PDW（Progressive Die Wizard 级进模设计向导），每个模具模块都有各自的标准件库，但其开发流程是相似的。

（1）注册企业的 NX 标准件开发项目。

（2）注册电子表格文件。

（3）建立参数化模板文件。

（4）建立标准件的电子表格数据库。

（5）制作标准件 Bitmap 位图文件。

（6）验证并调试标准件。

3.6.1 标准件系统工作流程

标准件（standard）系统工作流程如图 3-77 所示。

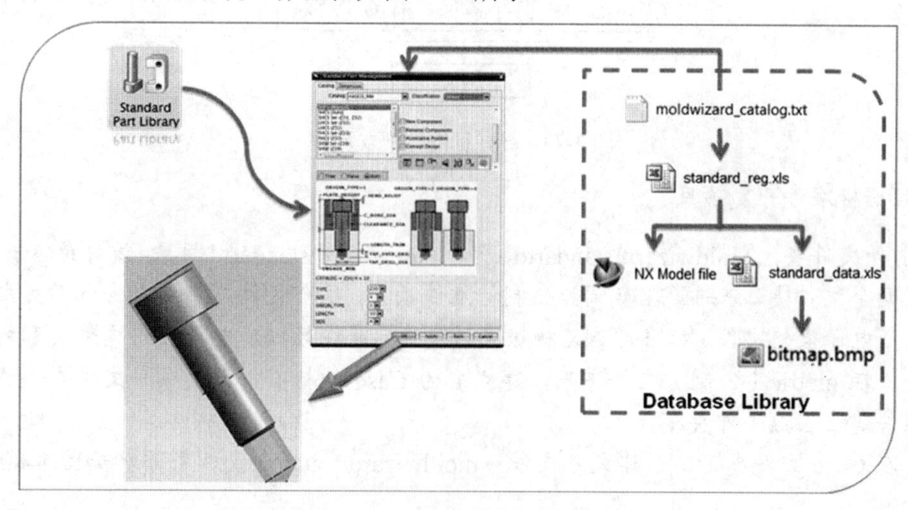

图 3-77 标准件系统工作流程

模具模架系统开发与标准件相似，流程如图 3-78 所示。

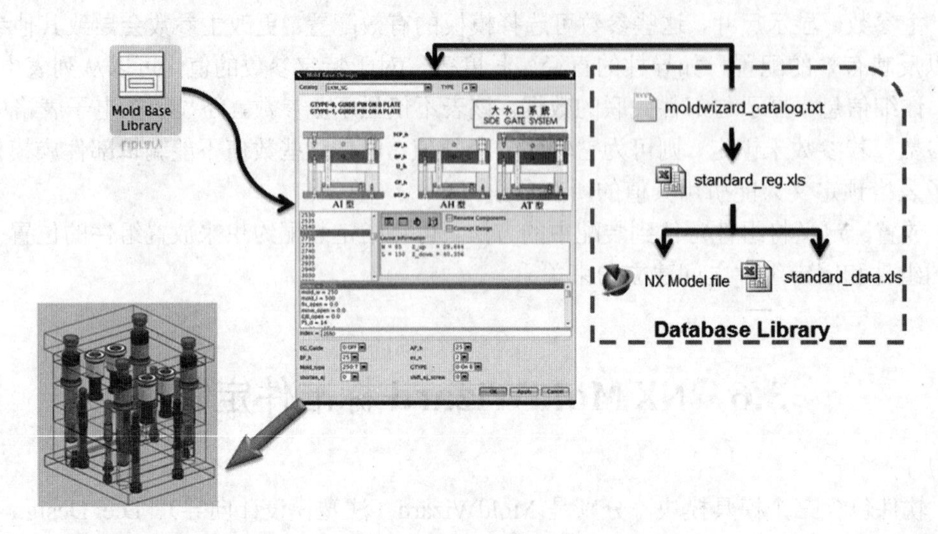

图 3-78　模具模架系统开发流程

应用案例 3-8

本例已导柱为例演示如何建立重用库。

导柱是模架中常用的标准件，与导套配合使用，用于模具的开合及顶出时的模板零件的精密导向或定位，属于模具导向类标准件。常用导柱分为带肩导柱和无肩导柱，但作为标准件开发流程是一样的，如图 3-79 所示。

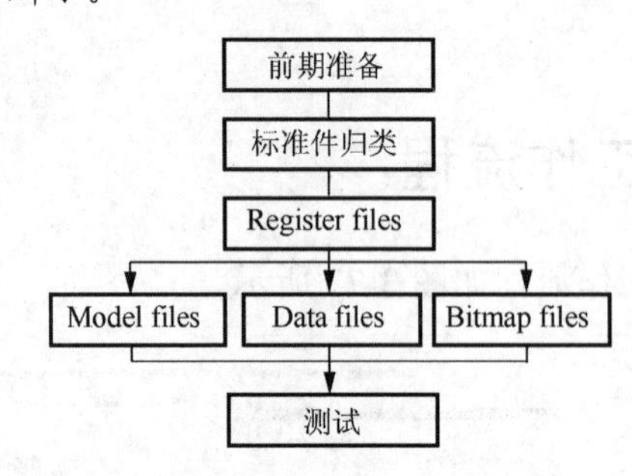

图 3-79　导柱标准件开发流程

1. 注册标准件开发项目

（1）打开文件夹...Moldwizard\standartd，或者 Pdiewizard\standartd 目录，该目录下有 English 和 metric 两个文件夹，分别管理英制和公制标准件项目。每个文件夹中都包含注册文本文件、标准件注册电子表格文件、标准件 NX 模板文件夹、标准件数据库电子表格文件夹和标准件位图文件夹。在 metric（公制）文件夹下，建立名为 Case 的标准件开发项目文件夹，将自己开发的标准件建立在该文件夹下。

（2）在 Case 文件夹下，新建文本文件：moldwizard_catalog.txt，并添加如图 3-80 所示的内容。

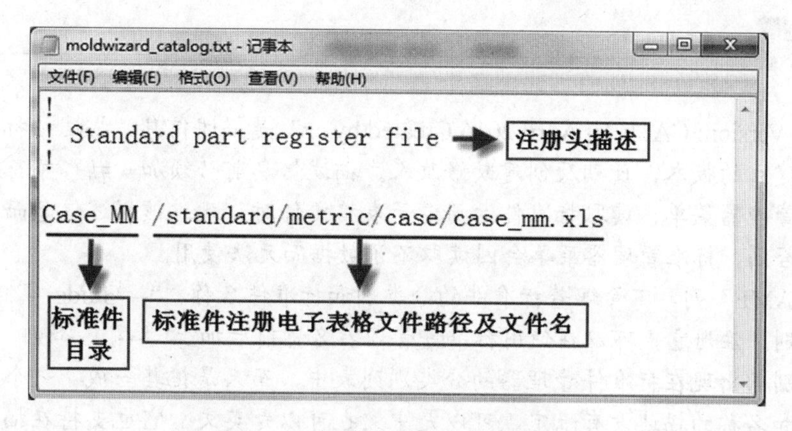

图 3-80　标准件开发项目目录注册

特别提示

注册文本文档用于企业或标准件项目目录（Catalog），如果标准件开发项目要注册到 PDIEWIZARD 模块下，注册文本文档名应为 pdw_xatalog.txt；如果要注册到 Die Design 模块，文本文档名应为 die_catalog.txt。

上述注册企业标准件开发项目是基于 Windows 操作系统的。它可以同时支持 Excel(".xls")和 Xess（".xs4"）两种格式的标准件注册电子表格文件；而 UNIX 操作系统只支持 Xess(".xs4")格式的标准件注册电子表格文件。因此，在 UNIX 操作系统中，图 3-80 中 case_mm.xls 应相应地改为 case_mm.xs4。

2. 建立标准件注册电子表格文件

关于标准件注册电子表格文件，其实质就是标准件的等级文件，用于注册和管理标准件所处的类别、标准件的数据库电子表格路径和文件名、NX 模板文件的路径和文件名。

（1）在 Case 文件夹中新建文件名为 case_reg_mm.xls 的标准件注册电子表格文件。

（2）打开 case_reg_mm.xls 文件，添加标准件的注册内容，如图 3-81 所示。

	A	B	C	D	E
1	##Version: CASE 10 April 2016 Cr				
2					
3	NAME	DATA_PATH	DATA	MOD_PATH	MODEL
4	-----screw -----	/standard/metric/case/screw/data	shcs.xls	/standard/metric/case/screw/model	shcs.prt
5	shcs	/standard/metric/case/screw/data	shcs.xls	/standard/metric/case/screw/model	shcs.prt
6	dowel	/standard/metric/case/screw/data	dowel.xls	/standard/metric/case/screw/model	dowel.prt
7					
8					
9	---Case injection Unit---	/standard/metric/case/injection/data	locatingring.xls	/standard/metric/case/injection/model	locatinggring.prt
10	locatingring	/standard/metric/case/injection/data	locatingring.xls	/standard/metric/case/injection/model	locatinggring.prt
11	Locatin ring		locating ring.xls		locating ring.prt
12	sprue_bushing		sprue_bushing_assy.xls		sprue_bushing_assy.prt
13	----Case Guide Unit----	/standard/metric/case/guide/data	guide_pin.xls::sheet1	/standard/metric/case/guide/model	guide pin.prt
14	Guide Pin		guide_pin.xls::sheet1		guide pin.prt
15					
16	---Case Lock Unit	/standard/metric/case/lock/data	taper_locating_block.xls	/standard/metric/case/lock/model	taper_location_block_assy.prt
17	Taper Locating Block		taper_locating_block.xls		taper_location_block_assy.prt
18					

图 3-81　标准件注册电子表格文件内容

特别提示

（1）“##Version: CASE 10 April 2016 Created by cz”是描述信息，描述该标准件注册电子表格文件建立的版本、日期及创建或修改人。描述信息前必须加“##”字符，其作用是在启用标准管理器菜单、读取标准件注册电子表格文件时，跳过该描述信息而直接读取后面的数据。否则，标准管理器菜单会因读取不了数据而无法使用。

（2）“NAME”列，下管理着标准件的分类别和标准件名称。“---Guide---”表述的是标准件的分类别。注册它，可以在使用标准件管理器名称前后加上“---”。否则，NX不会识别其为分类别而出现在标准件管理器的分类别列表中，而只是把其当成了一个标准件的名称。分类别和名称的描述没有限定，可以是中文也可以是英文，它也支持在描述内容中带有空格符。

（3）“DATA_PATH”列，用于指定各个标准件的数据库电子表格文件的路径。该列中的内容必须与建立的标准件数据库电子表格文件所处路径一致，NX才能读取数据。否则，读取数据将会失败。

（4）“DATA”列，用于注册各个标准件的数据库电子表格文件的名称。该列中的内容必须与指定路径下的标准件数据库电子表格文件名完全一致，NX才能读取相关数据。该列下的标准件的数据库电子表格文件的名称不允许包含空格（可用下画线代替），也不能为中文名。

（5）“MOD_PATH”列，用于指定各个标准件的NX模板部件文件的路径。该列中内容必须与建立的NX模板部件文件所处路径完全一致。调用标准件时，NX会按此路径去搜寻相应的NX模板部件文件。

（6）“MODEL”列，用于注册各个标准件的NX模板部件文件的名称。该列中的内容必须与指定路径下的NX模板部件文件名完全一致。调用标准件时，NX会调用该NX模板部件文件。

如果所有标准件的数据库电子表格文件或NX模板部件文件都在同一路径下，可以只在“DATA_PATH”或“MODEL”列下的第一栏添加路径，后面栏的路径可以省略。

3. 建立标准件NX模板文件

（1）在 ...\standard\metric\Case\目录下新建一个guide文件夹，并在新建立的guide文件夹下建立3个文件夹：model、bitmap、data。本节实例开发的导向类标准零件的NX模板部件均保存在model文件夹下、位图都保存在bitmap 文件下。

（2）在步骤1建立的model文件夹下新建立一个文本文档（.txt），将该文件夹重命名为“guide pin.exp”后，打开“guide pin.exp”，建立如图3-82所示的导柱标准件的NX模板部件的主控参数，保存并退出该文件。

（3）运行NX软件，建立公制的、文件名为“guide pin.prt”的导柱标准件NX模板部件到 ...\standard\metric\Case\guide\model 目录下，并进入建模环境。

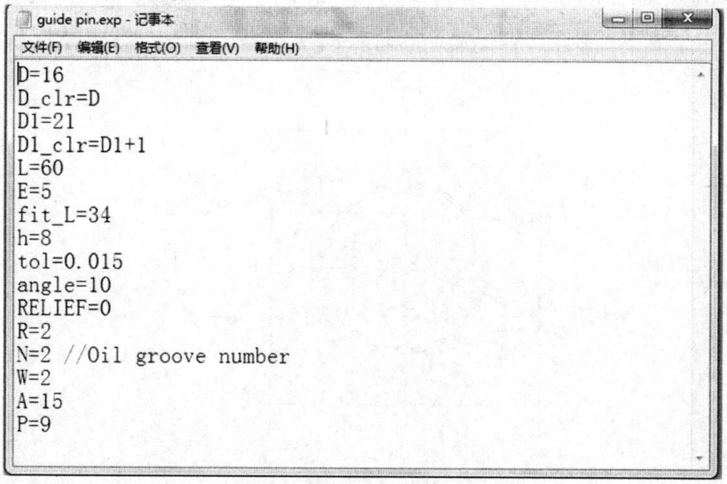

```
guide pin.exp - 记事本
文件(F) 编辑(E) 格式(O) 查看(V) 帮助(H)
D=16
D_clr=D
D1=21
D1_clr=D1+1
L=60
E=5
fit_L=34
h=8
tol=0.015
angle=10
RELIEF=0
R=2
N=2 //Oil groove number
W=2
A=15
P=9
```

图 3-82　导柱主控参数

（4）选择【工具】→【表达式】命令，弹出表达式对话框，单击“从文件导入表达式”按钮，将步骤 2 所建立的“guide pin.exp”文件中的表达式输入到 NX 文件。被输入的表达式出现在表达式编辑器的列表窗口和部件导航器中，如图 3-83 所示。

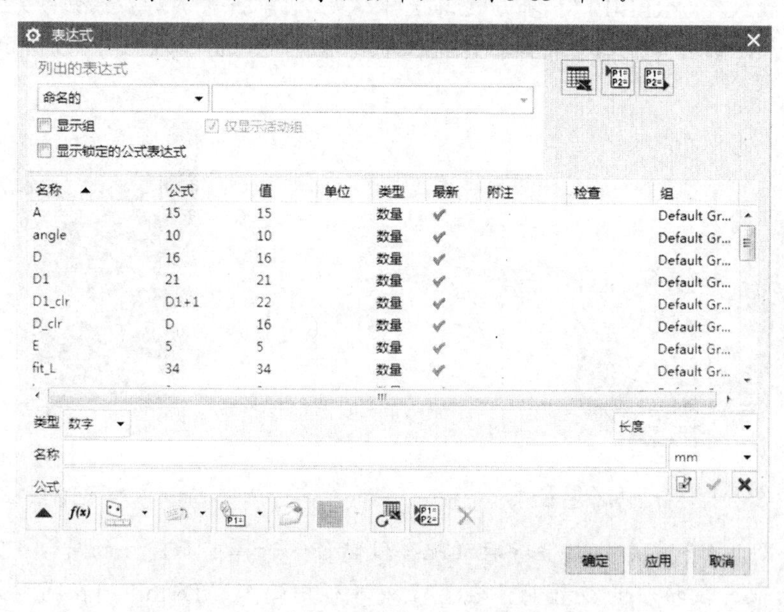

图 3-83　导柱主控参数表达式

（5）绘制用于建立导柱本体的肩台特征及建腔实体的沉头孔特征的草图。

① 单击“基准 CSYS ”按钮，进入基准 CSYS 设置，选择类型“偏置 CSYS”，参考 CSYS 选择 WCS，CSYS 偏置 X 文本框使用默认值 0，Y 文本框使用默认值 0，Z 文本框输入 OFFSET，单击【确定】按钮。

② 单击草图工具按钮，进入草图设置，选择偏置好的 CSYS 坐标系的 XY 平面作为草图的放置平面，选择+XC 方向的基准轴为草图的水平参考后，单击【确定】按钮，进入草图绘制界面。

③ 在草图区域绘制如图 3-84 所示的草图，并添加适当而又充分的约束条件（尺寸约束和几何约束）后，单击草图绘制对话框左上角的完成草图按钮，退出草图绘制界面。

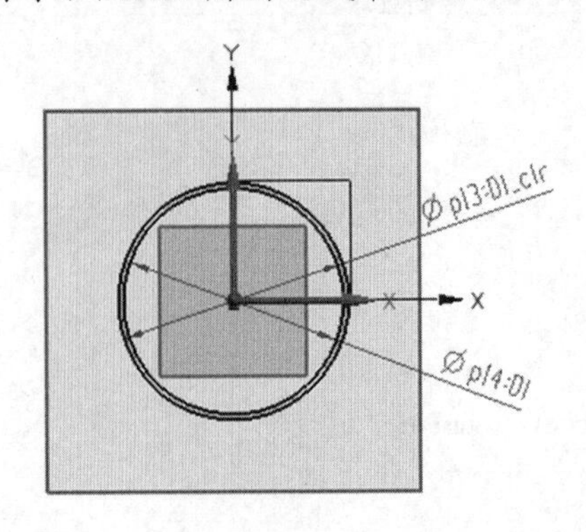

图 3-84　绘制导柱草图

4. 建立导柱标准件的本体。

（1）单击拉伸按钮，建立导柱标准件本体的肩台特征：选择 D1=21 的草图曲线（圆）作为建立拉伸特征的界面曲线；拉伸的量方向设置为“-ZC”；在开始文本框输入“RELIEF”，在结束文本框输入“h+RELIEF”；布尔运算选择“无”，单击【确定】按钮，完成导柱本体的肩台特征建立。在部件导航器中将该拉伸特征重命名为“Head”，如图 3-85 所示。

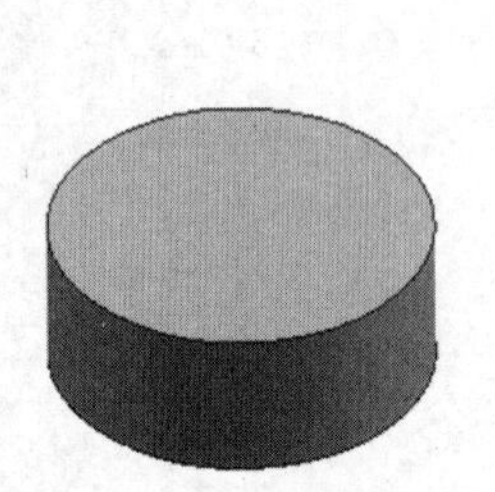

图 3-85　拉伸导柱肩台特征

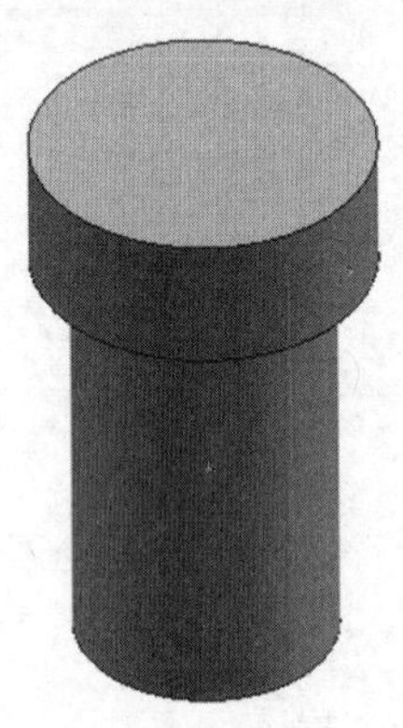

图 3-86　导柱配合段特征

（2）单击“凸台”按钮，建立导柱的配合段特征：选择前面建立的肩台（Head）特征底端的平面作为配合段特征的放置面：在直径文本框中输入“D+tol”；在高度文本框中输入“fit_L-h”；在锥角文本框使用默认值 0；完成参数设置后单击【确定】按钮。在定位对话框中，单击按钮，将配合段特征的中心定位到肩台特征的圆心上即可。在部件导航器中，将该凸台命名为“Fit_Boss”，如图 3-86 所示。

（3）单击“凸台”按钮，建立导柱的导向段（Guide_Boss）特征：选择前面建立的配合段（Fit_Boss）特征底端的平面作为导向段特征的放置面：在直径文本框中输入“D”；在高度文本框中输入“L-fit_L-E”;在锥角文本框使用默认值 0；完成参数设置后单击确定。在定位对话框中，单击按钮，将导向段特征的中心定位到配合段特征的圆心上即可。在部件导航器中，将该凸台命名为“Guide_Boss”，如图 3-87 所示。

（4）单击“凸台”按钮建立导柱的导入部的锥面（Guide_TP_Boss）特征：选择前面建立的导向段(Guide_Boss)特征底端的平面作为导向段特征的放置面：在直径文本框中输入“D”；在高度文本框中输入“E”；在锥角文本框输入“angle/2”；完成参数设置后单击【确定】按钮。在定位对话框中，单击按钮，将锥面特征的中心定位到导向段特征的圆心上即可。在部件导航器中，将该凸台命名为“Guide_TP_Boss”，如图3-88所示。

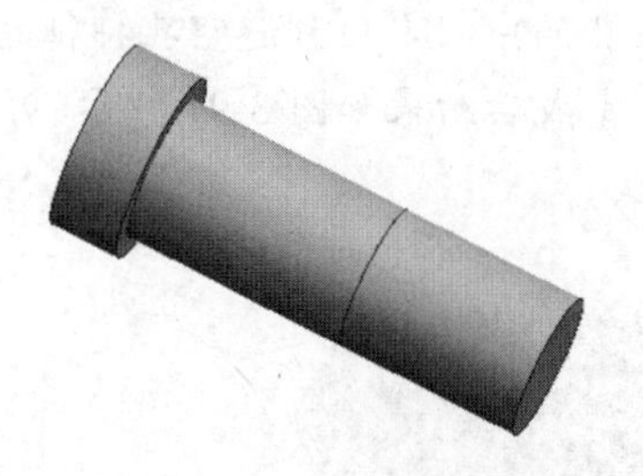

图3-87　导柱导向段特征

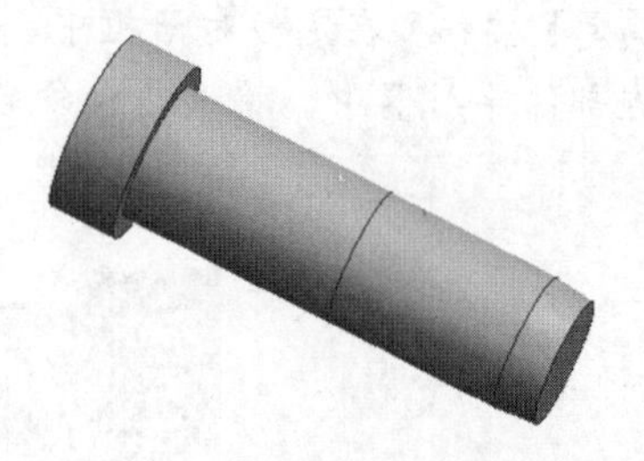

图3-88　导柱导入部锥面特征

（5）单击边倒圆按钮，建立导柱的导入部圆角特征：选择前面建立的锥面特征的低端实体边缘，设置圆角半径为“R”。

（6）单击“槽”按钮，选择“球形端槽”选项建立导柱的油槽（Oil Groove）特征：选择导向段的圆柱面为油槽特征放置面，在参数设置对话框的槽直径文本框中输入“D-2”，球直径文本框输入“W”，将油槽特征定位到距离导入段锥面特征的低端边缘为“A”的位置。在部件导航器中，将该槽特征命名为“Oil Groove”，如图3-89所示。

（7）单击“阵列特征”按钮，选择对象油槽（Oil Groove）特征，布局设置为线性，指定矢量-ZC，在数量文本框中输入“N”，在节距文本框中输入“P”，然后单击【确定】按钮，完成导柱油槽的阵列特征建立。完成后结果如图3-90所示。

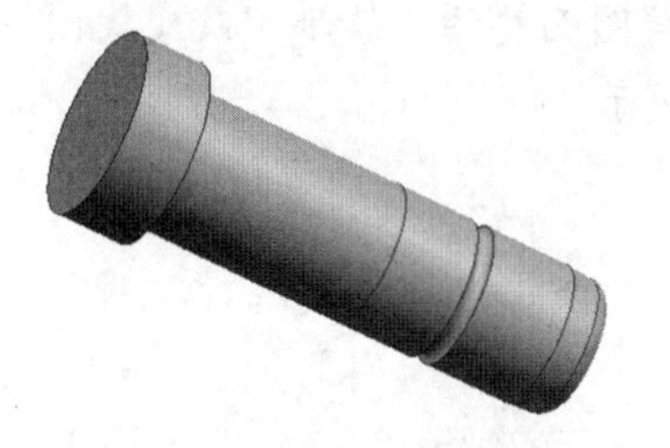

图3-89　导柱油槽

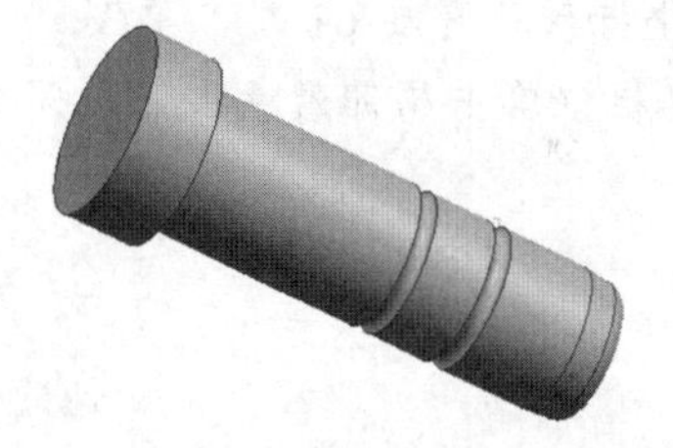

图3-90　阵列油槽特征

5. 建立导柱的标准件的建腔实体

（1）单击“拉伸”按钮建立导柱标准件建腔实体的沉头孔（Counter Bore）特征：选择步骤3所绘制的D1_clr=22的草图曲线（圆）作为建立拉伸特征的截面曲线；拉伸的矢量方向设置为“-ZC”；在开始拉伸起始文本框输入“0”；在结束拉伸终止文本框中输入“h+RELIEF”；对布尔运算选择“无”，单击【确定】按钮，完成导柱建腔实体的沉头孔特征建立。在部件导航器中将该拉伸特征重命名为“Counter Bore”。

（2）单击“凸台”按钮建立导柱建腔实体的避空孔（Clearence_Hole）特征：选择前面建立的沉头孔（Counter Bore）特征底端的平面作为避空孔特征的放置面：在直径文本框中输入“D_clr”；在高度文本框中输入“L-h+5”；在锥角文本框使用默认值0；完成参数设置后单击【确

定】按钮。在定位对话框中，单击⁄按钮，将避空孔的中心定位到沉头孔特征的圆心上即可。在部件导航器中，将该凸台命名为“Clearence_Hole”。

（3）单击“凸台”按钮建立导柱建腔实体的锥孔（Drill_Tip）特征：选择前面建立的避空孔（Clearence_Hole）特征底端的平面作为锥孔特征的放置面：在直径文本框中输入“D_clr”；在高度文本框中输入“(D_clr/2)*tan(30)”；在锥角文本框使用默认值59.999；完成参数设置后单击【确定】按钮。在定位对话框中，单击⁄按钮，将锥孔的中心定位到避空孔特征的圆心上即可。在部件导航器中，将该凸台命名为“Drill_Tip”。完成后结果如图3-91所示。

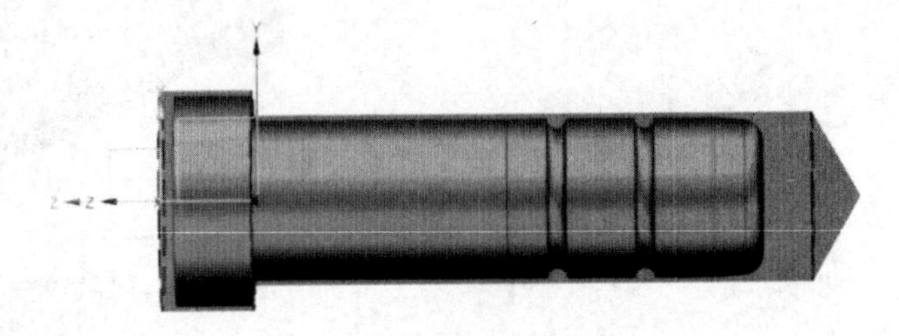

图3-91　导柱及建腔体

6. 建立导柱的引用集

选择【格式】→【引用集】命令，弹出引用集对话框，选择导柱的本体建立True引用集，选择导柱的建腔实体建立False引用集。

7. 选择“对象显示”命令，进行颜色设置

设置导柱的建腔实体，将颜色设置为蓝色（211）、线型设置为虚线、局部着色设置为NO；选择导柱的实体，将局部着色设置为YES。将导柱的本体放置在第1层，建腔实体放置在第99层，坐标系放置在61层，草图放置在第22层，保持图面整洁、清晰。改变视图方位，在视图工具栏中单击局部着色按钮，完成效果如图3-92所示。

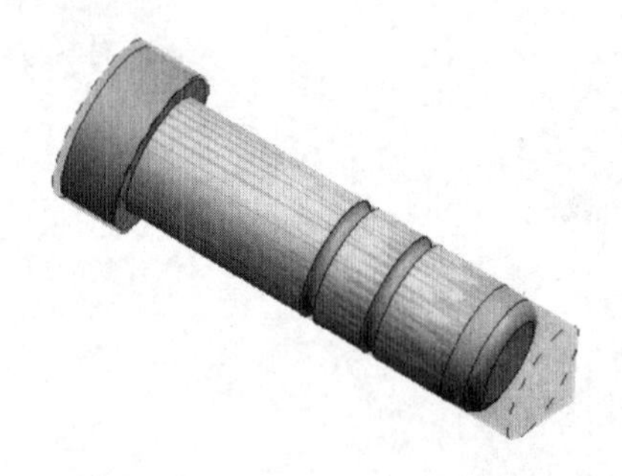

图3-92　完成后的导柱

8. 设置导柱的NX模板部件属性

（1）设置导柱部件的属性：选择文件→属性命令，弹出显示部件属性对话框，切换到属性选项卡，设置部件识别属性GUIDE_PIN=1，如图3-93所示。

（2）设置导柱的建腔实体NX CAM 面的属性：将选择工具条的 面 ▾ 仅在工作部件内 ▾ 筛选项设置为面，选择导柱相关的建腔实体面，右击鼠标，在弹出的快捷菜单中选择属性命令，弹出“面属性”对话框，在对话框中单击“属性”标签，设置相应的面属性，如图3-94所示。

图 3-93 部件属性

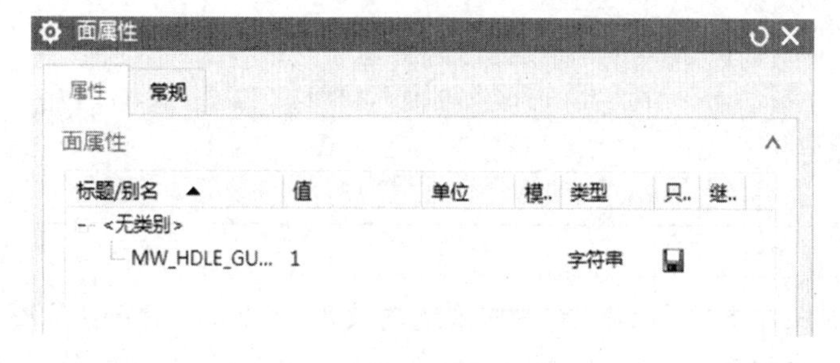

图 3-94 设置面属性

特别提示

（1）标准件的 NX 模板部件可以是全参数的，也可以是非参数的，只是非参数的没有参数驱动力去更新标准件的结构和尺寸，其规格是唯一的；标准件的 NX 模板部件也可以是单一结构的 part 文件，也可以是基于装配的装配结构的 part 文件。

（2）在建立标准件的 NX 模板部件时，要考虑到定位原点和方法，为调用标准件提供简洁、快速、高效的定位方法；要简单、明了、合理地规划好表达式和主控参数，尽可能地符合企业标准；建模步骤和思路要清晰，合理地利用辅助几何线建模。

（3）在建立标准件的 NX 模板部件时，要分别建立标准件的本体和建腔实体，并相应的分别建立本体的引用集——True 和建腔实体的引用集——False；将本体、建腔实体和辅助建模集几何体移至合适的图层；分别设置好本体和建腔实体的颜色、线性和着色显示属性；为标准件的 NX 模板部件设置合适的属性值。

（4）为 NX 标准件的模板文件绘制二维的工程图样，调用标准件的时候，不仅工程图样会随着标准件一起被调用，而且随着主控参数发生变更，工程图样会自动更新。这点对于只具有标准结构没有可控的具体规格的标准件而言尤其重要，不必把过多的时间花费在二维的工程图的绘制上。

9. 建立导柱标准件的位图文件

按前面介绍的方法，在...\standard\metric\Case\guide\bitmap 文件夹下建立导柱的标准件的 bitmap 位图文件“guide pin.bmp”，用于标志导柱标准件的结构和主控参数，如图 3-95 所示。

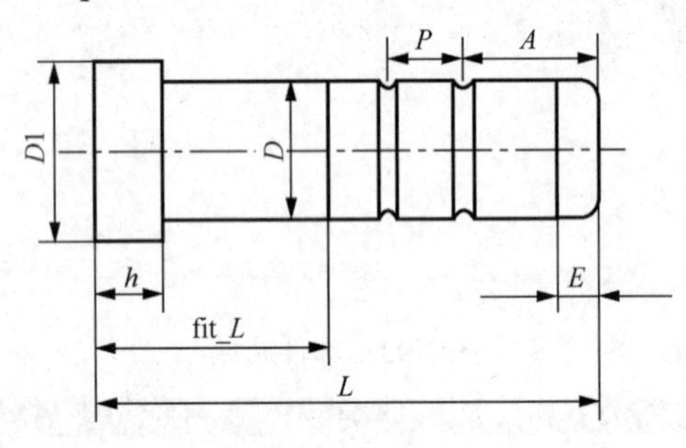

图 3-95 导柱位图

特别提示

（1）Windows 操作系统和 UNIX 操作系统均使用 16 色的 bitmap 位图。

（2）Windows 操作系统支持“.xbm”和“.bmp”的 bitmap 格式位图文件；UNIX 操作系统只支持“.xbm”的 bitmap 格式位图文件。

（3）位图在标准件管理器图形显示区域的大小，取决于位图文件的像素。通常尽可能地使用 400×200 像素的位图，如果位图的像素为 400×200，那么标准件管理器的位图显示区域尽可能地调整到适合位图文件的像素，这意味着标准件管理器对话框的大小也会随着位图像素的增大而增大。若位图太大，则标准件管理器对话框会超出 NX 界面，造成有些选项无法设置，操作不便。

（4）制作位图时，尽可能地建立一个标准件的三维的轴侧方向着色视图，以便调用该标准件时更直观的选择所需要的标准件；二维视图的标注要能直观、准确、完全地标识标准件的主控参数名称。

10. 建立导柱标准件的数据库

在...\standard\metric\Case\guide\目录下的 data 文件夹中，建立如图 3-96 所示的电子表格，并将其命名为“guide_pin.xls”标准件数据库电子表格文件。

	A	B	C	D	E	F	G	H	I	J	K	L	M	N	O	P	Q	R	S
1	##CASE guide pin data																		
2	## 2016/03/28 created by cz																		
3	PARENT	<MW_MISC>																	
4																			
5	POSITION	PLANE																	
6																			
7	ATTRIBUTES																		
8	SECTION-COMPONENT=NO																		
9	MW_COMPONENT_NAME=SCREW																		
10	MATERIAL=STD																		
11	DESCRIPTION=Flat head Screw manual																		
12	MW_SIDE=<SIDE>																		
13	CATALOG=SHCS:M <SIZE> x <LENGTH>																		
14																			
15																			
16	BITMAP	/standard/metric/case/guide/bitmap/guide_pin.bmp																	
17																			
18	PARAMETERS																		
19	CATALOG	D	D1	L	fit_L	h	N	D_clr	D1_clr	E	angle	R	RELEF	W	A	P	tol	SIDE	
20	GP	12	17	37,42,47,52,57	19,29,39	5	2	D	D1+1	5	10	2	0	2	15	9	0.015	A,B	
21		16	20	37,42,47,52,57	19,24,29,34,39	6													
22		20	25	37,42,47,52,57	24,29,39,49,59	6											0.017		
23		25	30	47,52,57,62,67	29,39,49,59,69	8				6		3				12			
24		30	35	47,52,57,62,67,72	24,29,39,49,59	8											0.02		
25	EGP	12	17	37,42,47,52,57	19,29,39	5				5	5	2				9	0.015		
26		16	20	37,42,47,52,57	19,24,29,34,39	6													
27		20	25	37,42,47,52,57	24,29,39,49,59	6				6							0.017		
28		25	30	47,52,57,62,67	29,39,49,59,69	8										12			
29		30	35	47,52,57,62,67,72	24,29,39,49,59	8											0.02		
30	END																		

图 3-96 数据库电子表格

11. 在标准件注册电子表格文件中注册导柱标准件

打开...\standard\metric\Case\目录下的 case_reg_mm.xls 电子表格文件，按照前面介绍的方法在期中添加如图 3-97 所示的注册内容。注册时，建立分类“---Case Guide Unit---”

	A	B	C	D	E
1	##Version: CASE 10 April 2016 Created by cz				
2					
3	NAME	DATA_PATH	DATA	MOD_PATH	MODEL
4	-----screw -----	/standard/metric/case/screw/data	shcs.xls	/standard/metric/case/screw/model	shcs.prt
5	shcs	/standard/metric/case/screw/data	shcs.xls	/standard/metric/case/screw/model	shcs.prt
6	dowel	/standard/metric/case/screw/data	dowel.xls	/standard/metric/case/screw/model	dowel.prt
7					
8	----Case injection Unit----	/standard/metric/case/injection/data	locatingring.xls	/standard/metric/case/injection/model	locatinggring.prt
9	locatingring	/standard/metric/case/injection/data	locatingring.xls	/standard/metric/case/injection/model	locatinggring.prt
10	Locatin ring		locating ring.xls		locating ring.prt
11	sprue_bushing		sprue_bushing_assy.xls		sprue_bushing_assy.prt
12	----Case Guide Unit----	/standard/metric/case/guide/data	guide_pin.xls::sheet1	/standard/metric/case/guide/model	guide pin.prt
13	Guide Pin		guide_pin.xls::sheet1		guide pin.prt
14					
15	---Case Lock Unit	/standard/metric/case/lock/data	taper_locating_block.xls	/standard/metric/case/lock/model	taper_location_block_assy.prt
16	Taper Locating Block		taper_locating_block.xls		taper_location_block_assy.prt
17					
18					

图 3-97 柱注册内容

12. 验证和调试标准件

标准件开发完成后，需要验证其相关参数及属性设置，从而发现问题，并及时作出相应的修正，确保正确使用。

（1）启动 NX 软件，新建模型文件，文件名为 test.prt，进入建模环境。

（2）插入一个特征：块，尺寸为 300 × 300 × 30。

（3）在“应用模块”菜单中，单击图标，进入注塑模向导环境。

（4）在导航器中，单击重用库图标，依次选择 MW_Standart Part Libary—Case_MM—Case Guide Unit

（5）双击“成员选择”中的成员 Guide Pin，在标准件管理对话框中，选择导柱直径为 30mm，长度为 72mm。选择块的上表面为放置面，单击【确定】按钮，如图 3-98 所示。

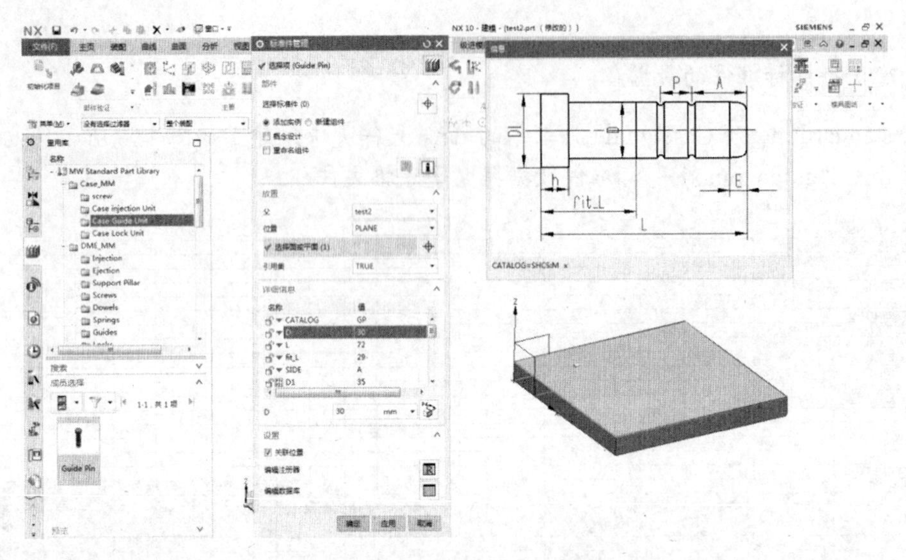

图 3-98　插入导柱标准件

（6）在标准件位置对话框中，分别输入 X 偏置、Y 偏置为 50,50; 50,250; 250,50; 250,250，四个导柱位置点，单击【确定】按钮。在装配导航器中，将子组件：proj_Guide_Pin 的引用集替换为：TURE，如图 3-99 和图 3-100 所示。完成后结果如图 3-101 所示。

图 3-99　标准件位置

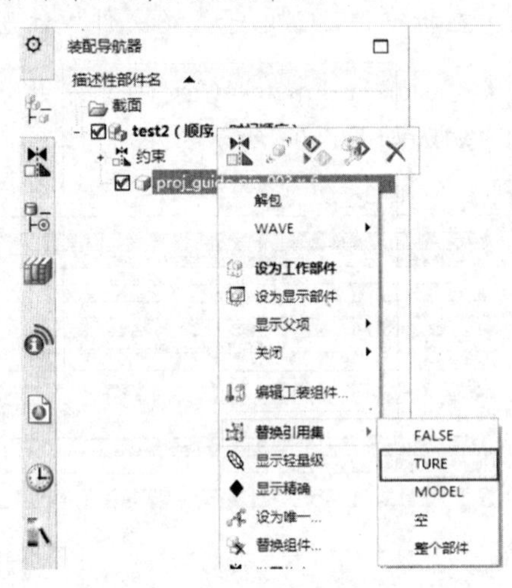

图 3-100　替换引用集

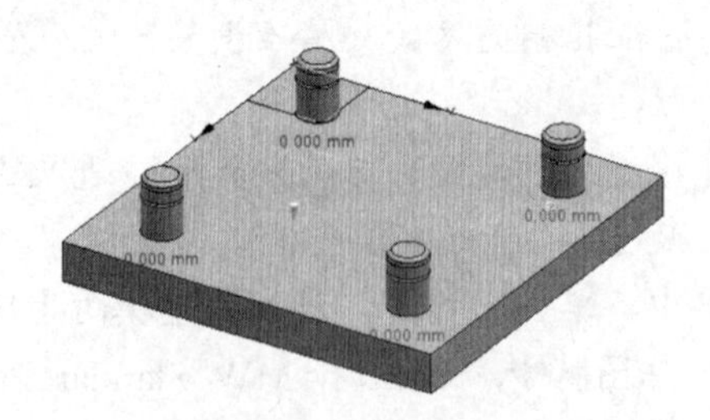

图 3-101　完成后的实体

3.6.2 标准件数据库文件规范

1. 文件夹结构规范

（1）标准件所在的文件夹根目录用环境变量 MOLDWIZARD_DIR 指定。
（2）文件夹采用层级结构。
（3）按照文件类型分成不同的文件夹。
（4）按照模型用途分成不同的文件夹。
（5）尽量减少层级。

2. 文件命名规范

（1）名称不能有空格，尽量用小写英文字母。
（2）多个单词用“_”连接。
（3）文件名尽量短，且用有意义的英文单词或缩写。
（4）表达式名全大写或全小写，遵循以上命名规则。
（5）属性名全大写。
（6）对同名文件，用不同的后缀区分，如 shcs_in.prt, shcs_mm.prt。

3. 数据库电子表格文件名规则

标准建数据库电子表格有两种格式：Excel（.xls），Xess（.xs4），Windows 操作系统两种格式都支持，UNIX 系统只支持 Xess（.xs4）格式的电子表格文件。定义时用 Excel 编辑，定稿后用工具转成 Xess 格式。注册表和数据表中，所有单元格的格式均设定成 Text 格式，并且所有表格需添加表头，注明修改历史及必要的说明。

4. 同类别标准件建立一个共用数据库文件

在建立标准件数据库数据的时候，不一定要为每个标准件都去建立标准件数据库电子表格文件，可以将同一类别下的不同标准件的数据建立在同一数据库电子表格文件的不同工作表内。

例如，可以把内六角圆柱螺钉（SHCS）和定位销（dowel）的数据都建立在一个名为 screw.xls 数据库电子表格文件中，用它的 shcs 工作表来管理内六角圆柱螺钉（SHCS）的数据；用它的 fhcs 工作表来管理平杯螺钉（FHCS）的数据。但是，在标准件的注册电子表格文件里，注册标准间的数据库电子表格文件的同时，也要确定相对应的工作表名称，格式如图 3-102 所示。

1	##Version: CASE 10 April 2016 Created by cz				
2					
3	NAME	DATA_PATH	DATA	MOD_PATH	MODEL
4	-----screw -----	/standard/metric/case/screw/data	screw.xls::shcs	/standard/metric/case/screw/model	shcs.prt
5	shcs	/standard/metric/case/screw/data	screw.xls::shcs	/standard/metric/case/screw/model	shcs.prt
6	fhcs	/standard/metric/case/screw/data	screw.xls::shcs	/standard/metric/case/screw/model	fhcs.prt
7					

图 3-102 注册标准间数据库文件的工作表

5. 电子表格文件的数据格式

1）##（描述）项

标准件数据库电子表格文件的顶行（第 1 行）不能留空（无任何内容）。若留空，则 NX 不能读取该文件的数据。一般情况下，在第 1 行至第 2 行添加描述性的文字，用于表述该标准件数据电子表格文件库的基本信息，如标准件项目目录名称、标准件的名称、版本、建立日期及创建人等，这些描述性文字都是针对 NX 标准件数据库的。但是这些描述性文字的前面必须添加“##”符号，如图 3-96 中第 1 行~第 2 行所示。NX 软件在读取标准件库数据时会自动跳过这些描述性内容。否则，就不能成功地读取数据。该描述栏的内容可以是中文的，也可以是英文的。

2）COMMENT（注释）项

添加在该注释栏的内容其实也是描述性文字，但是它是针对“标准件管理器”对话框的，注释内容将出现在“标准件管理器”对话框的图形显示区左下方，为用户提供诸如该标准件的使用方法等提示信息，这项内容并非是必需的。若需要，则可在最左方的单元格添加 COMMENT(如图 3-96 所示的 A4 单元格)，注释内容添加在 COMMENT 的右一个单元格内（如图 3-96 所示的 B4 单元格）。

3）PARENT(父)项

利用“标准件管理器”对话框的 PARENT 下拉列表，用户可选择所调用的标准件作为哪个部件的子组件，及所调用的标准件将被装配到用户所指定的父部件节点下。而标准件数据库电子表格文件中的 PARENT 项，正是根据标准件的不同用途，设置不同的装配默认父部件。在调用标准件的时候，用户还可以通过“标准件管理器”对话框的 PARENT 下拉列表，改变默认的装配父部件到所指定的装配父部件。

PARENT 项的格式规则：在最左方的单元格添加 PARENT（如图 3-96 所示的 A6 单元格），在 PARENT 的右一个单元格内添加默认装配父部件文件名（如图 3-96 所示的 B6 单元格）。目前默认装配父部件名是<UM_OTHER>，其中 UM 的意思是 NX MOLD；OTHER 是指其他的父部件，中间使用下画线连接起来。假如用户要将默认的装配父部件设置为模架，则应该这样设置：PARENT <UM_MOLDBASE>。

默认装配父部件的识别：在 NX 模具设计模块中，多使用 NX 模板部件的属性来识别部件。如上所述。要将模架设置为默认的装配父部件，并让 NX 识别出模架作为默认父部件，是依赖于模架的 NX 模板部件的识别属性设定。因此，必须在模架的 NX 模板部件内，为它设置部件识别属性 UM_MOLDBASE=1。

在调用某标准件时，如果要装配放置的父部件不存在于“标准件管理器”对话框的 PARENT 下拉列表中，就要先将装配父部件设置为工作部件，再启用标准件管理器来调用标准件，这时所设置的工作部件成为默认的装配父部件。

4）POSITION（定位方法）项

在“标准件管理器”对话框的 POSITION 下拉列表中，让用户选择所调用的标准件的装配定位方法。而标准件数据库电子文件的 POSITION(定位方法)项，正是根据标准件的不同用途，设置不同的默认装配定位方法。标准件的 9 种装配定位方法如表 3-5 所示。

表 3-5　标准件定位方法说明表

定位方法	说　明	应用实例
Null	默认将标准件的绝对坐标系定位于装配父部件的绝对坐标系	定位圈等
WCS	将标准件的绝对坐标系定位于显示部件的工作坐标系	不定
WCS_XY	将标准件的绝对坐标系定位于显示部件工作坐标系的 XC-YC 平面，且 Z 坐标值为 0	斜顶、滑块标准组件
Point	将标准件的绝对坐标系定位在显示部件的 XC-YC 平面上的任意选择点	顶针、顶管等
Point Pattern	将标准件自动的定位到点组父部件下，实现一次添加多个同一标准件，且自动装配到点上	导柱、导套等
Plane	该方法要先在装配配对组件上选择配对平面，标准件的绝对坐标系的 XC-YC 平面和这个平面贴合，ZC 方向法向朝外。然后，选择该平面上的某一点作为定位原点	螺钉、定位销钉等
Absolute	该方法和 NX 装配的绝对方式完全相同	不定
Reposition	该方法和 NX 装配的复定位放置方式完全相同	不定
Mate	该方法和 NX 装配的配对约束放置方式基本相似	不定

POSITION 项的格式规则：在最左方的单元格添加 POSITION(如图 3-96 所示的 A8 单元格)，在 POSITION 的右一个单元格内添加默认的定位方法（如图 3-96 所示的 B8 单元格的 NULL）。

5）ATTRIBUTES（属性）项

该项用于指定 NX 标准件部件的属性。当调用标准件时，NX 系统将这些属性值复制到所生成的 NX 标准件部件中。这些属性可以是标准件识别属性、标准件的部件识别属性、标准件的 BOM(Bill of Material，物料清单)属性及其他的特殊应用的属性等。

ATTRIBUTES 的一般设置格式是 Attribute Name（属性名）=Attribute Value（属性值）。每个属性的参数的设定必须在 ATTRIBUTES 项下最左方的第一个单元格内（如图 3-96 中的第 11～15 行所示）。

子组件的属性设置格式是子组件部件识别属性名：Attribute Name(属性名)=Attribute Value（属性值）。

6）INTER_PART 项

当标准件是装配结构且其子组件也是标准件时，这些子标准件的数据可能是由其自己独立的标准件数据库数据控制的。INTER_PART 项就是用来指定这些子标准件的数据库数据位置及其需要读取的子标准件数据库中定义的可变参数的取值，以便更新相应规格的子标准件。

在多数情况下，一个装配结构的标准件包含多个内六角圆柱螺钉子标准件。不同尺寸规格的装配结构的标准件，需要不同直径大小和长度的内六角圆柱螺钉子标准件。如果将内六角圆柱螺钉子标准件的主控参数建立到装配结构的标准件数据电子表格文件中，相应地，在 NX 模板部件中，也要将内六角圆柱螺钉的主控参数链接到装配结构标准件的 NX 主模板部件中。这样会造成参数过多，步骤烦琐。因此，使用 INTER_PART 项下最左方的单元格，在其内添加子标准件的识别部件属性名称。在右边的一个单元格内，指定子标准件的数据库数据的位置。在稍后的单元格内，建立标准件的可变主控参数与装配标准件数据库电子表格文件的驱动型主控参数的一一对应驱动关系。相应地，在主装配标准件数据库电子表格文件的 PARAMETERS 项中，要添加驱动子标准件的可变主控参数的驱动型主控参数。

7）EXPRESSIONS（表达式）项

其实质是通过标准件数据库电子表格文件的 EXPRESSIONS 项，将标准件的 NX 模板部件的表达式链接到目标部件，建立部件间的表达式关系。该项大多用于设置标准件自动装配或定位到目标位置。

8）BITMAP(位图)项

标准件数据库文件的 BITMAP(位图)项，用来指定显示在标准件管理器图形显示区中的位图文件的路径及文件名。

BITMAP(位图)的格式规则：在最左方的第一个单元格内添加 BITMAP，在 BITMAP 后面的一个单元格内指定位图文件的路径和文件名，如图 3-96 中的第 16 行所示。如果标准件库是建立在 MoldWizard、Progressive Die Wizard 或 Die Design 模块的目录下，指定路径时就不需要使用全路径。否则，当 NX 安装到计算机的不同盘符下时，要重新修改指定这些文件的路径。

9）PARAMETERS(参数)项

这一项参数用于组织管理 NX 标准件管理器系统，能读取标准件 NX 模板部件的主控参数名称和标准化的主控参数的取值。根据不同的取值格式，NX 标准件管理器系统会自动地在“标准件管理器”对话框的 Catalog（目录）页面生成相应的可变主参数的对话框控件，例如尺寸规格下拉列表、滑杆拖动式尺寸调节控制件等，以供用户调用标准件时，选择标准件可变主控参数的取值。并且该项下的主控参数名称和主控参数的取值都会显示在“标准件管理器”对话框的 Dimension(尺寸)页面的尺寸控制列表框中，让用户可以自定义设定主控参数的取值，建立用户所需要的非标准规格的零件。当调用标准件时，NX 标准件管理器系统首先复制标准件的 NX 模板部件，并生成指定文件名的新零件，然后标准件管理器 Dimension（尺寸）页面的尺寸控制列表框中所设置的主控参数的取值，会自动覆盖新生成的零件原始主控参数取值（新零件原始参数主控参数和 NX 标准件模板文件的主控参数是完全相同的），从而实现更新新生成的零件的尺寸和几何形状。

PARAMETERS(参数)项下最顶端行（如图 3-96 中的第 18 行所示）的主控参数名称必须与标准件的 NX 模板部件中的名称完全一致。但是“TYPE”或“CATALOG”等用于定义标准件形状分类或企业（供应商）标准件规格的目录，可以不受此规则限制，尽管 NX 标准件模板文件没有此主控参数表达式。PARAMETERS(参数)项下最多允许用户定义 78 列主控参数。

PARAMETERS(参数)项的主控参数及取值格式设定方法：主控参数及取值格式规定，最主要的是要遵循优先排序的原则。由于 NX 标准件管理器读取标准件数据库电子表格文件的参数是按照从左到右的顺序，因此主要的大类要排在左侧，而子类则排在右侧。在 PARAMETERS(参数)项中，不同的标准件有不同的排列与设定方法，在后续的实例中将逐步讲解。

本 章 小 结

参数化建模是在实体建模基础之上发展的一种建模技术。本章首先讲述了参数化建模的基本方法，重点阐述表达式中数学表达式、条件表达式及几何表达式的创建方法及应用。部件族及重用库是参数化建模在实际中的具体应用，可以以数据库的形式为企业定制各种零部件，以提高产品或模具的设计效率。

思考与练习

1．简述参数化建模的内容及作用。

2．根据垫圈工程图（见图 3-103），建立该零件的部件族，然后将对应的垫圈装配到零件上，如图 3-104 所示。斜垫圈套规格见表 3-6。

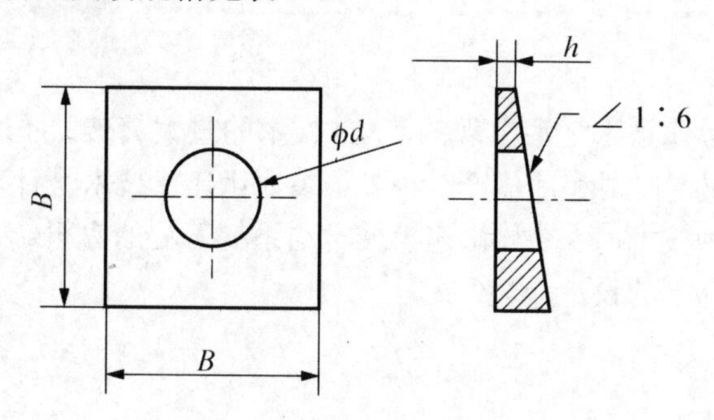

图 3-103　斜垫圈

表 3-6　斜垫圈规格

规格＼项目	d	B	h
6	6.6	16	2
8	9	18	
10	11	22	

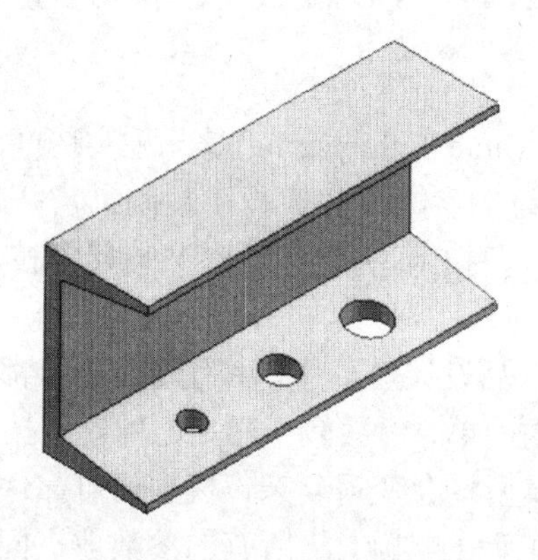

图 3-104　要装配的零件

3．总结说明建立重用库的工作流程。

第 4 章　WAVE 技术

WAVE 技术是继参数化技术之后出现的 CAD 技术的重大突破，通过一种革命性的新方法来优化产品设计并可定义、控制和评估产品模板。参数化建模技术是针对零件级的，而 WAVE 技术是针对装配级的一种技术，是参数化建模技术与系统工程的有机结合，提供了实际工程产品设计中所需要的自顶向下的设计环境。

学习目标

- ❒ WAVE 技术概述
- ❒ WAVE 几何链接器
- ❒ 自顶向下建模
- ❒ WAVE 辅助工具

4.1　WAVE 技术概述

WAVE(What-if Alternative Value Engineering)是一种实现产品装配的各组件间关联建模的技术。WAVE 技术是建立在传统的参数化建模技术基础上，并且是克服了传统的参数化建模技术存在的缺陷而发展起来的一门技术，将传统的参数化建模技术提高到系统与产品级设计的高度。

传统的参数化建模技术在产品设计过程中，所有局部环节都要求参数化，并且建立完整的尺寸参数及约束系。当产品结构简单、参数较少时，这种建模技术是可行的；当产品结构非常复杂、参数较多时，建立产品模型将会变得复杂，模型的可靠性较低，难以维护。此外，传统的参数化建模技术不利于并行工程的实施，将所有的参数放在同一个层次之中，不区分总体参数和局部参数，不符合自顶向下的设计思想。

WAVE 技术起源于车身设计，采用关联性复制几何体方法来控制总体装配结构(在不同的组件之间关联性复制几何体)，从而保证整个装配和零部件的参数关联性，最适合于复杂产品的几何界面相关性、产品系列化和变型产品的快速设计。

WAVE 是在概念设计和最终产品或模具之间建立一种相关联的设计方法，能对复杂产品(如汽车车身)的总装配设计、相关零部件和模具设计进行有效的控制。总体设计可以严格控制分总成和零部件的关键尺寸与形状，无须考虑细节设计；而分总成和零部件的细节设计对总体设计没有影响，并无权改变总体设计的关键尺寸。因此，当总体设计的关键尺寸被修改后，分

总成和零部件的设计自动更新，从而避免了零部件的重复设计，使得后续零部件的细节设计得到有效的管理和再利用，大大缩短了产品的开发周期，提高了企业的市场竞争能力。

WAVE主要包括相关性管理器、几何链接器、控制结构编辑器三部分。

（1）WAVE 相关性管理器：提供用户对设计更改传递的完全控制，提供关于对象和零件的详细信息。

（2）WAVE 几何链接器：提供相关设计几何的信息，允许沿几何相关关系查找相关部件与零件，处理零件或部件之间的相关关系。

（3）WAVE 控制结构编辑器：建立产品顶层控制结构及与之相关的下层部件关系，层层递增建立下一层的零件结构，并建立新建零部件与其上层结构的相关关系，在WAVE层次结构中切换显示到父装配或WAVE源零件。不仅使得产品级的设计控制成为可能，而且为产品设计团队的并行工作提供了一个良好的环境。

利用这三个工具可以控制相关零部件的更新时间和更新范围；查询、编辑、冻结和切断相关零部件间的联系；可完成在装配零部件间相关几何体的复制，但通常在同一个装配中。

WAVE技术基本应用是相关的部件间建模（Inter-part Modeling），实现装配组件之间的几何关联，其次用于自顶向下设计(Top-Down Design)，根据总体概念设计控制细节的结构设计，高级应用是系统工程（System Engineering），采用控制结构方法实现系统建模。

4.2 几何链接器

利用WAVE技术来链接部件间的数据，使设计变更自动传递到整个装配。因此，相关部件间建模是WAVE最基本的功能，利用已有的装配组件，通过关联性复制几何体的方法来建立另一个组件或在另一个组件上建立特征。

4.2.1 几何链接器简介

WAVE几何链接器是用于组件之间关联性复制几何体的工具，一般来讲，关联性复制几何体可以在任意两个组件之间进行，将装配体中一个组件的几何体复制到工作部件，也可以在装配导航器中将几何体复制到组件或新部件。链接几何体主要包括九种类型，对于不同链接对象，对话框中部的选项会有些不同，如图4-1所示。

对话框中的类型用于指定链接的几何对象，例如常用的复合曲线、点、面、草图、基准、面区域、体等，如图4-2所示。

（1）复合曲线：用于建立链接曲线。选择该类型，结合使用选择过滤器，从其他组件上选择线或边缘，单击【确定】按钮，则所选线或边缘链接到工作部件中。

（2）点：用于建立链接点。选择该类型时，对话框改变为显示点的选择类型，按照一定点的选取方式从其他组件上选择一点，单击【确定】按钮，所选点或由所选点连成的线就链接到工作部件中。

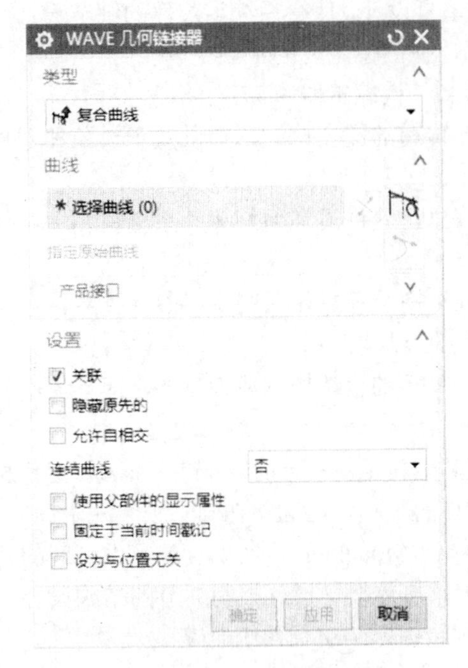

图 4-1 “WAVE 几何链接器”对话框

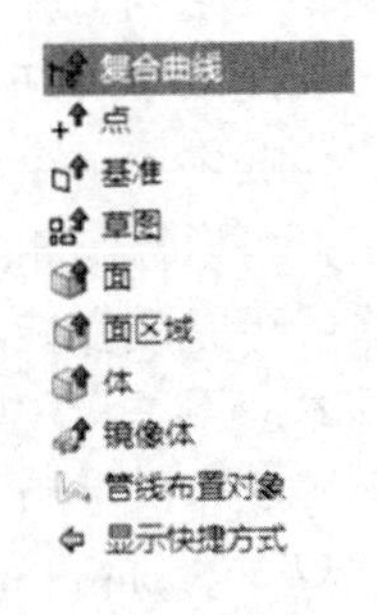

图 4-2 链接几何的类型

（3）草图：用于建立链接草图。选择该类型，再从其他组件上选择草图，即可将所选草图键接到工作部件中。

（4）基准：用于建立链接基准平面或基准轴。选择该类型，对话框中部将显示基准的选择类型，按照一定的基准选取方式从其他组件上选择基准平面或基准轴，即可将所选择基准手面或基准轴链接到工作部件中。

（5）面：用于建立链接面。选择该类型，对话框中部将显示面的选择类型，按照一定的面选取方式从其他组件上选择一个或多个实体表面，即可将所选表面链接到工作部件中。

（6）面区域：用于建立链接区域。选择不相邻的两个面，系统将自动遍历组件上的一个或多个实体表面，即可将所选表面链接到工作部件中。

（7）体：用于建立链接实体。选择该类型，再从其他组件上选择实体，即可将所选实体链接到工作部件中。

（8）镜像体：用于建立镜像链接实体。选择该类型，再选择实体，即可建立原实体的镜像体。

通过几何链接器对不同的几何对象与装配体中的工作部件链接，对于几何对象和被连接的对象之间的关系可以进行各种形式的控制和设置，下面介绍几个常用的选项。

（1）关联：对话框中的“关联”复选框表示所选对象与原几何体保持关联。否则，建立非关联特征，即产生的链接特征与原对象不关联。

（2）隐藏原先的：钩中该选项表示在产生链接特征后，隐藏原来对象。

（3）固定于当前时间戳记：使用该选项可以控制从“父”零件到“子”零件的链接跟踪(Tracking)。钩中该选项时，所关联性复制的几何体保持当时状态，随后添加的特征对复制的几何体不产生作用。如果原几何体由于增加特征而变化，复制的几何体就不会更新；不钩中该选项时，如果原几何体由于增加特征而变化，那么复制的几何体同时更新。

（4）设为与位置无关：用于控制链接的几何与原几何体的依附性。钩中该选项时，链接的几何可以自由移动，改变其位置。不钩中该选项时，表示链接几何与原几何体位置始终关联，其位置不能改变。

应用案例 4-1

本例演示几何链接器的基本使用方法。

（1）启动 NX 10.0，打开.../part/chap4/wave_box.prt，如图 4-3 所示。

图 4-3 箱体模型

（2）单击“装配”选项卡，进入装配环境。单击“新建父对象”图标，弹出如图 4-4 所示的对话框，输入文件名“wave_box_asm.prt”，单击【确定】按钮。

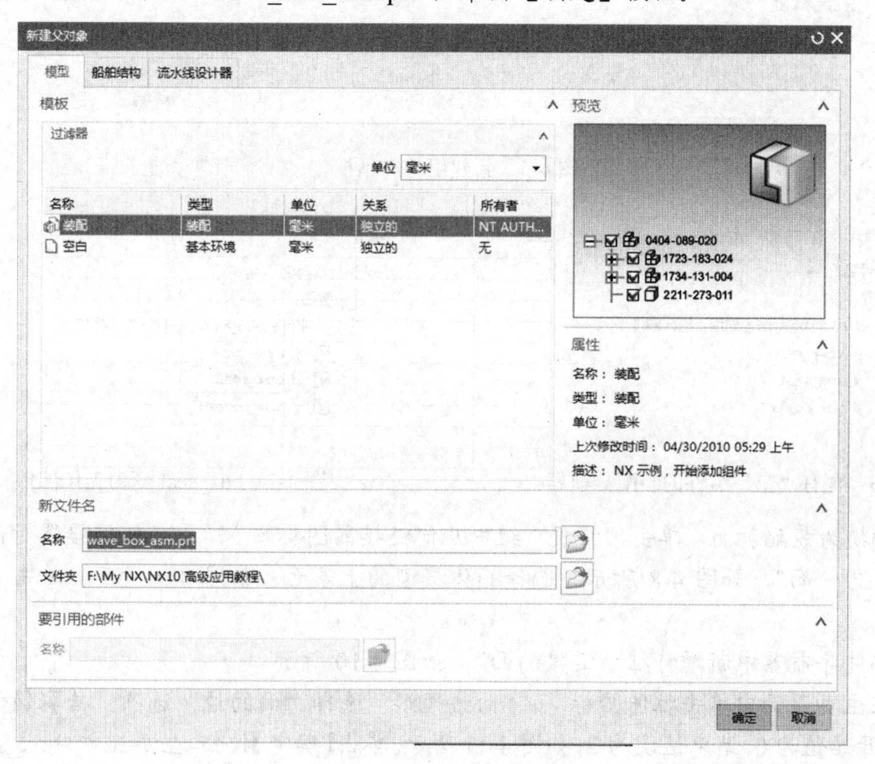

图 4-4 新建父对象对话框

（3）单击“新建”图标，新建装配组件，输入文件名“box_seat.prt”，单击【确定】按钮，如图 4-5 所示。用相同的方法，建立组件“box_cover.prt”，装配导航器如图 4-6 所示。

（4）在导航器中双击组件“box_seat.prt”，或者用右键单击该组件，在弹出的菜单中选择“设为工作部件”。同时在绘图区域中，组件 wave_box 变为半透明显示状态，如图 4-7 所示。

图 4-5　新建组件对话框

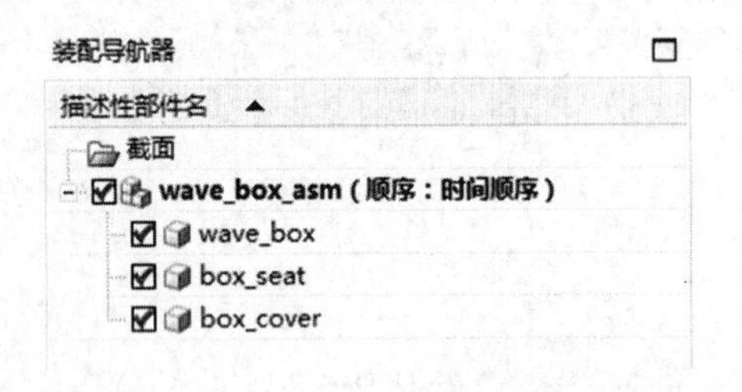

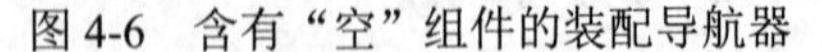
图 4-6　含有“空”组件的装配导航器

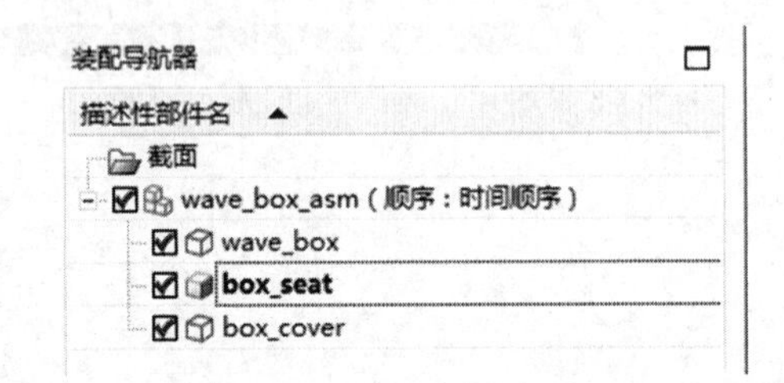

图 4-7　box_seat 变为工作部件

（5）切换为装配页面，单击“常规”组中几何链接器图标，弹出几何链接器对话框，设置“类型”为“面”，如图 4-8 所示。选择箱体模型的上表面，如图 4-9 所示。单击【确定】按钮。

（6）部件导航器中新增特征“链接的面”，如图 4-10 所示。

（7）在主页页面中单击拉伸图标，“曲线规则”选择“面的边”选项。拾取箱体模型中链接的面，开始值为 0，结束值设为 2，如图 4-11 所示。单击【确定】按钮，生成组件“box_seat.prt”。

图 4-8 几何链接器对话框

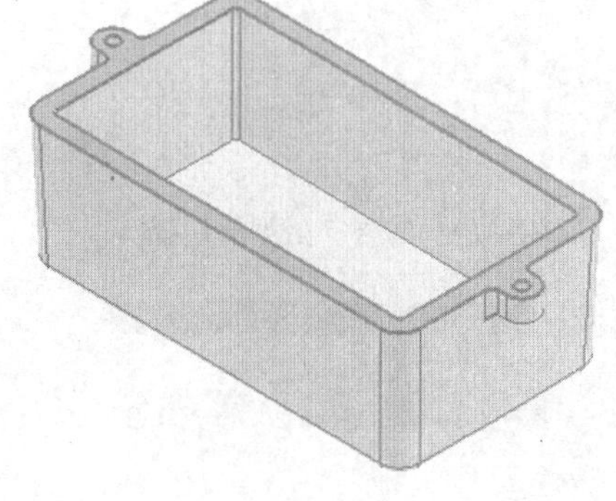

图 4-9 选择链接面

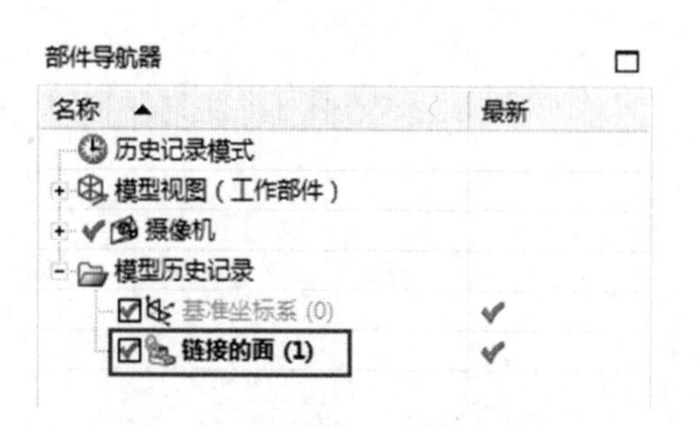

图 4-10 新增加的“链接的面”

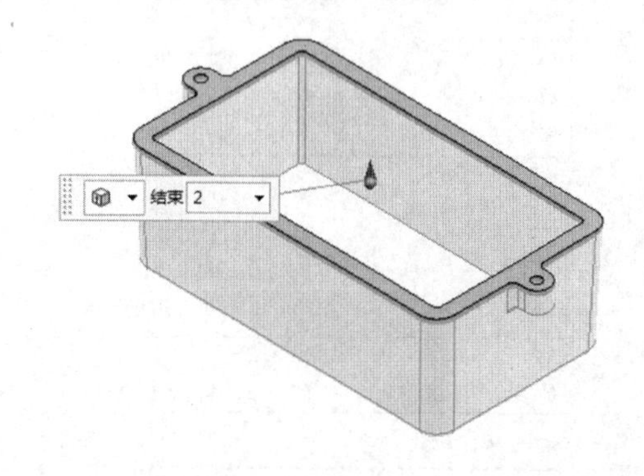

图 4-11 拉伸实体（一）

（8）同样的方法创建组件“box_cover.prt”。在导航器中双击组件“box_cover.prt”，使其成为工作部件。此时绘图区若不显示刚刚创建的组件“box_seat.prt”，可单击右键，切换其引用集为“整个部件”。

（9）单击装配页面中的几何链接器，选择类型为复合曲面，在绘图区中选择密封圈的上边缘棱线，如图 4-12 所示。单击【确定】按钮，完成操作。

（10）单击主页页面中拉伸图标，“曲线规则”选择“相切曲线”选项。拾取密封圈模型中链接的曲线，开始值为 0，结束值设为 5，如图 4-13 所示。单击【确定】按钮，生成组件“box_cover.prt”，如图 4-14 所示。单击【确定】按钮，完成拉伸操作。

（11）测试各组件的尺寸关联性。打开导航器中的用户表达式，将箱体宽度值 W 由 100 改为 150，结果如图 4-15 所示。

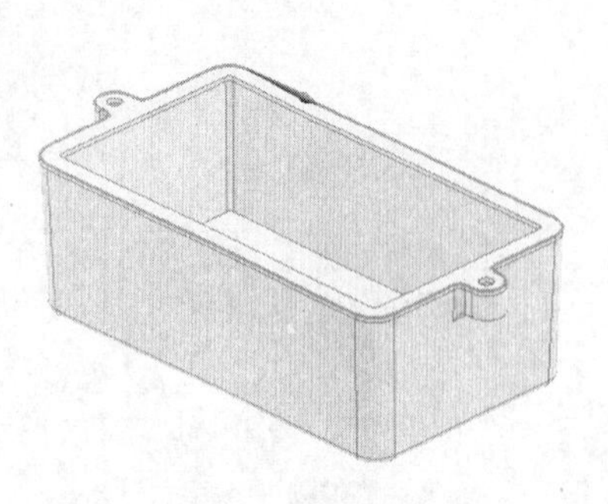

图 4-12　链接密封圈的边缘

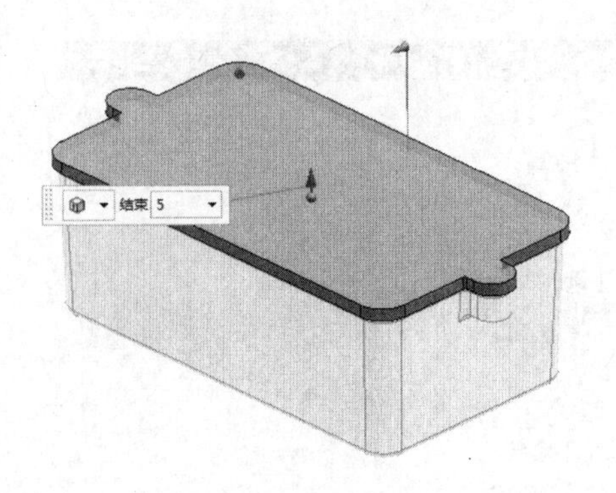

图 4-13　拉伸实体（二）

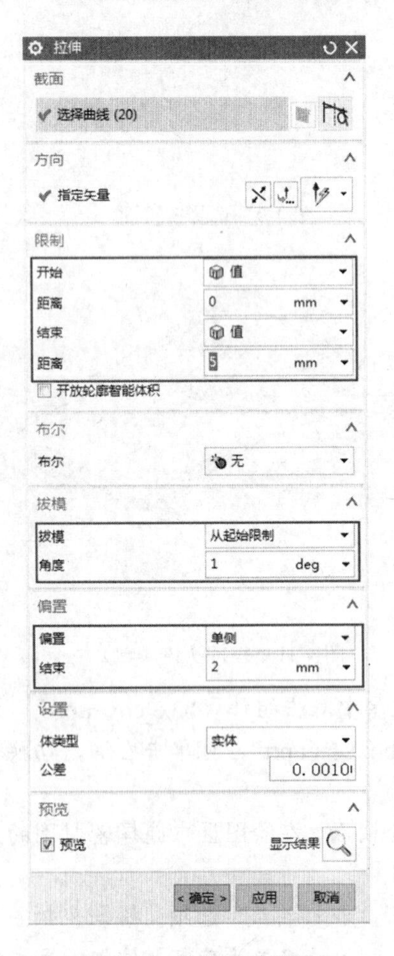

图 4-14　拉伸参数设置

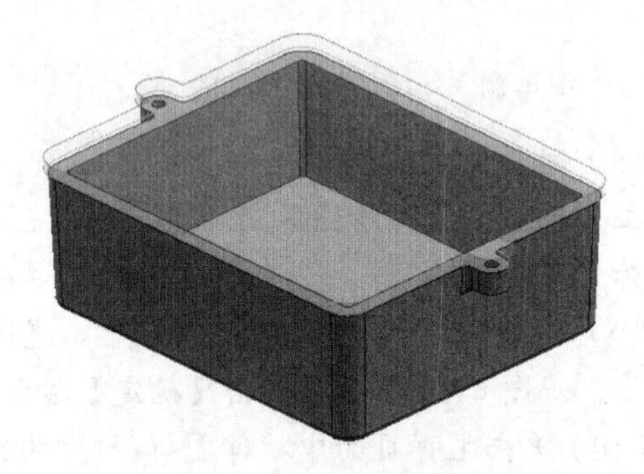

图 4-15　改变参数后的实体

4.2.2　编辑几何链接

关联性复制几何体可以在任意两个组件之间进行，可以是同级组件，也可以在上下组件之间。但是必须注意避免“循环”复制，即将组件 A 的几何体复制到组件 B，同时又将组件 B 上的几何体复制到组件 A，这将导致系统出错。

使用 WAVE 几何链接器时，操作方法如下：

（1）确认欲复制的原组件处于可见状态。

（2）使得复制到的组件——目标组件成为工作部件（Make Work Part）。

（3）打开 WAVE 几何链接器对话框，选择一种链接几何体的类型。

（4）在图形窗口选择要复制的几何体，单击【确定】按钮。

链接的几何体参数不能编辑，但可以更改链接的原始组件或对象，也可以编辑链接状态，例如取消“关联”等；还可以编辑链接的几何体的时间戳记(At Timestamp)，在链接实体中去除部分特征。编辑方法与特征编辑相同，在部件导航器中直接双击链接特征，出现链接几何体编辑对话框。编辑原始链接组件或对象方法是在图形窗口重新选择一个新的组件，新选择的几何对象必须与原来的对象类型相同。若原来链接的是曲线，则新对象也必须是曲线。

应用案例 4-2

本例演示几何链接器中的 WAVE 编辑方法。

（1）启动 NX 10.0，打开.../part/chap4/edit_blk.prt，如图 4-16 所示。

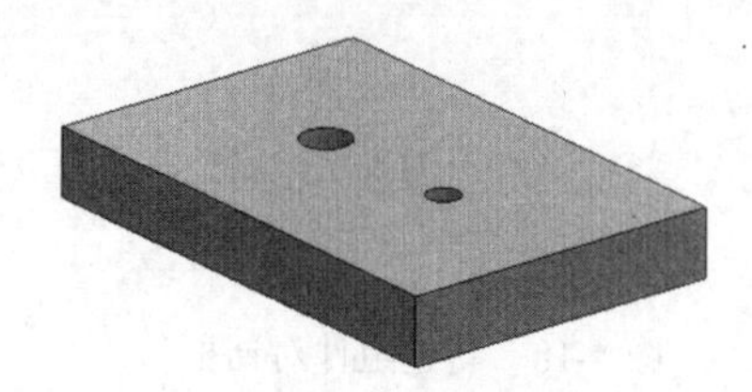

图 4-16　实体模型

（2）单击“装配”选项卡，进入装配环境。单击“新建父对象”图标，弹出如图 4-17 所示的对话框，输入文件名“blk_asm.prt”，单击【确定】按钮。

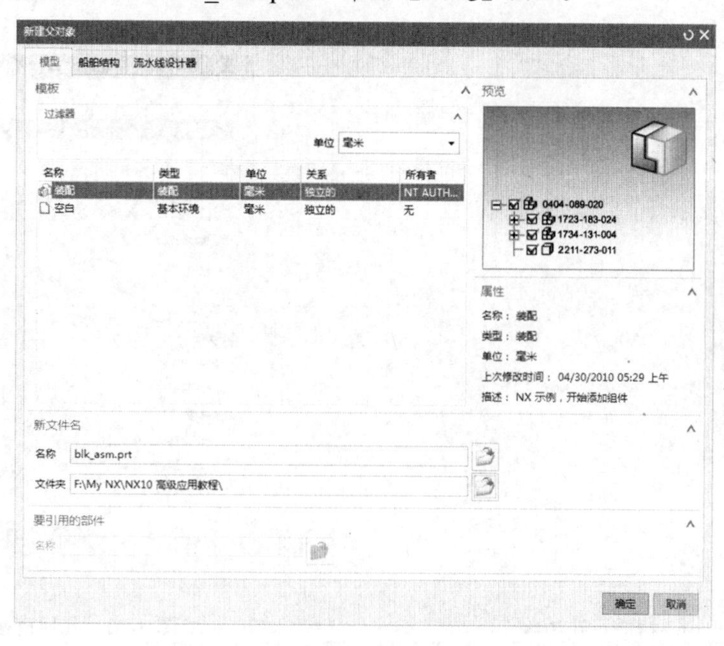

图 4-17　“新建父对象”对话框

（3）单击“新建”图标，新建装配组件，输入文件名“pin.prt”，单击【确定】按钮，如图 4-18 所示。

图 4-18　新建组件对话框

（4）在导航器中双击组件“pin.prt”，或者右键单击该组件，在弹出菜单中选择“设为工作部件”。单击“常规”组中几何链接器图标，弹出几何链接器对话框，设置“类型”为“复合曲线”，如图 4-19 所示。选择实体模型的小孔边缘，如图 4-20 所示。单击【确定】按钮，完成操作。

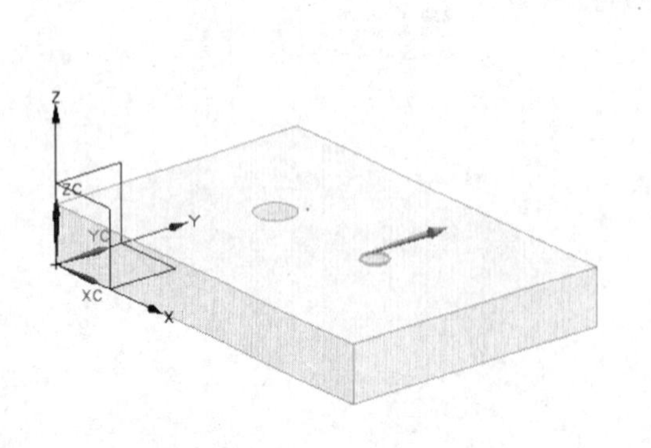

图 4-19　拾取小孔边缘

图 4-20　几何链接器

（5）在主页页面中单击拉伸图标，“曲线规则”选择“单条曲线”选项。拾取模型中链接的曲线，开始值为0，结束值设为15，如图4-21和图4-22所示。单击【确定】按钮，生成组件“pin.prt”。此时绘图区若不显示刚刚创建的组件“pin.prt”，可单击右键，切换其引用集为“整个部件”。

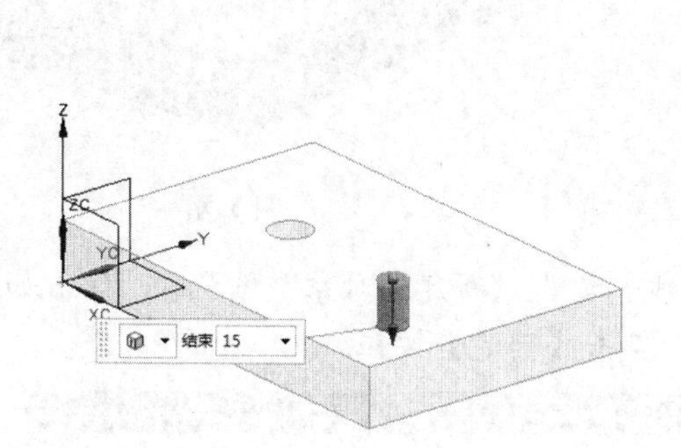

图4-21　拉伸实体

图4-22　拉伸参数

（6）保持“pin.prt”为工作部件，切换部件导航器，双击“链接的复合曲线”，或单击右键，选择“可回滚编辑”，弹出如图4-23所示的几何链接器对话框。

（7）取消原来链接的曲线（shift+左键拾取），重新选择大孔边缘，如图4-24所示。单击【确定】按钮，完成操作。

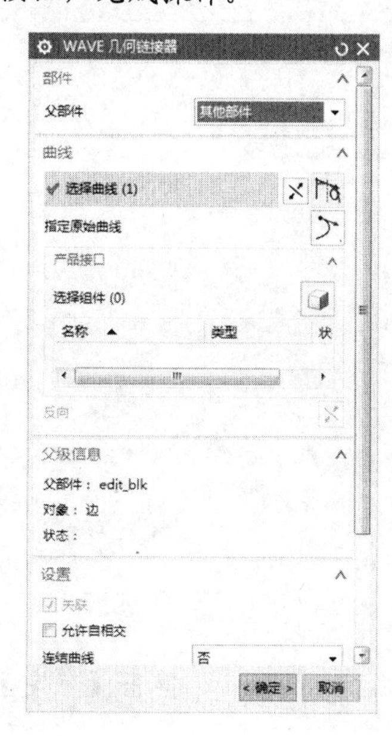

图4-23　“WAVE几何链接器”对话框

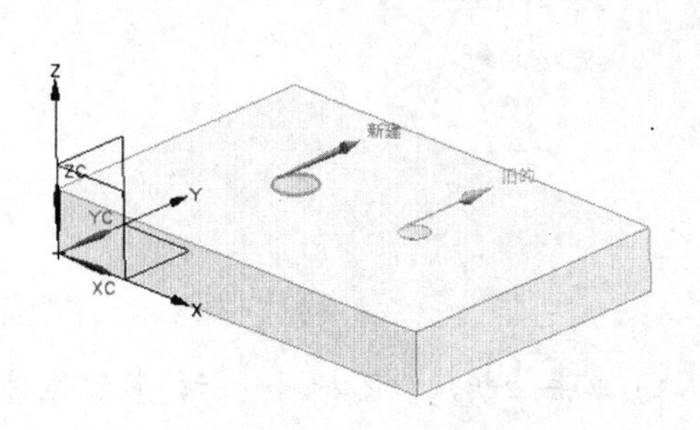

图4-24　重新选择链接曲线

（8）此时，组件“pin.prt”位置变为模型中的大孔，如图 4-25 所示。

应用案例 4-3

本例演示几何链接器中的时间戳记使用方法。

（1）启动 NX 10.0，打开…/part/chap4/edit_blk.prt，如图 4-26 所示。

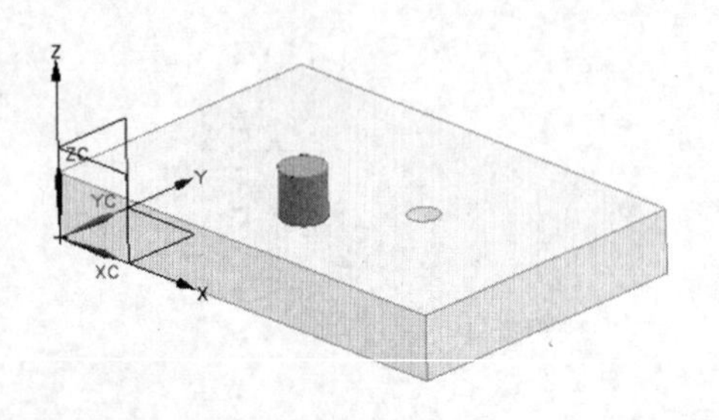

图 4-25　编辑后的组件

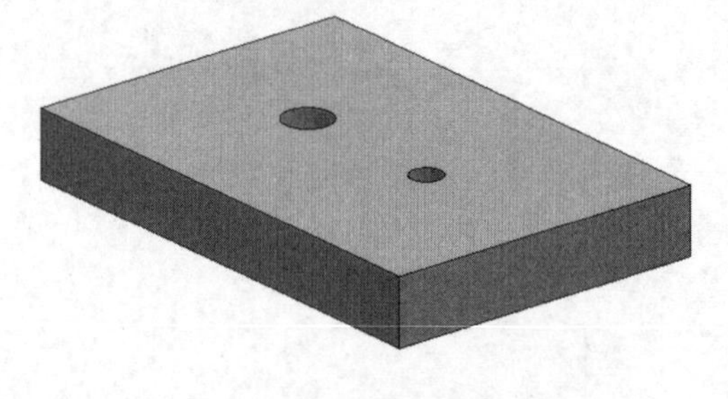

图 4-26

（2）单击“装配”选项卡，进入装配环境。单击“新建父对象”图标，弹出如图 4-27 所示的对话框，输入文件名“time_asm.prt”，单击【确定】按钮。

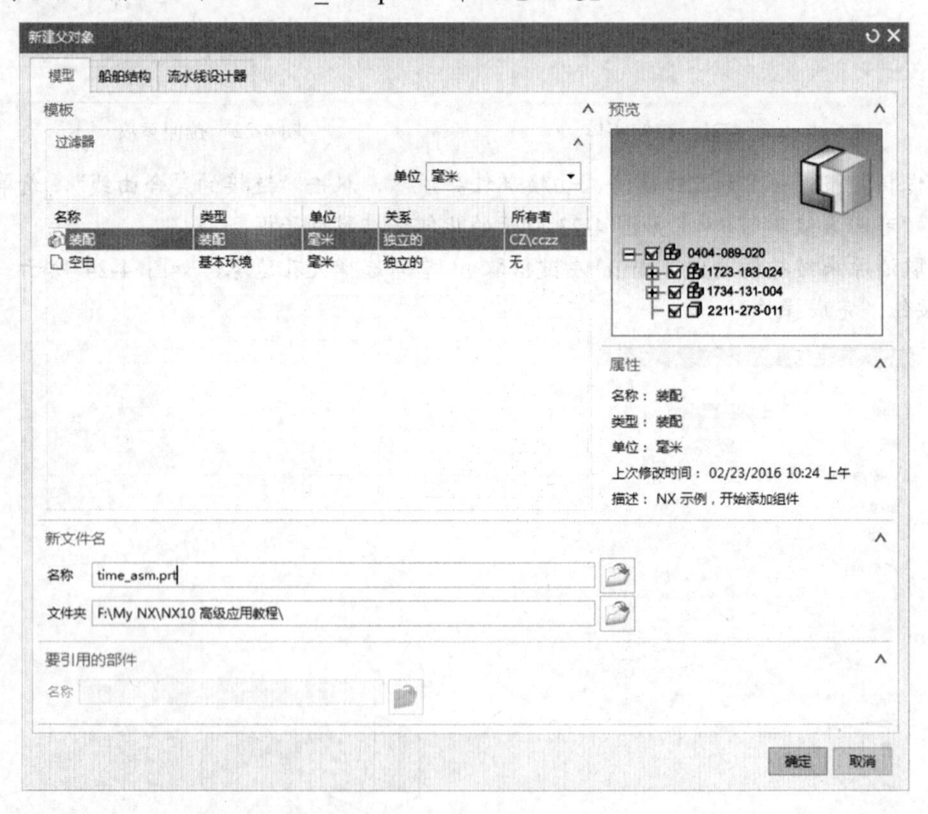

图 4-27　“新建父对象”对话框

（3）单击“新建”图标，新建装配组件，输入文件名“time.prt”，单击【确定】按钮，如图 4-28 所示。

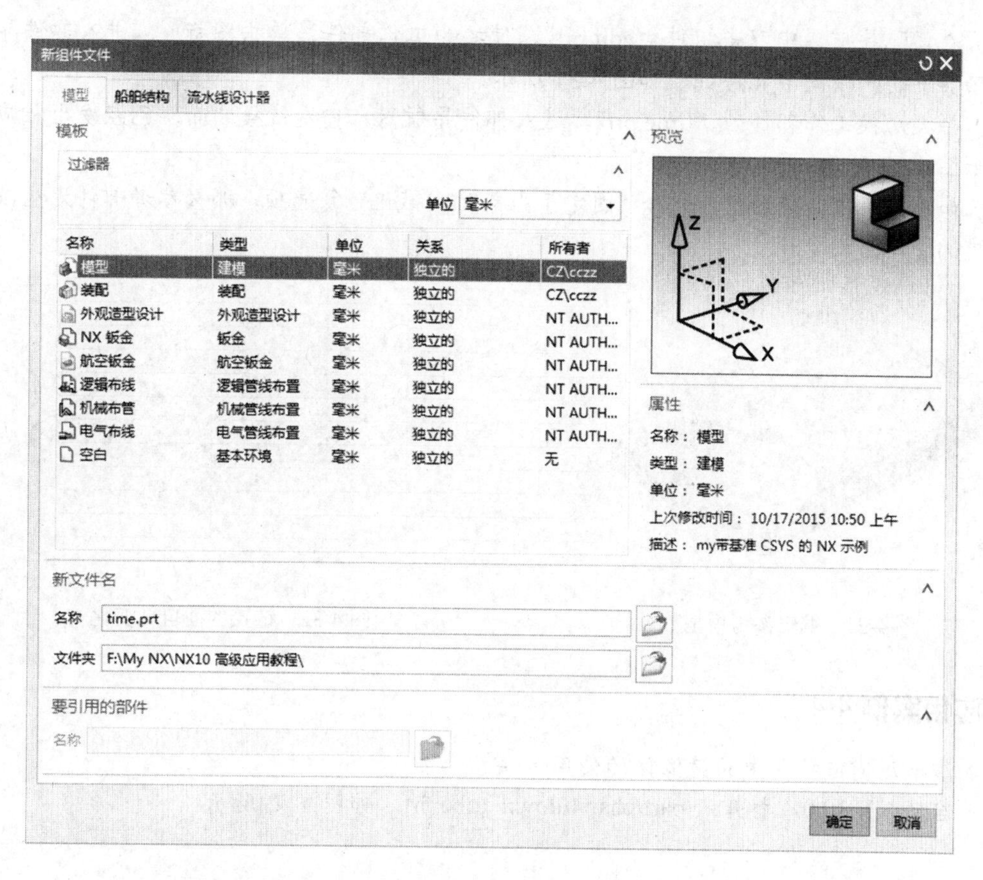

图 4-28　新建组件对话框

（4）在导航器中双击组件“time.prt”，或者右键单击该组件，在弹出菜单中选择“设为工作部件”。单击“常规”组中几何链接器图标，弹出几何链接器对话框，设置“类型”为“面”，去掉“固定于当前时间戳记”复选项，如图 4-29 所示。选择实体模型的上表面，链接的面如图 4-30 所示。

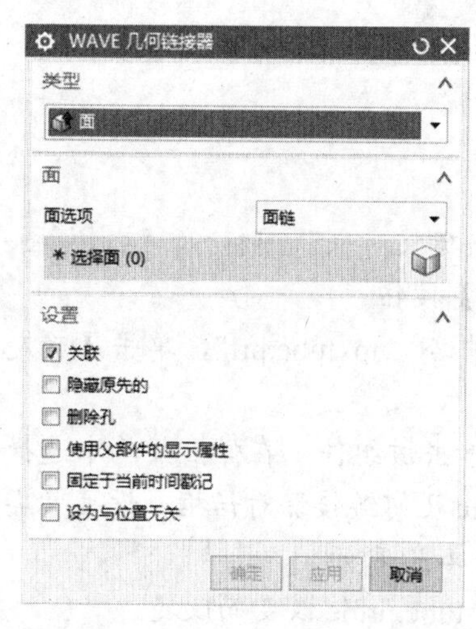

图 4-29　WAVE 几何链接设置

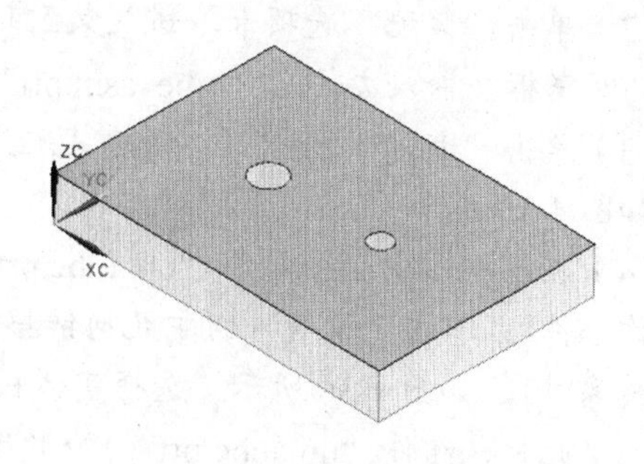

图 4-30　链接的面

（5）在装配导航器中双击组件“edit.prt”，使之为工作部件。单击图标，进入部件导航器，删除其中的一个简单孔特征，如图 4-31 所示。

（6）再次切换工作部件为“time.prt”，进入部件导航器，查看链接的面，已经发生相应的变化，如图 4-32 所示。

（7）如果在几何链接器中，选择“固定于当前时间戳记”复选项，那么参考部件发生改变后，链接的面不随之变化。

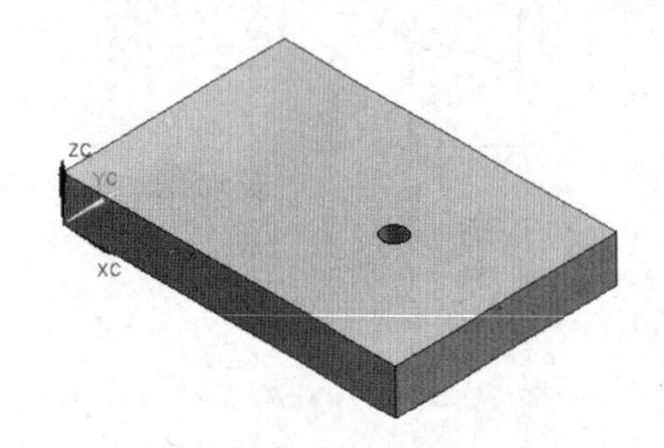

图 4-31　编辑参考模型

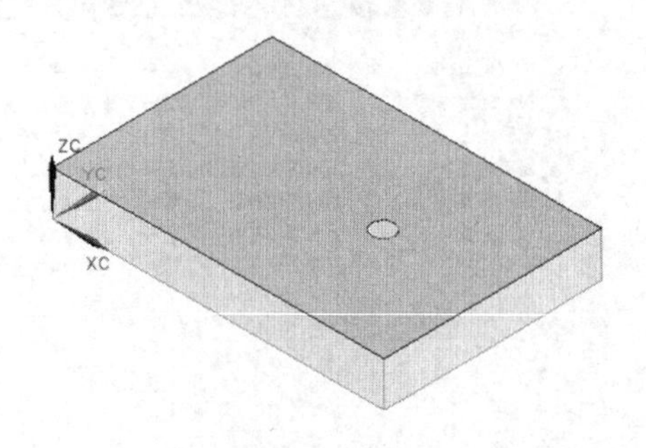

图 4-32　链接的面自动变化

 应用案例 4-4

本例演示几何链接器中的镜像体的使用方法。

（1）启动 NX 10.0，打开…/part/chap4/down_tube.prt，如图 4-33 所示。

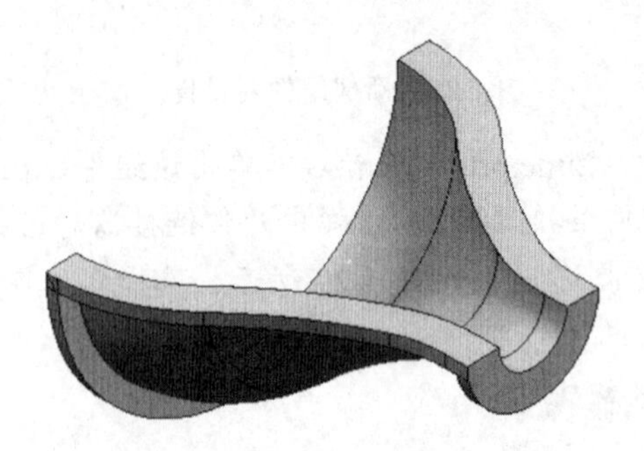

图 4-33　实体模型

（2）单击“装配”选项卡，进入装配环境。单击“新建父对象”图标，弹出如图 4-34 所示的对话框，输入文件名“tube_asm.prt”，单击【确定】按钮。

（3）单击“新建”图标，新建装配组件，输入文件名“up_tube.prt”，单击【确定】按钮，如图 4-35 所示。

（4）在导航器中双击组件“up_tube.prt”，或者右键单击该组件，在弹出菜单中选择“设为工作部件”。单击“常规”组中几何链接器图标，弹出几何链接器对话框，设置“类型”为“镜像体”，如图 4-36 所示。选择实体模型，结果如图 4-37 所示。

（5）此时，组件“up_tube.prt”的外形尺寸将随 down_tube.prtde 改变而改变。

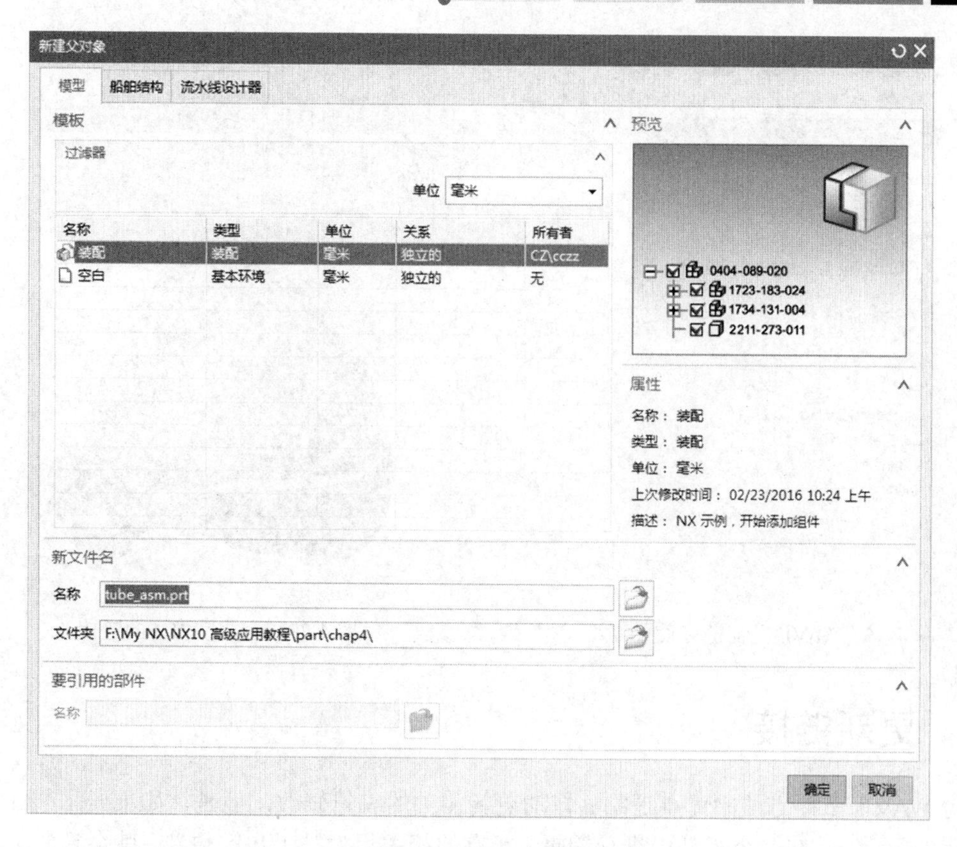

图 4-34　新建父对象

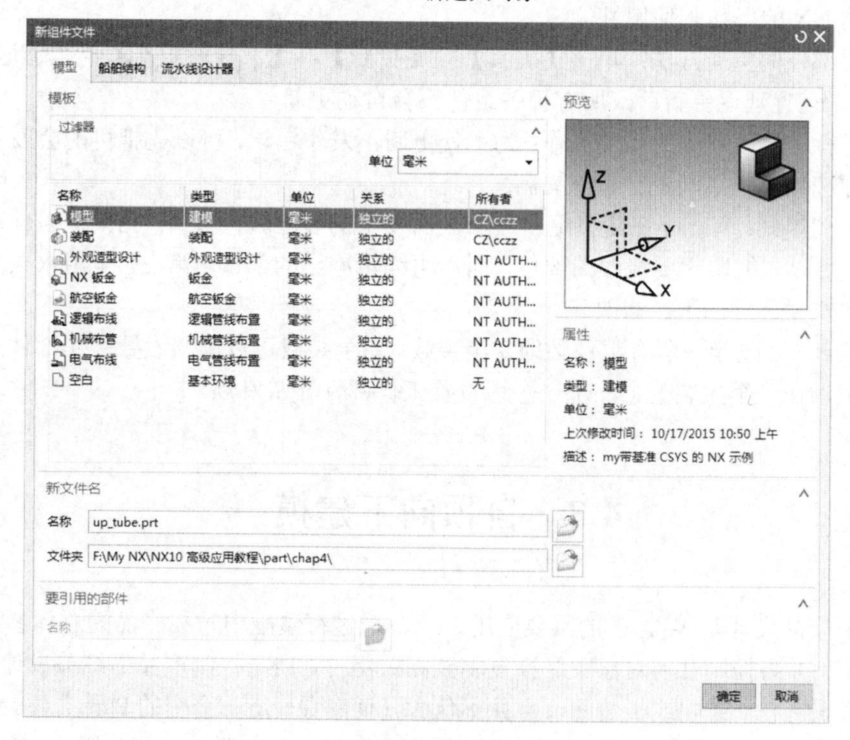

图 4-35　新建组文件

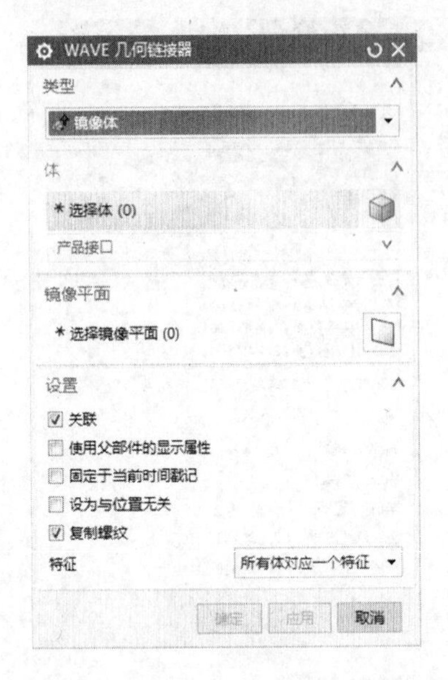

图 4-36　WAVE 几何链接设置

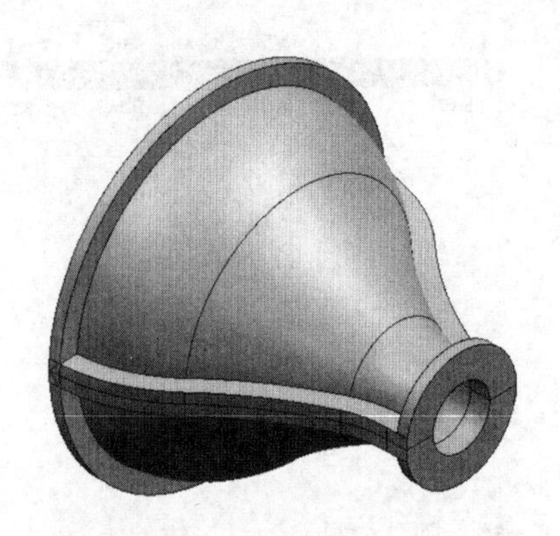

图 4-37　完成镜像体的链接

4.2.3　更新链接

采用 WAVE 链接方法的优点是能够自动更新相关的编辑修改，但是，如果一个装配中有许多几何链接，一旦在一个组件中进行编辑，所有的相关组件马上自动更新，就会造成大量等待时间，影响 NX 的操作和使用性能。

设置延迟部件间更新方法：单击【工具】→【更新】→【部件间更新】→【延迟几何体、表达式更新】，设置延迟更新后，所有相关组件不会自动更新。

将组件进行冻结或解冻更新的操作：为了使更新不发生错误，可以先把可能会发生更新失败的组件进行冻结，再手动进行解冻更新。

冻结部件的用处：第一，在随机更新一个大而复杂的装配时；第二，当某些组件编辑会造成更新出错，可以先编辑想要修改的部件，而后再编辑冻结的部件。第三，采用永久冻结方法可以保护一些重要部件的无意修改。

为了保证部件的更新，所有组件必须完全装载。完全装载可以采用设置工作部件或显示部件方法。但是，在一个大装配中一个一个地设置工作部件非常麻烦。

4.3　自顶向下建模

自顶向下产品设计是 WAVE 的重要应用之一，通过在装配中建立产品的总体参数，或产品的整体造型，并将控制几何对象关联性复制到相关组件，用于控制产品的细节设计。利用普通自顶向下装配方法，装配或子装配节点并不包含几何对象，是一个空的 Part 文件。而 WAVE 方法需要在装配节点建立控制几何对象，并且将某些几何对象关联性复制到组件，实现从“装配”控制相关组件的自动更新。

4.3.1　WAVE 模式

装配导航器中，在装配节点或组件节点上用单击右键，弹出 WAVE 选项，在 WAVE 子菜单下有 9 个有关 WAVE 操作的命令，提供了建立新装配结构、关联性复制几何体、冻结组件和解决更新状态等多种工具，如图 4-38 所示。

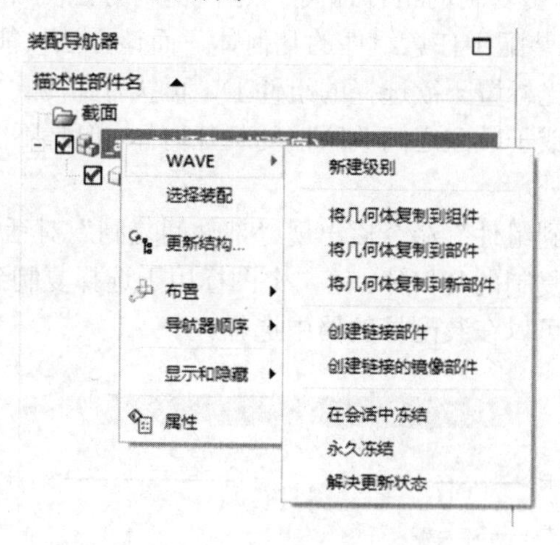

图 4-38　WAVE 模式的内容

1. 新建级别

利用该选项可在被选节点下建立一个新组件，同时把几何对象复制到新组件中。

在装配导航器中，通过WAVE模式的“新建级别”可以在装配中建立新的组件。对话框如图4-39所示。

（1）指定部件名：单击“指定部件名”按钮，弹出“选择部件名”对话框，如图 4-40 所示。选择路径并输入文件名，指定的部件名和路径显示在部件名文本框内，也可以在文本框内直接输入路径和部件名。若不知道路径，则按新部件与原部件相同路径的原则。

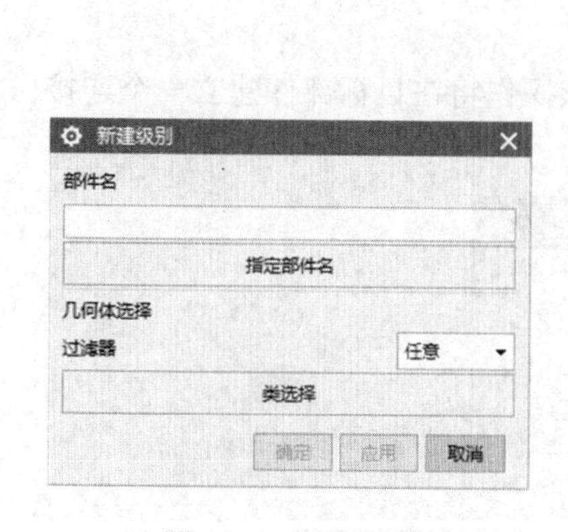

图 4-39　新建级别

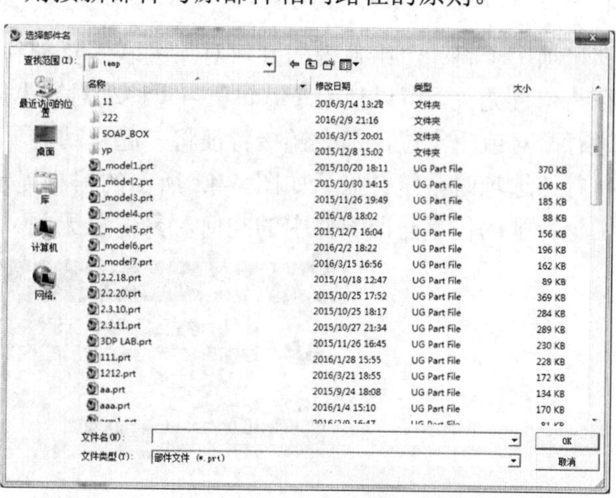

图 4-40　“选择部件名”对话框

（2）几何对象选择：辅助完成将被复制到新部件的几何对象。可以设置“过滤器”到要选择的几何类型，例如点（线或边的控制点）、线（实体或片体的边）、面、体、基准等。若难以选择对象，则可以使用“类选择”子功能完成。

2. 将几何体复制到组件

使用 WAVE 导航器快捷菜单建立关联性复制更加方便，无须设置工作部件，只要用光标在装配导航器中直接选择需要复制的组件即可。这种复制方法更加有利于选择目标，使用 WAVE 几何连接器可以选择装配中任意组件的几何体，而该方法只能选择单一组件内的几何体。因此，在操作时必须将光标置于欲选择的组件上，再执行命令。

该命令可以在任意组件或子装配之间关联性复制几何体，但是不能复制到总装配，这是与 WAVE 几何链接器的不同之处。

执行了“将几何体复制到组件”命令后出现“部件间复制”对话框，如图 4-41 所示，第一个选择步骤用于选择需要复制的几何体，第二个图标用于选择复制到的目标组件，目标组件可以在图形窗口中选择，也可以在装配导航器中选择。

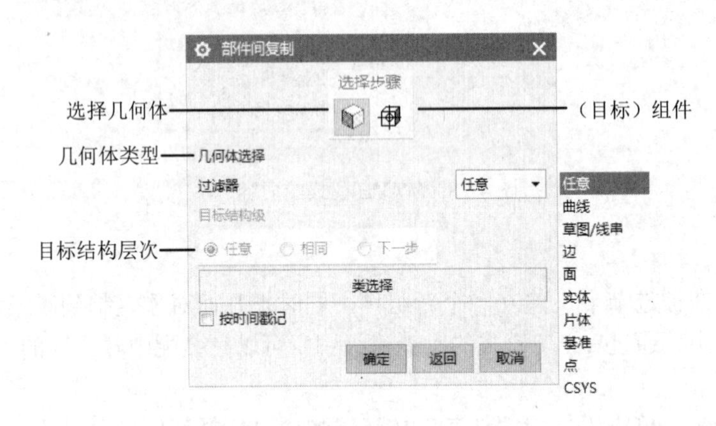

图 4-41 “部件间复制”对话框

3. 将几何体复制到部件

该选项用于将一个组件内的几何对象关联性复制到另一个已经存在的部件中，所建立的连接特征与位置无关，可以使用【编辑】→【移动对象】来移动。如果包含连接特征的组件在装配中进行配对或重定位，那么链接特征将一起移动。

执行该选项时系统会显示如图 4-42 所示的信息提示：该操作将在目标部件建立一个连接特征，该特征的位置与源部件中的几何对象位置无关。

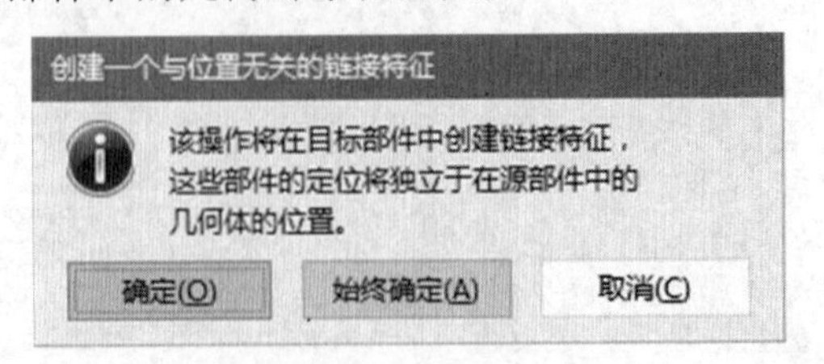

图 4-42 信息提示

图 4-42 中三个按钮功能解释如下。

- 【确定】：该提示信息将在下一次执行相同操作时再次显示。
- 【始终确定】：选择该选项后，在下一次执行相同操作时不再显示该提示信息。
- 【取消】：终止操作。

“将几何体复制到部件”的操作方法与“将几何体复制到组件”相似，在单击图 4-42 对话框中的【确定】或【始终确定】按钮后，选择已经存在的部件，然后再选择源几何对象，实现将选择的几何体复制到指定的部件。其流程如图 4-43 所示。

图 4-43　将几何体复制到部件流程

4. 复制几何对象到新部件

该选项也是建立一个与位置无关的连接特征，其本质是新建一个组件，并将指定的几何对象复制到该部件。操作方法与“复制几何对象到部件”相似，区别在于用一个建立新部件对话框取代选择部件对话框。当建立新部件后，再将几何对象复制到新部件中。

应用案例 4-5

本例演示 WAVE 模式的自顶向下设计过程。

（1）打开文件...chap4\strl_assm.prt，如图 4-44 所示。

（2）在装配导航器中，右键单击文件“crank.prt”，选择【WAVE】→【新建级别】命令，如图 4-45 所示；或在装配主页中直接单击图标，弹出“新建组件”对话框，在对话框的部件中输入“arm”，按 Enter 键，如图 4-46 所示；路径为默认值。过滤器中选择“曲线”，在绘图区域中选取如图 4-47 所示的线条，完成了 arm 子组件部件的建立。以同样的方法建立 cam.prt 子组件的部件，曲线选择如图 4-48 所示。建立 shaft.prt 子组件的部件，曲线选择如图 4-49 所示。装配导航器如图 4-50 所示。

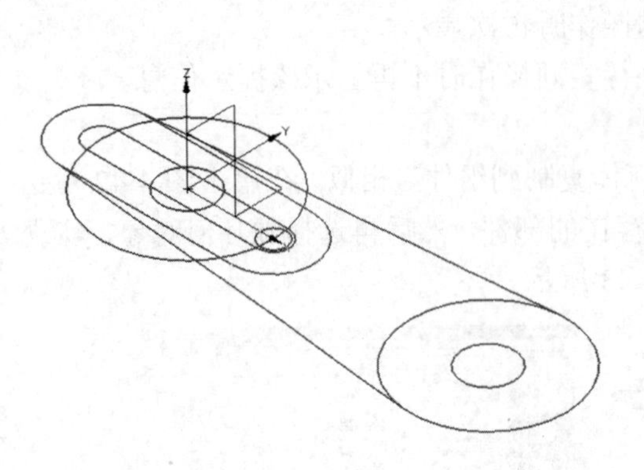

图 4-44　装配文件包含对象

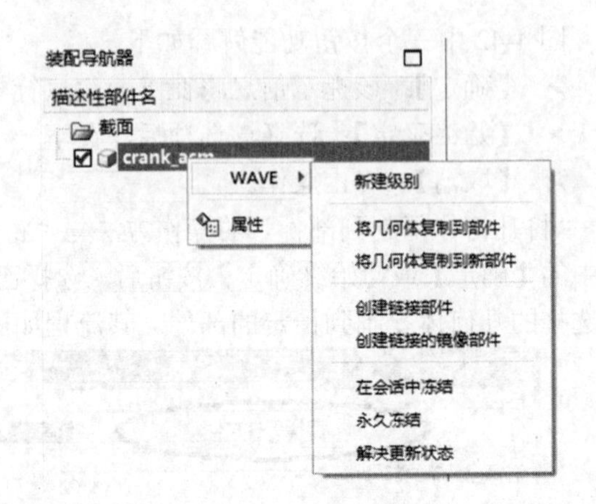

图 4-45　新建级别

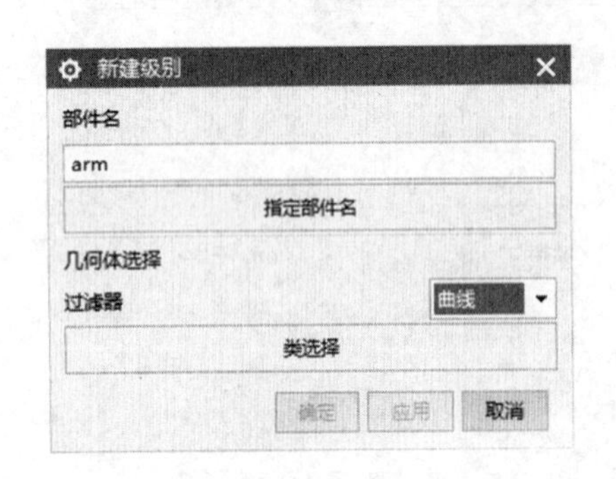

图 4-46　新建级别对话框

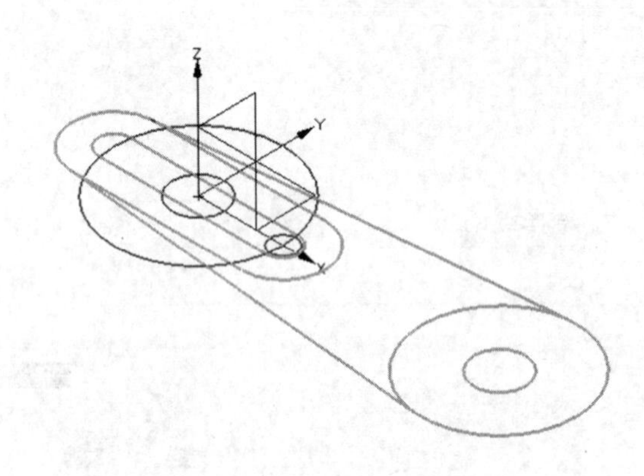

图 4-47　选择曲线（一）

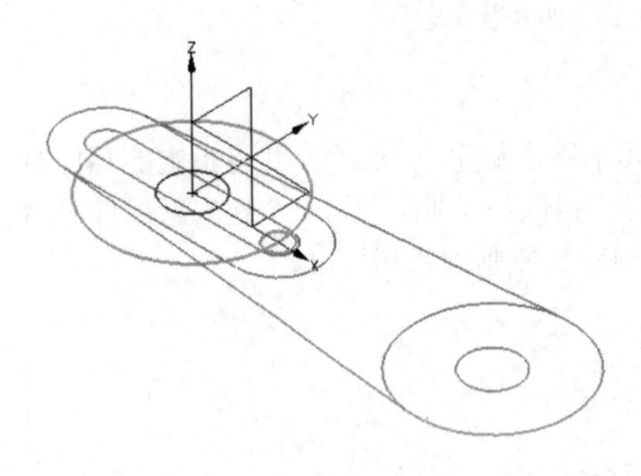

图 4-48　选择曲线（二）

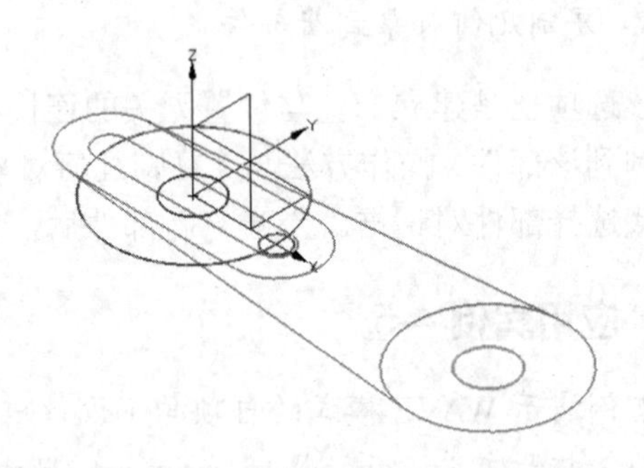

图 4-49　选择曲线（三）

（3）在装配导航器中双击组件“arm”，或单击右键，选择“设为工作部件”，此时，组件 arm 高亮显示，变为工作部件。如图 4-51 所示。

（4）在 NX 主页页面中，单击拉伸图标，弹出如图 4-52 所示的对话框，在绘图区中选择曲面，拉伸实体如图 4-53 所示。

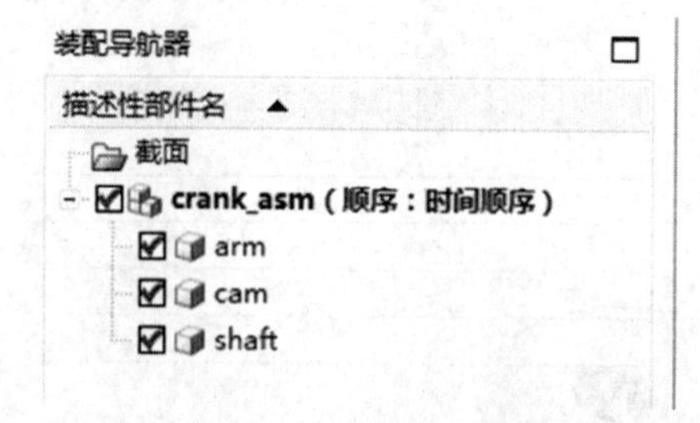

图 4-50　装配导航器

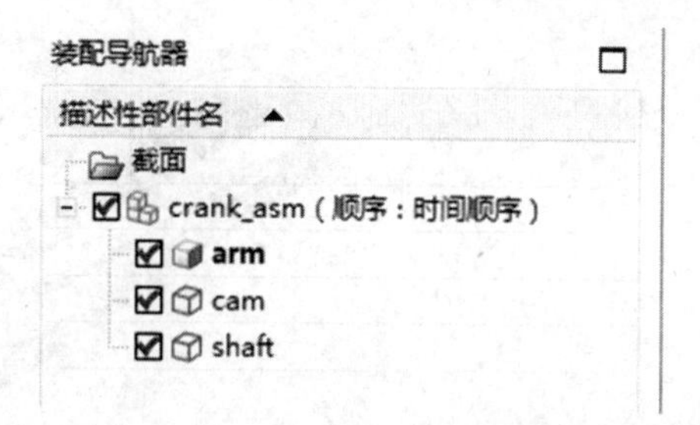

图 4-51　设组件 arm 工作部件

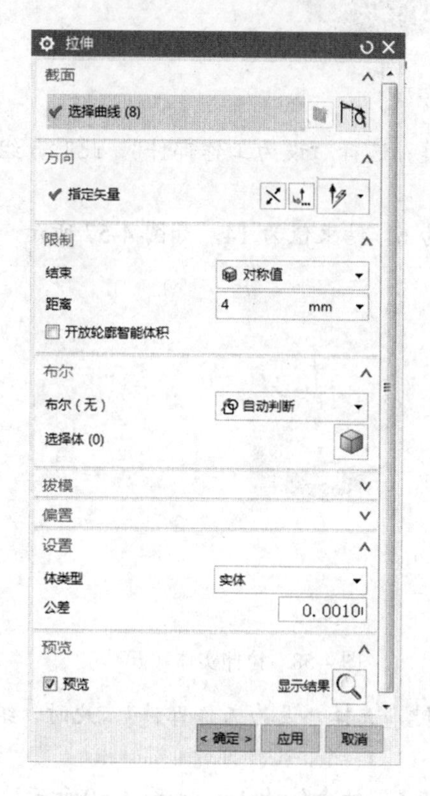

图 4-52　拉伸对话框

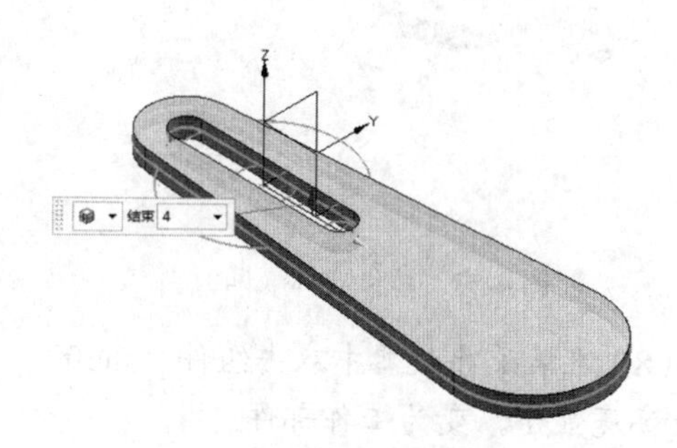

图 4-53　拉伸实体（一）

（5）继续拉伸实体，如图 4-54 和图 4-55 所示。对拉伸后的实体进行布尔运算求和，结果如图 4-56 所示。

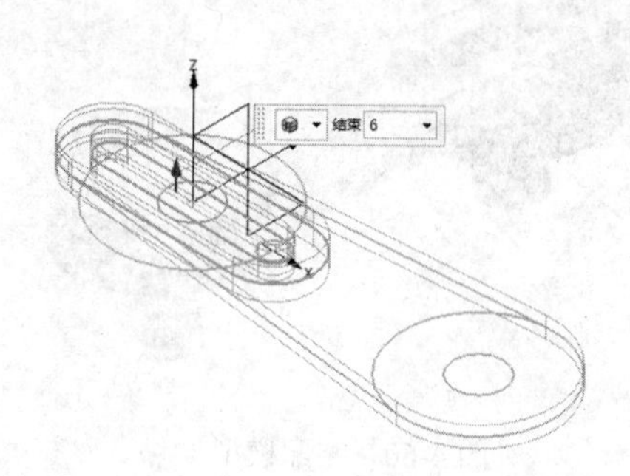

图 4-54　拉伸实体（二）

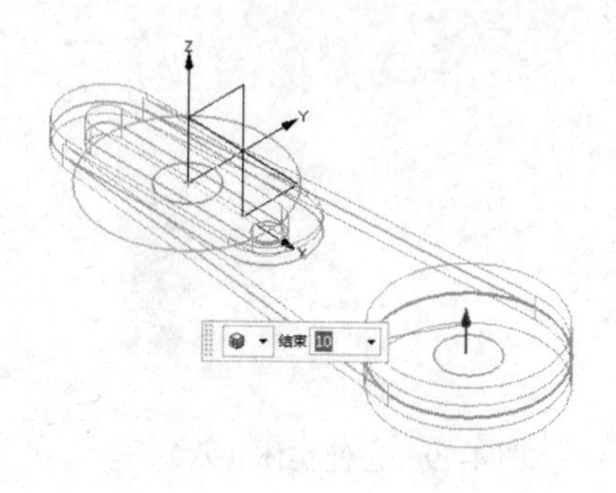

图 4-55　拉伸实体（三）

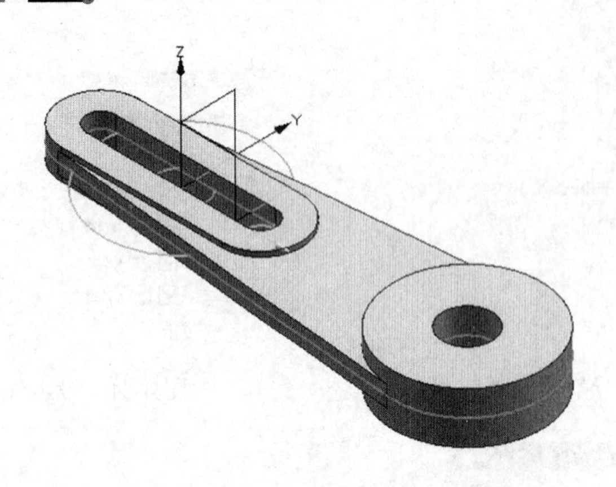

图 4-56　完成的实体模型

（6）在装配导航器中双击组件“cam”，或单击右键，选择“设为工作部件”。此时，组件 cam 高亮显示，变为工作部件。

（7）按照步骤 4 的方法，添加拉伸特征，起始值为 6，结束值为 14，如图 4-57 所示。拉伸小圆，起始值为-14，结束值为 10，如图 4-58 所示。

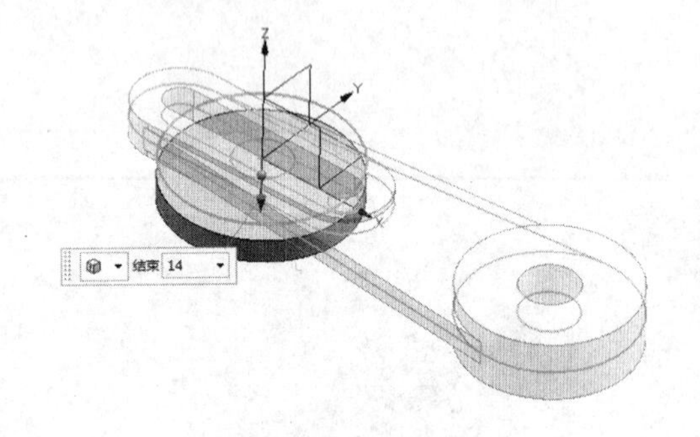

图 4-57　拉伸实体（四）

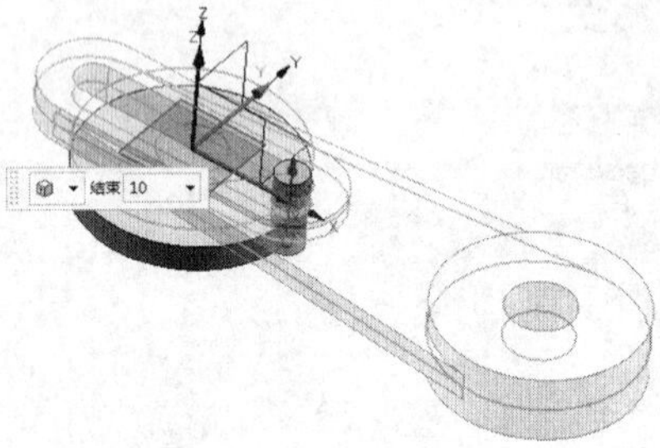

图 4-58　拉伸实体（五）

（8）在装配导航器中双击组件“shaft”，或单击右键，选择“设为工作部件”。此时，组件 shaft 高亮显示，变为工作部件。

（9）按照步骤 4 的方法，添加拉伸特征，起始值为 6，结束值为 14，如图 4-59 所示。

（10）链接部件的装配模型如图 4-60 所示。

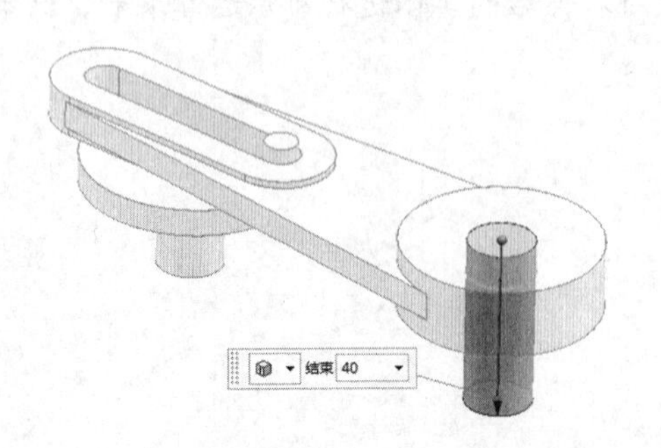

图 4-59　拉伸实体（六）

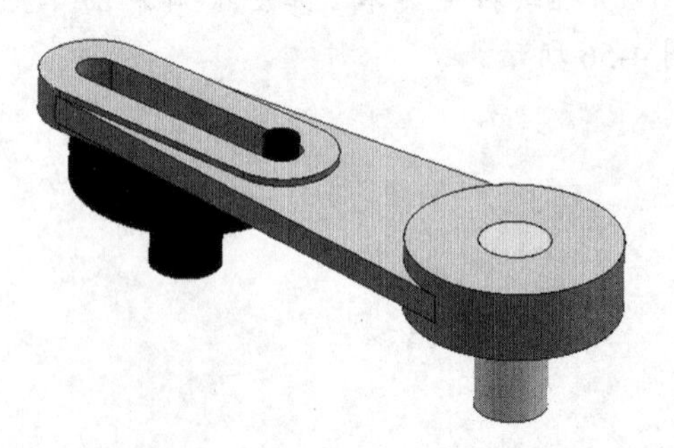

图 4-60　装配模型

4.3.2　组件之间连接查询与管理

1. 关联管理器

随着装配中组件数量的增加和部件数据的复杂，更新整个装配可能需要很长的时间，通过“延迟更新”可改善编辑操作性能。一旦延迟更新打开，相关组件在编辑后不会马上更新，从而在装配中产生过时部件。WAVE 关联性管理器用于查询和管理未更新的过时组件，用户可以有选择地对过时组件进行手工更新。

选择【装配】→【WAVE】→【关联管理器】，弹出关联性管理器对话框，如图 4-61 所示。

特别提示

在延迟更新关闭时，或装配中没有进行编辑操作，关联性管理器对话框列表中不会显示任何组件。

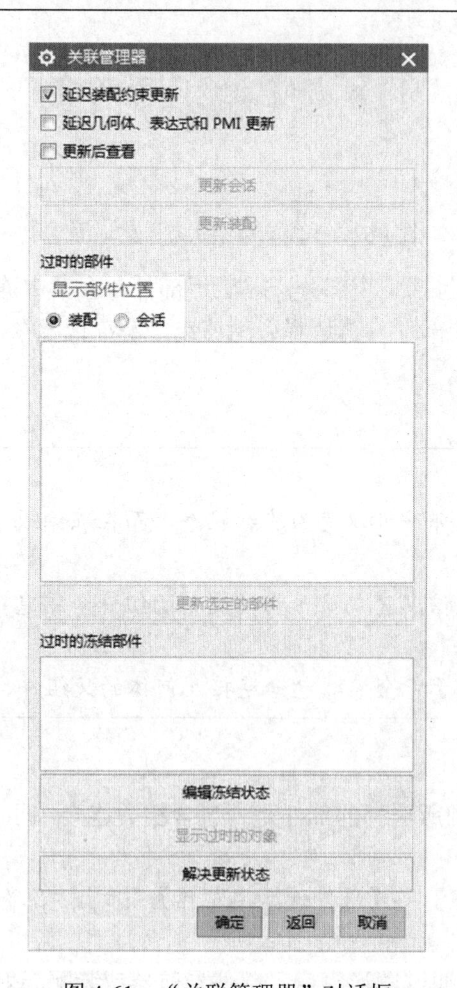

图 4-61　“关联管理器”对话框

（1）更新装配：更新当前装配中所有过时组件。

（2）更新会话：更新所有调入内存、并且具有关联性的部件。

（3）更新后查看，用于对比观察部件更新前后模型的不同，相同采用不同的透明度显示模型的更新前后的变化。该选项必须在“部件间更新”打开时才激活，而且必须使得显示方式切换到着色模式。

（4）“编辑冻结状态”对话框如图 4-62 所示。为了避免自动或手动更新，可以采用冻结组件功能。部件冻结后，即使强制更新也不会使得冻结部件产生更新，除非解冻该部件。

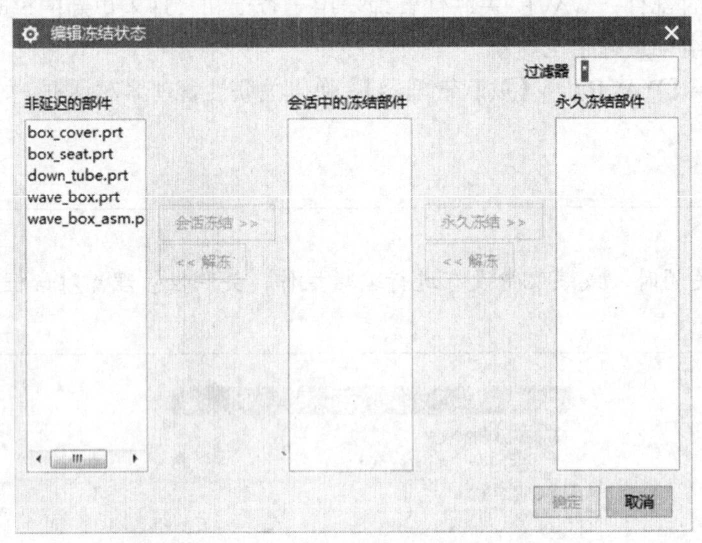

图 4-62　“编辑冻结状态”对话框

“编辑冻结状态”对话框包括三个部分：非延迟部件、会话中冻结部件和永久冻结部件。通过选择对话框中不同状态的部件，再选择会话冻结、解冻或永久冻结进行编辑冻结状态。

特别提示

在对话框中双击非延迟部件可以变为冻结状态，而在冻结或永久冻结列表中双击部件可以解冻。

（1）显示过时对象，用信息窗口显示需要更新的组件。信息中显示了父几何体和相关部件。

（2）重解更新状态，用于完全装载包含连接几何体的父组件，保证组件的更新。

2. 部件连接浏览器

部件链接浏览器用于查询所选择的部件是否包含相关连接，同时，还提供编辑连接关系等操作。

选择【装配】→【WAVE】→【部件连接浏览器】，弹出“部件间连接浏览器”对话框，如图 4-63 所示。

“部件间链接浏览器”可通过图形窗口、部件导航器或装配导航器中选择要检查的部件或链接对象，查看链接对象、链接特征和部件之间的相依性。

（1）对象：可查看与所选链接对象相互链接的所有几何体和部件间表达式。对象选项还提供用于分析和操控链接对象的方法，如断开和编辑链接。

（2）特征：可查看从所选部件到其他部件的所有链接的特征和表达式。

（3）部件：可查看与所选部件相互链接（通过 WAVE 链接几何体或部件间表达式）的所有部件。

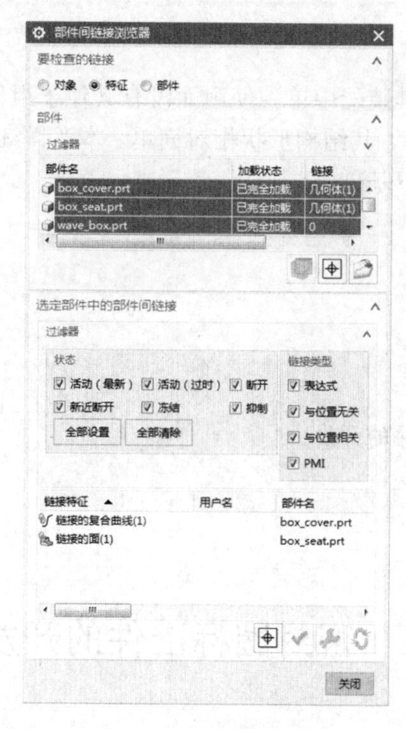

图 4-63 部件间链接浏览器

本章小结

本章首先分析了 WAVE 技术的起源、发展概况及其在汽车、模具行业中的应用，重点讲述了几何链接器的使用、编辑方法，总结了其在产品设计中的优势。在自顶向下的建模方法中，WAVE 模式具有独特的优势，操作简单，结构清晰，便于较大型机构的设计。

思考与练习

1．简述 WAVE 的意义。

2．简述 WAVE 几何链接器的使用方法。

3．简述 WAVE 模式下自顶向下建模的优点。

第 5 章 单一结构标准件开发

单一结构标准件是指在模具装配中单独使用而没有其他子组件。这类标准件种类较多，例如内六角螺钉、限位钉、堵头等，其结构形状相对简单。本章详细介绍单一结构标准件的开发过程，为装配结构的标准件打下基础。

学习目标

- ❒ 密封圈标准件的开发
- ❒ 堵头标准件的开发
- ❒ 内六角圆柱螺钉标准件的开发
- ❒ 限位螺钉标准件的开发
- ❒ 吊钩标准件的开发

5.1 密封圈标准件的开发

密封胶圈一般都安装在模板上有冷却管路经过的位置，因此不能使用自动定位方法。一般在调用密封胶圈标准件时以选择安放面的方式比较简便，也就是采用“Plain”的定位方法。相应地，需要将密封胶圈标准件的几何原点定位在绝对坐标原点（0,0,0）位置，方位定位在-ZC方向，如图 5-1 所示。

在规划好密封圈的定位原点之后，草绘结构图，用于规划密封胶圈标准件的结构特征和主控参数，如图 5-1 和图 5-2 所示。

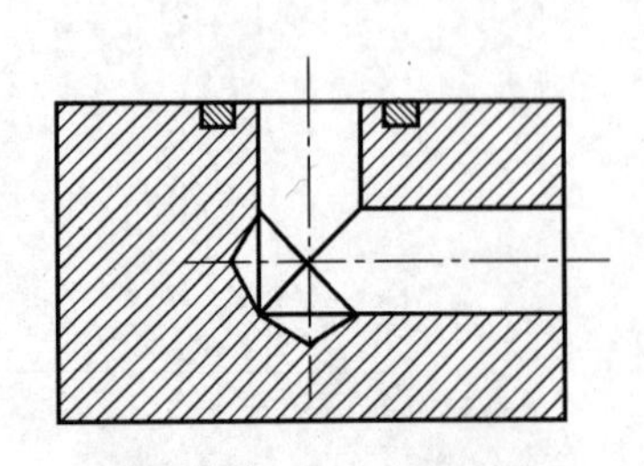

图 5-1 密封胶圈的定位原点

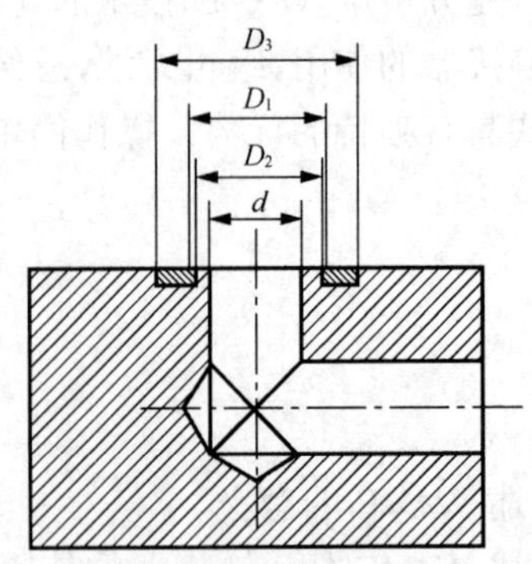

图 5-2 密封胶圈的结构特征及主控参数

（1）在...\standard\metric\Case\cool\part 目录下新建立一个文本文档（.txt），将该文件重命名为“o_ring .exp”后，打开“o_ring .exp”文件，建立如图 5-3 所示的密封圈标准件 NX 模板部件的主控参数，保存并退出该文件。

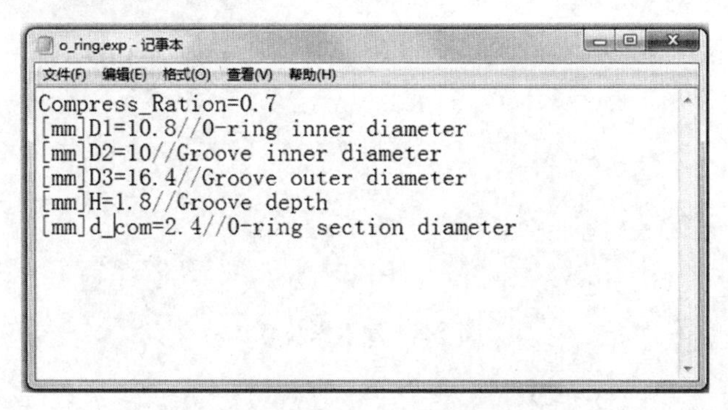

图 5-3　密封圈的主控参数

（2）运行 NX 软件，建立公制的、文件名为“o_ring.prt”的密封胶圈标准件 UG 模板部件保存到...\standard\metric\Case\cool\part 目录下，并进入建模环境，如图 5-4 所示。

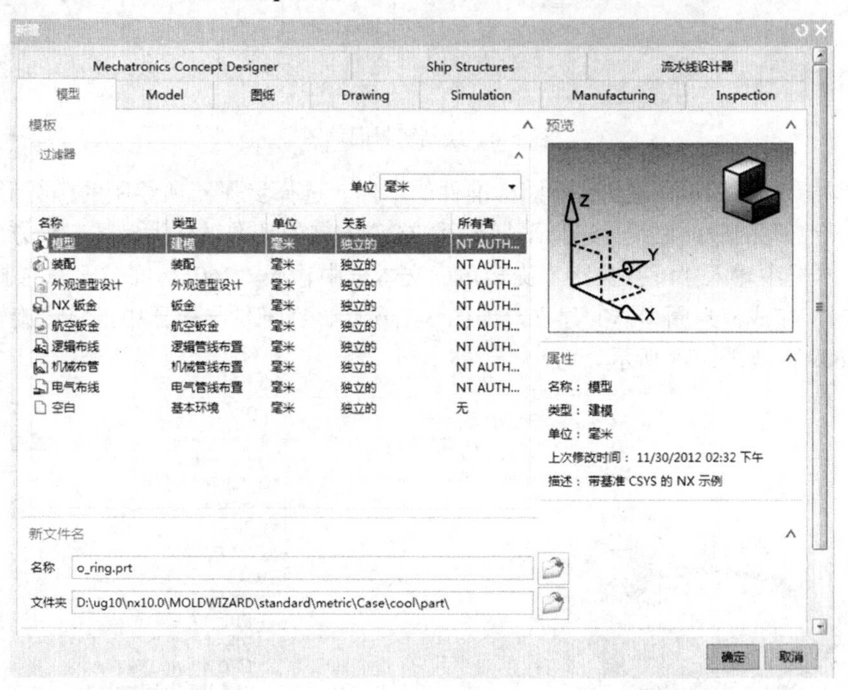

图 5-4　新建模型

（3）选择【工具】→【表达式】命令，弹出“表达式”对话框，单击“从文件导入表达式”按钮，将步骤 1 所建立的“o_ring.exp”文件中的表达式导入 NX 文件中，被输入的表达式出现在表达式编辑器的列表窗口中，如图 5-5 所示。

（4）单击草图绘制工具按钮 Sketch ，进入草图设置状态，选择 ZC-YC 平面作为草图的放置面，以+XC 方向为草图的水平参考方向。在绘制区域绘制如图 5-6 所示的草图，并添加适当的约束条件（尺寸约束和几何约束）。单击草图绘制对话框左上角的按钮，退出草图环境。

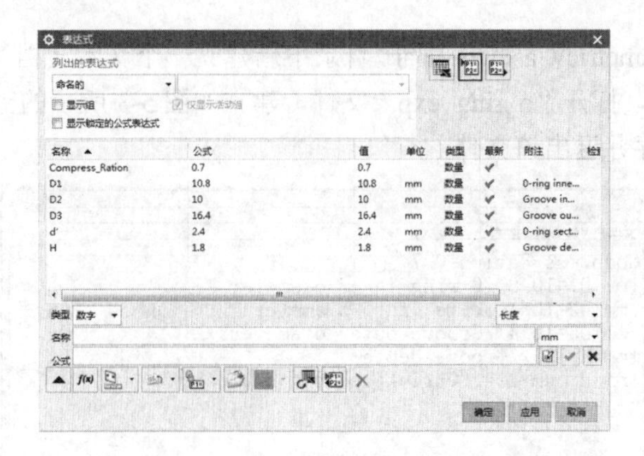

图 5-5　导入表达式

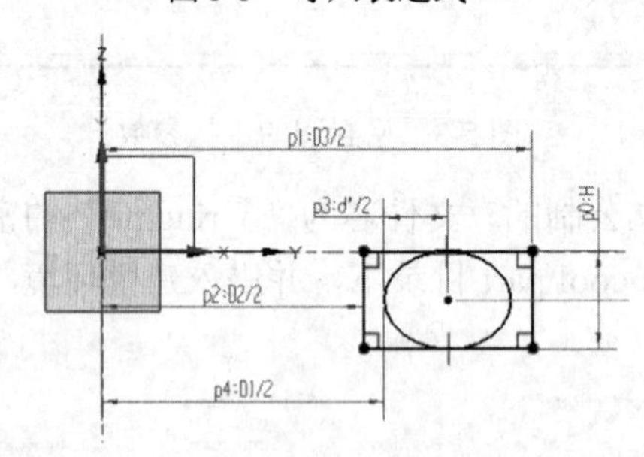

图 5-6　绘制密封圈草图

（5）单击旋转图标，建立密封圈标准件的本体。选择步骤 4 所绘制的椭圆形草图曲线，作为建立旋转特征的截面曲线；选择平行于“+ZC”方向的基准轴作为旋转矢量方向；在起始旋转角度文本框中输入“0”；在终止旋转角度文本框中输入“360”，布尔运算选择，单击【确定】按钮，完成密封圈本体的建立，如图 5-7 所示。在部件导航器中，将该旋转特征重名为“True Body”，如图 5-8 所示。

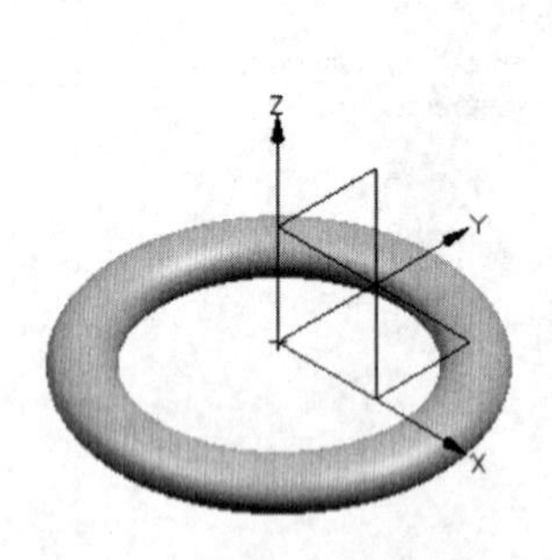

图 5-7　密封圈模型

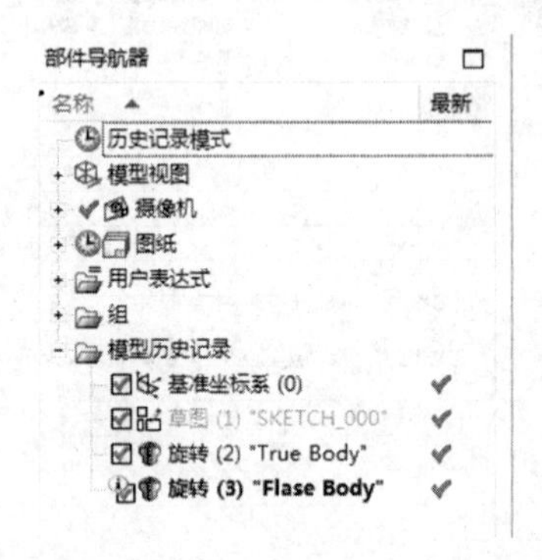

图 5-8　导航器

（6）单击旋转图标，建立密封胶圈标准件的建腔实体。选择步骤 4 所绘制的矩形草图曲线，作为建立旋转特征的截面曲线；选择平行于“+ZC”方向的基准轴作为旋转轴和旋转矢量方向；在起始旋转角度文本框中输入“0”；在终止旋转角度文本框中输入“360”，布尔运算选择，单击【确定】按钮，完成密封圈体建腔实体。在部件导航器中，将该旋转（Revolve）特征重命名为“False Body”。

（7）建立密封胶圈标准件的引用集。选择【格式】→【引用集】，弹出引用集对话框，选择密封胶圈的本体建立 True 引用集，选择密封胶圈的建腔实体 False 引用集，如图 5-9 所示。

（8）选择【编辑】→【对象显示】命令，进行颜色设置，选择密封胶圈的建腔实体，将颜色设置为 ID211 蓝色、线型设置为虚线、透明度设置为 80%；选择密封胶圈的本体，钩选“局部着色”。将密封胶圈的本体放在第 1 层，将草图、基准面移至第 21 层，将基准轴其他所有的辅助建模几何体均移至第 60 层，将建腔体放置到第 99 层，保持图面整洁、清晰。在视图工具栏中单击“部分着色”按钮，完成后的效果如图 5-10 所示。

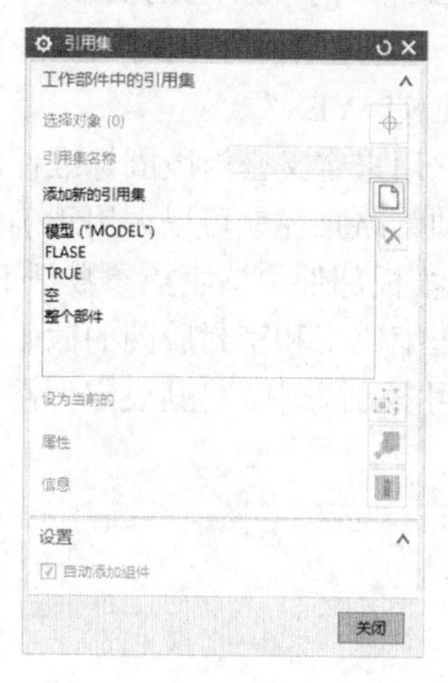

图 5-9　引用集对话框

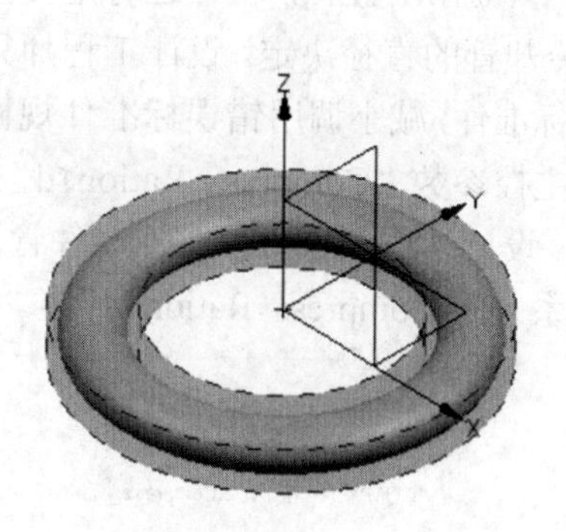

图 5-10　完成后的密封圈及建腔体

（9）设置密封胶圈的 NX 属性。设置部件的属性：选择【文件】→【属性】命令，弹出“显示部件属性”对话框，单击“属性”标签，设置部件识别属性 O_RING=1，如图 5-11 所示。

（10）建立密封胶圈标准件的位图文件。

在...\standard\metric\Case\cool\bitmap 文件下建立如图 5-12 所示的位图文件“o_ring.bmp”；并根据需要，可以在位图文件里添加参数设置说明等信息。

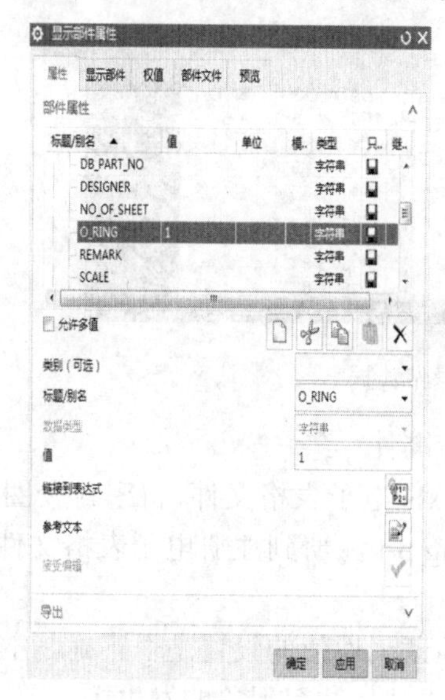

图 5-11 属性设置

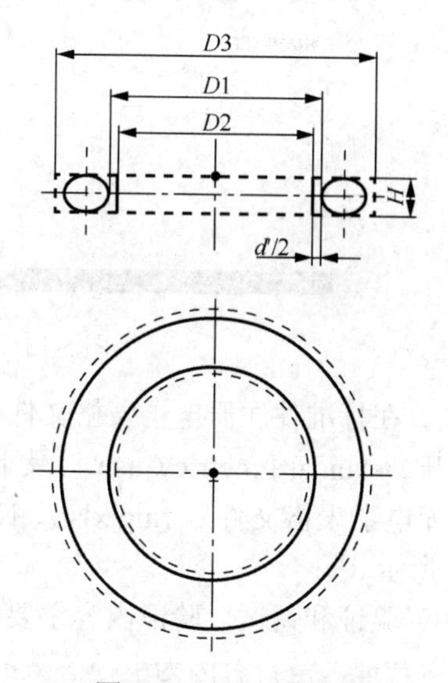

图 5-12　密封圈位图

（11）建立密封胶圈标准件的数据库。

在...\MOLDWIZARD\templates\目录下文件中找到名为“standard_template.xls”的文件，将其复制到...\standard\metric\Case\cool\目录下的 date 文件夹中，并将其命名为“o_ring .xls”的标准数据库电子文件，建立如图 5-13 所示的数据内容。

在 PARAMETERS 选项下，使用了定义型主控参数 CATALOG，来定义不同规格密封胶标准件的 BOM 属性“CATLOG”的取值，将定义型主控参数“CATALOG”的取值在“ATTRIBUTES”项下通过“CATALOG=CASE:< CATALOG>”付给 BOM 属性中的“CATALOG”。

由于密封胶圈在模具二维装配图中是需要剖切显示的，因此在 ATTRIBUTES 选项下设置了控制标准件剖切显示状态的属性“SECTION-COMPONENT=YES”.

在 PARAMETERS 项下还有定义型主控参数“d”，它用来定义密封胶圈标准件的调用规格，由冷却管的直径决定。设计工程师只要选择相应的冷却管路直径就可以调用正确规格的密封胶圈标准件，减小调用错误标准件规格的可能性。在 NX 模板部件中该主控参数是不存在的；可变型主控参数“Compress_Ration*d”，即其深度值是由压缩比率和密封胶圈的截面直径共同决定的。设计工程师也可以在标准件管理器尺寸页面的尺寸控制表中，将其设定为常量而脱离运算关系“H=Compress_Ration*d”。

	A	B	C	D	E	F	G	H	I	J
1	## CASE O-ring data									
2	## Veislon A 2016.03.29 create by ***									
3										
4	COMMENT	压箱比率Compress_Mation决定密封圈的的预压量和安装箱的深度								
5										
6	PARENT	<<UM_COOL>>								
7										
8	POSITION	PLANE								
9										
10	ATTRIBUTES									
11	CATAL OG=CASE:<CATAL OG>									
12	BREVITY=OR									
13	MATERIAL=STD									
14	MW_STOCK_SIZE=NO NEED ORDER									
15	STOCK_REV=A									
16	MW_COMPONENT_NAME=ORING									
17	MW_SIDE=<SIDE>									
18	SECTION_COMPONENT=YES									
19										
20	BITMAP	standard/metric/Case/cool/bitmap/o_ring.bmp								
21										
22	PARAMETERS									
23	d	Compress_Ration	d_com	D1	D2	D3	H	CATALOG	SIDE	
24	Ø4	0.7-1+0.05	1.9	5.8	5	10.4	Compress_	P6 5.8*1.9	A,B	
25	Ø5			7.8	7	12.4		P8 7.8*1.9		
26	Ø6			8.8	8	13.4		P9 9.8*1.9		
27	Ø8		2.4	10.8	10	16.4		P11 10.8*2.4		
28	Ø10			13.8	13	19.4		P14 13.8*2.4		
29	Ø11.1			14.8	14	20.4		P15 14.8*2.4		
30	Ø12.7			15.8	15	21.4		P16 15.8*2.4		
31	Ø15			17.8	17	23.4		P18 16.8*2.4		
32										

图 5-13　密封圈标准件的数据库数据

（12）在标准件注册电子表格文件中注册密封胶圈标准件。

打开...\standard\metric\Case\目录下的 case_reg_mm.xls 电子表格文件，将密封胶圈标准件的数据库电子表格文件 o_ring.xls 及 NX 模板部件 o_ring.prt 注册到注册电子表格文件中，如图 5-14 所示。

（13）验证和调试。验证内容主要在于压缩变形，验证属性值的设置是否正确，主控参数设置是否合理，是否有因为主控参数的取值不合理而造成几何冲突现象的发生等。

A	B	C	D	E
##Version CASE 2015/11/20 create by dengjingdong				
NAME	DATA_PATH	DATA	MOD_PATH	MODEL
------Case Screws Unit --------	/standard/metric/Case/cool/date	connector_plug.xls	/standard/metric/Case/cool/part	connector plug.prt
Connector Plug		connector_plug.xls		connector plug.prt
O-Ring		o_ring.xls		o_ring.prt

图 5-14　注册密封胶圈标准件

5.2　堵头标准件的开发

堵头在注塑模具水路中被广泛使用，其定位原点如图 5-15 所示。

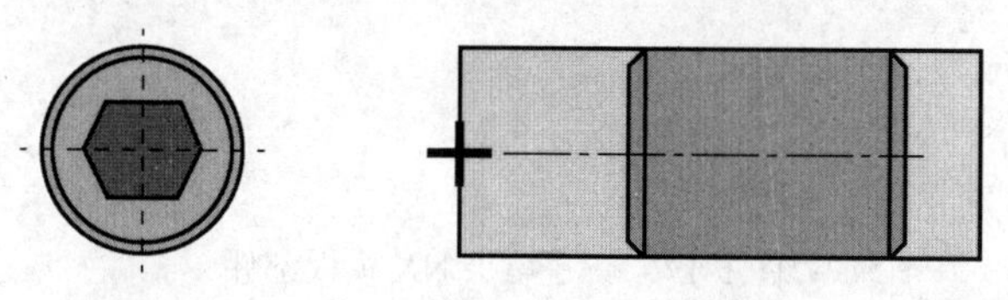

图 5-15　内六角堵头的定位原点

（1）在...\standard\metric\Case\目录下新建一个名为“screw”的文件夹，在 screw 文件夹下继续建立新文件夹“Model”，用来保存 NX 模板文件。

（2）在步骤 1 建立的 Model 文件夹中新建一个文本文档（.txt），在文档里输入如图 5-16 所示的标准件 NX 模板部件的主控参数，保存后关闭文件；再将该文件重命名为“MSWS.exp”（注意文件属性后缀改为“.exp”），如图 5-16 所示。

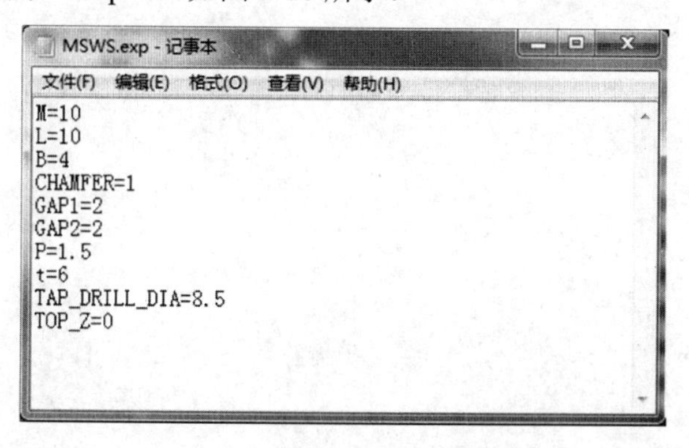

图 5-16　文本文档中建立主控参数

（3）运行 NX 10.0，新建一个模型部件，单位为毫米，文件名为“MSWS.prt”，把它保存在步骤 1 中建立的 Model 文件夹中，进入建模环境，如图 5-17 所示。

（4）选择“工具”→“表达式”命令，弹出“表达式”对话框。单击“从文件导入表达式”图标，选中步骤 2 中所建立的“MSWS.exp”文件，将其导入 NX 部件。被导入的文件中的表达式会出现在表达式的列表窗口和部件导航器中，如图 5-18 所示。

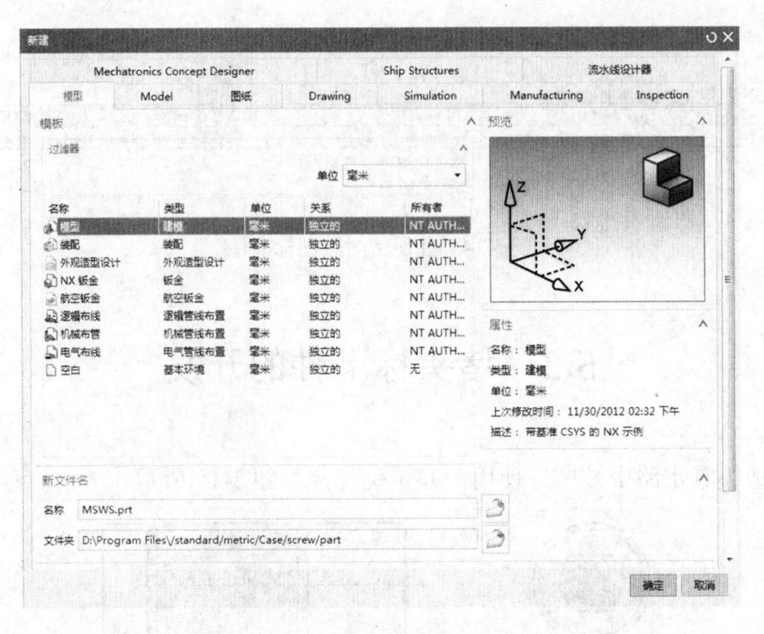

图 5-17　新建堵头 NX 模板部件

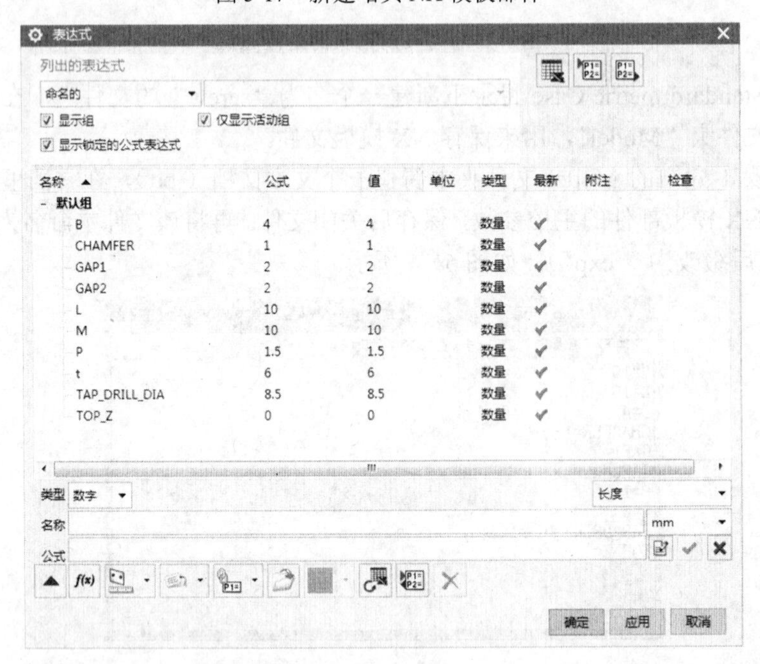

图 5-18　导入表达式文件

（5）在【主页】→【特征】工具栏中，单击“基准 CSYS”图标，弹出如图 5-19 所示的对话框，在偏置选项中的 Z 栏文本框中输入“TOP_Z”，其余选项保持默认值。此时，创建出一个新的基准坐标系。

（6）在【主页】→【直接草图】工具栏中，单击“草图”图标，进入草图环境，选择步骤 5 建立的基准坐标系中的 XOY 平面作为草图的放置面。

（7）绘制堵头的草图，绘制结果如图 5-20 所示，并添加尺寸约束和几何约束，要求适当而又充分，使得草图全约束。单击“完成草图”命令，退出草图环境。

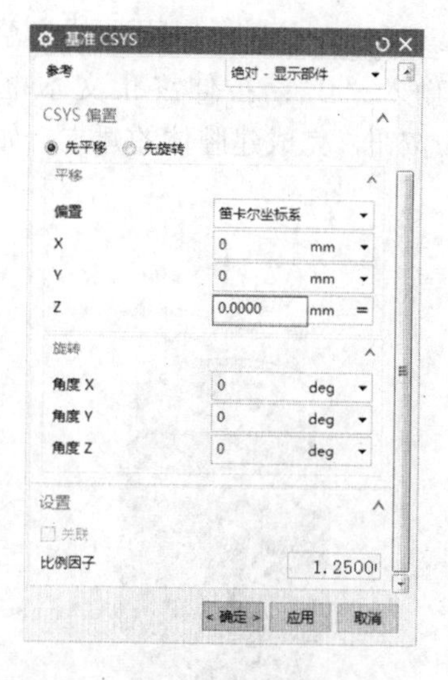

图 5-19　创建基准坐标系

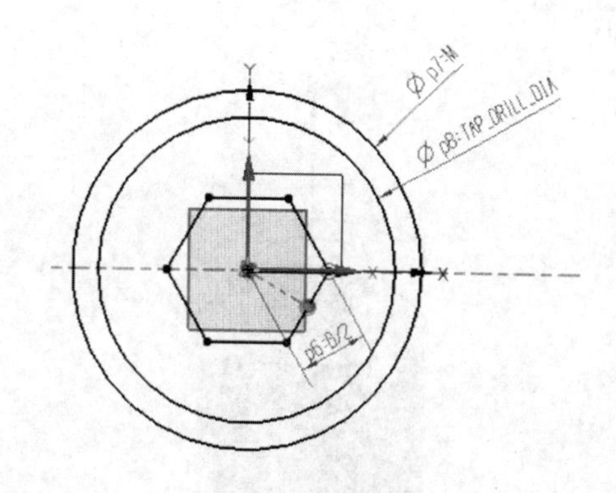

图 5-20　绘制堵头的草图

（8）按步骤 8~步骤 11 建立堵头的本体。单击“拉伸”命令，建立内六角圆柱螺钉的螺柱：拉伸的截面曲线为草图中绘制的最大的圆；拉伸方向为“-ZC”；拉伸开始文本框中输入“GAP1”；拉伸结束文本框中输入“L+GAP1”；其余选项保持默认值，单击【确定】按钮，完成堵头本体螺柱的建立，如图 5-21 所示。

在部件导航器中，将该拉伸特征重命名为“MSWS Body”。

（9）单击“拉伸”命令，建立螺钉本体的内六角头（Hex）：拉伸的截面曲线为草图曲线中的正六边形；拉伸的方向为“-ZC”；拉伸的开始文本框中输入“GAP1”；拉伸的结束文本框中输入“t+GAP1”；布尔运算选择“求差”；其余选项保持默认值，单击【确定】按钮，完成螺钉内六角头特征的建立，如图 5-22 所示。

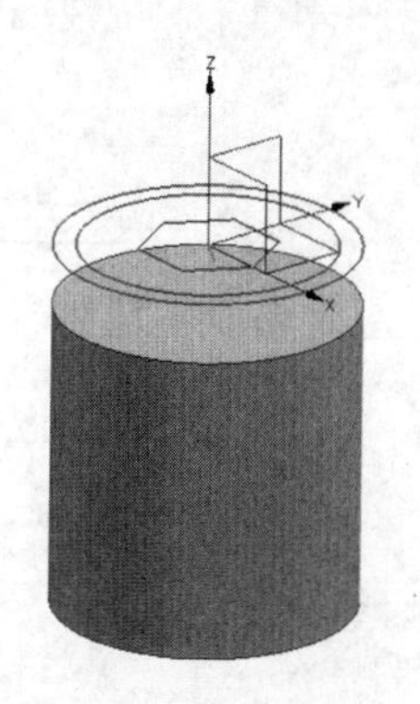

图 5-21　堵头本体的螺柱

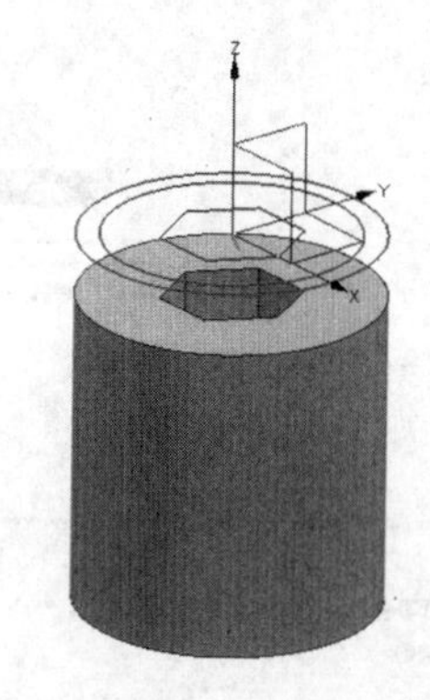

图 5-22　螺钉本体的内六角头

在部件导航器中，将该拉伸特征重命名为“Hex”。

单击“倒斜角”命令，建立堵头本体的螺柱的顶端和底端倒角：选择螺柱顶端和底端的边作为要倒斜角的边；倒斜角文本框中输入“CHAMFER”；单击【确定】按钮完成螺钉圆柱头工艺圆角的建立，如图 5-23 所示。

在部件导航器中，将该倒斜角特征重命名为“CHAMFER”。

（10）按步骤 10~11 建立堵头建腔用的实体（建腔实体）。

单击“拉伸”命令，建立建腔螺纹轴（TAP_DRILL_DIA）：拉伸的截面曲线为草图内的圆曲线；拉伸的方向为“-ZC”；拉伸开始文本框中输入“0”；拉伸终止文本框中输入“L+GAP1+GAP2”；其余选项保持默认值，单击【确定】按钮，完成建腔体的建立，如图5-24所示。

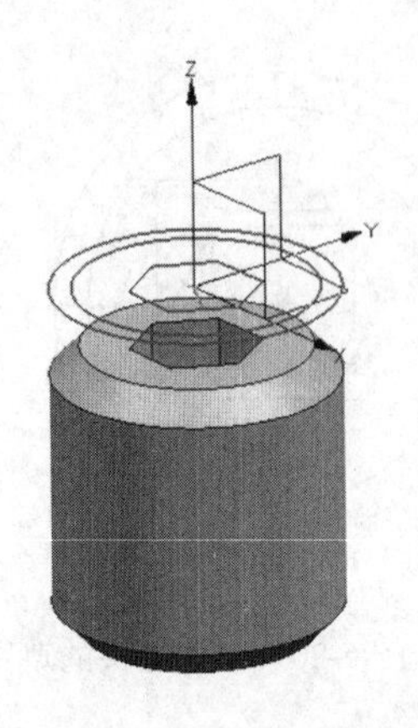

图5-23　螺钉本体的螺柱底端倒角

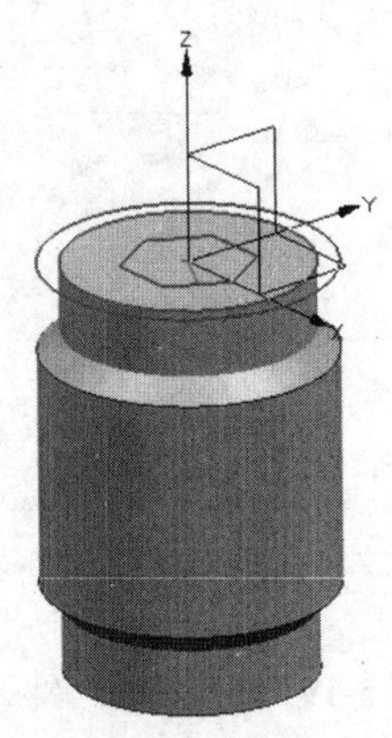

图5-24　建腔螺纹轴

（11）单击“编辑对象显示”命令，选择内六角圆柱螺钉建腔实体，弹出编辑对象显示对话框。图层值选择99，颜色ID选择211（蓝色），线型选择虚线，宽度选择0.35mm，透明度选择80，其余选项保持默认值，如图5-25所示。

同理，对内六角圆柱螺钉本体进行对象设置。图层选择1，颜色ID选择78（橙色），线型选择实体，宽度选择0.35mm，透明度选择0，局部着色打钩，其余选项保持默认值。如图5-26所示。将草图图层移至第21层，基准坐标系图层移至第61层，建腔实体移动至第99层。

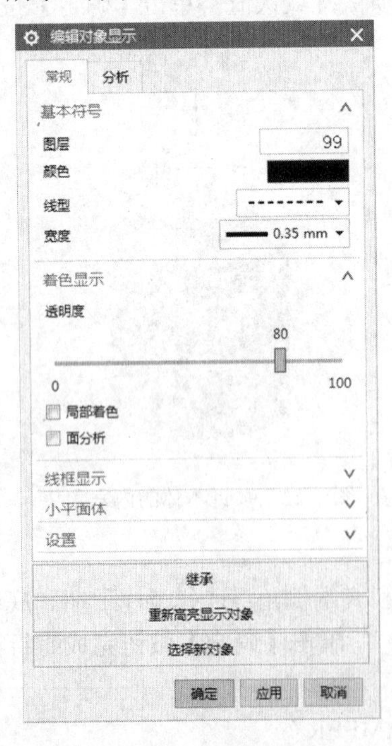

图5-25　内六角圆堵住建腔实体对象设置

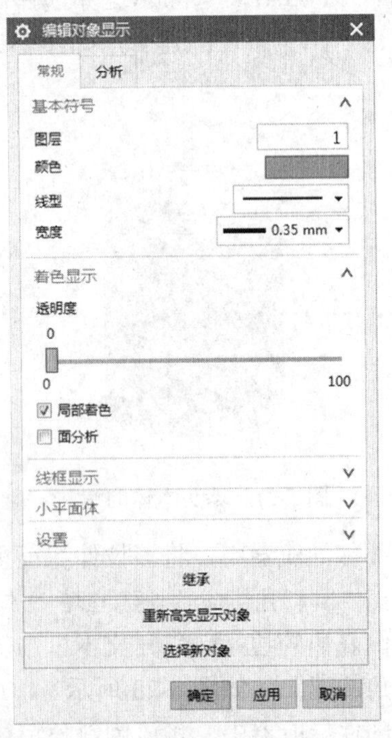

图5-26　内六角堵住本体对象设置

本例最终效果如图 5-27 所示。

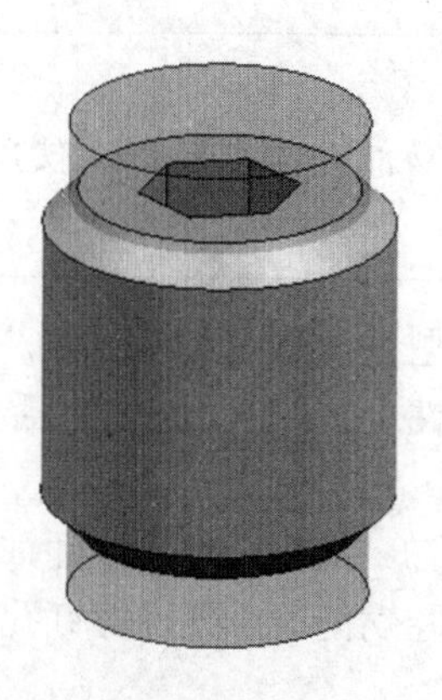

图 5-27　内六角堵头最终效果图

（12）设置内六角堵头的 NX 模板部件的属性。

特别提示

当内六角堵头作为其他标准件的子组件时，通过设置此部件识别属性，供标准件数据库电子表格文件中的相关数据选项（如 ATTRIBUTES、INTER_PART 等）识别该部件（MSWS.prt）。

具体做法如下：依次单击【文件】→【属性】命令，弹出显示部件属性对话框，单击“属性”标签，设置 MSWS=1。在“标题/别名”中输入“MSWS”，“数据类型”选择“字符串”，在“值”中输入“1”，单击【确定】按钮，退出该对话框，如图 5-28 所示。

图 5-28　设置部件识别属性

设置内六角堵头建腔实体的 NX CAM 面属性。

特别提示

以便在使用 NX Hole Making 功能时能自动识别使用该建腔实体建立的腔体孔特征，并自动生成加工程式。

具体做法如下：将工具栏的类型过滤器选择为“面”，选择建腔实体的相关圆柱面，单击鼠标右键弹出快捷菜单，选择“属性”，弹出面属性对话框，单击“属性”标签，设置相应的面属性。

指定建腔螺纹孔轴（TAP_DRILL_DIA）的圆柱面属性：MW_HOLE_THREAD=1。设置该属性是在使用模具设计模块的建腔功能时，实现螺钉孔自动攻牙的必备条件之一，如图 5-29 所示。

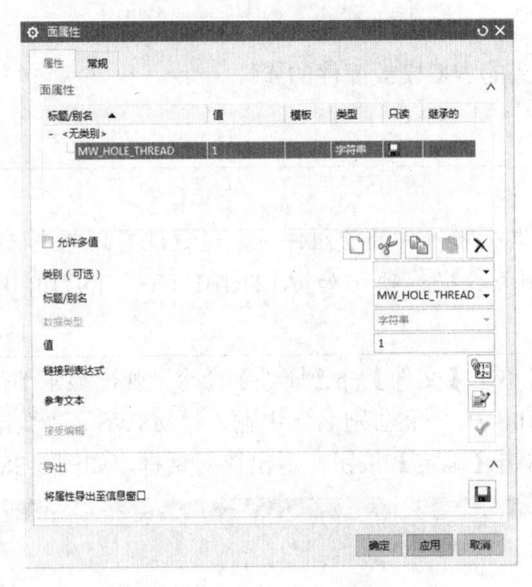

图 5-29　建腔螺纹孔轴的圆柱面属性

（13）建立内六角圆柱螺钉标准件的位图文件。

在...\standard\metric\Case\screw\目录下新建一个名为“bitmap”的文件夹，后面实例中的紧固类标准件 bitmap 位图文件均保存到此文件夹下。

建立内六角圆柱螺钉标准件位图文件。

“MSWS-1.bmp”用于表达内六角圆柱螺钉标准件的外形及定位原点，如图 5-30 所示。

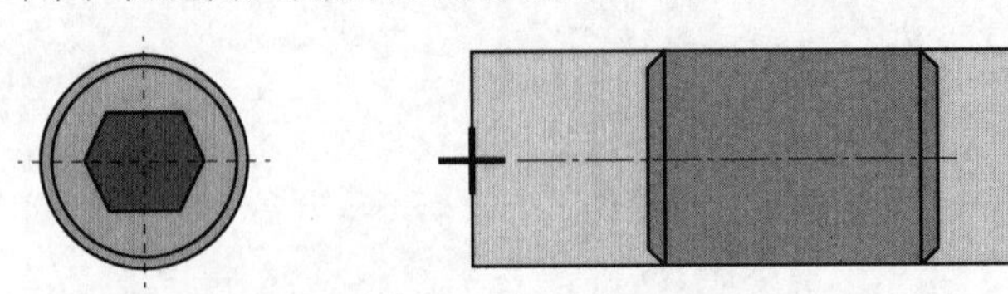

图 5-30　螺钉的结构及定位原点位图

“MSWS-2.bmp”用于详细标识内六角圆柱螺钉标准件的主控参数分布，如图 5-31 所示。

（14）建立内六角圆柱螺钉标准件的数据库。

在…\standard\metric\Case\screw\目录下新建一个名为“data”的数据库文件夹，后面实例开发的紧固类标准件的标准件数据库电子表格文件均保存到此文件夹下。

在…\DIEWIZARD\templates\目录下或随书光盘的 templates 文件夹中，找到文件名为 standard_templates.xls 的电子表格文件，将其复制到上述步骤建立的 data 文件夹中，并将它重命名为“MSWS.xls”。

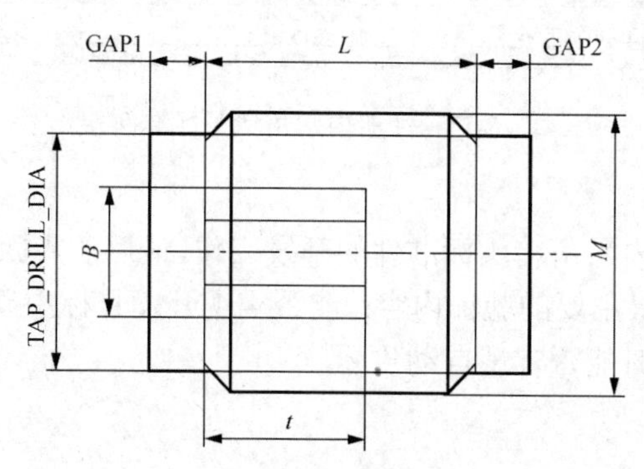

图 5-31 堵头的主控参数分布标识图

由于内六角堵头是通用紧固标准件，在后续的开发中，装配结构级的标准件常要将内六角堵头标准件作为子标准件装入其中，这些子标准件的数据库是可以受其自身的标准件数据库的数据控制。因此，需要为内六角堵头标准件建立两套数据工作表：工作表“sheet1”的数据作为调用内六角堵头标准件的通用管理数据；工作表“sheet2”的数据用作当内六角堵头标准件作为其他标准件的子标准件时读取的专用管理数据。

在工作表“sheet1”中建立的内六角堵头标准件通用管理数据，供 NX 标准件管理器读取、调用，如图 5-32 所示。

CASE	
##Version A:2016/01/16/ create by custom	
PARENT	<UP_DIE>
POSITION	PLANE
ATTRIBUTES	
Catalog=MSW <M>-<L>	
MW_BOM_REPORT=1	
SECTION-COMPONENT=no	
MW_COMPONENT_TYPE=2	
UM_STANDARD_PART=1	
PDW_COMPONENT_NAME=PLUG	
MW_SIDE=	
SUPPLIER=MISUMI	
DESCRIPTION=Screw Plug	
MATERIAL=<MATERIAL>	
DESIGNER=	
EXPRESSIONS	
BITMAP	/standard/metric/Case/screw/bitmap/MSWS-1.bmp, /standard/metric/Case/screw/bitmap/MSWS-2.bmp

PARAMETERS											
M	L	B	P	t	CHAMFER	#MATERIAL	TAP_DRILL_DIA	SCREW_DIA	THREAD_PITCH	GAP1	GAP2
8	6	4	1.25	3	0.5	S45C	2.05	M	P	0	0
10		5	1.5				8.5				
12		6					10.2				
14							12				
16		8					14				
18		10					15.5				
20	8			4			17.5				
22		12					19.5				
24		14					21				
25							22				
26							23				
27							24				
28							25				
30		17					26.5				
33							29.5				
END											

图 5-32 内六角堵头通用管理数据

（15）在标准件注册电子表格文件中注册内六角堵头标准件。

打开…\standard\metric\Case\目录下的 case_reg_mm.xsl 电子表格文件，在其中添加如图 5-33 所示的注册内容（注册时建立分类）。

##Customer Defined				
NAME	DATA_PATH	DATA	MOD_PATH	MODEL
------Case Screws Unit-------	/standard/metric/Case/screw/data	shcs.xls::sheet1	/standard/metric/Case/screw/part	shcs.prt
SHCS		shcs.xls::sheet1		shcs.prt
-------Case Screws Unit--------	/standard/metric/Case/screw/data	MSWS.xls::sheet1	/standard/metric/Case/screw/part	MSWS.prt
MSWS		MSWS.xls::sheet1	/standard/metric/Case/screw/part	MSWS.prt

图 5-33　注册内六角堵头标准件

（16）验证和调试。

至此已经基本完成了内六角堵头标准件的开发工作，最后的步骤是在应用前进行该标准件的验证和调试。该标准件最主要的验证内容：能否实现开发目标中确立的定位方法，使用“建腔”命令建立腔体孔特征时能否实现自动攻牙。

5.3　内六角圆柱螺钉标准件的开发

内六角圆柱螺钉在模具中被广泛使用，其定位原点有三种，如图 5-34 所示。三个定位原点所在的平面就是调用标准件时选择的安放平面。

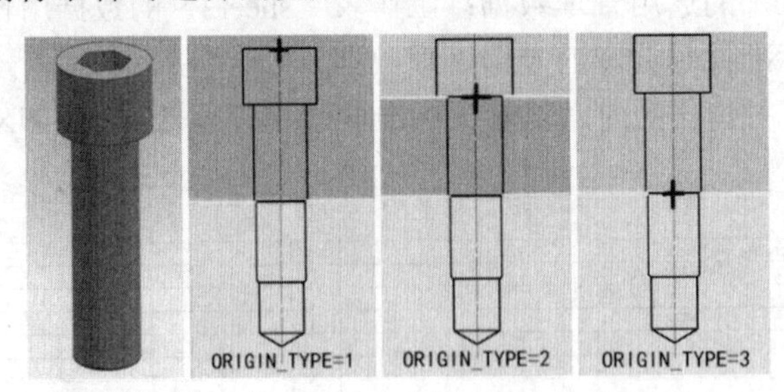

图 5-34　内六角圆柱螺钉的定位原点

（1）在…\standard\metric\Case\目录下新建一个名为“screw”的文件夹，在 screw 文件夹下继续建立新文件夹“Model”，用来保存 NX 模板文件。

（2）在步骤 1 建立的 Model 文件夹中新建一个文本文档（.txt），在文档里输入如图 5-35 所示的标准件 NX 模板部件的主控参数，保存后关闭文档，再将该文件重命名为“shcs.exp”。

```
TAP_DRILL_DIA=9
SCREW_DIA=10
LENGTH=35
TAP_OVER_DRILL=SCREW_DIA
TIP_ANGLE=120
HEAD_RELIEF=1
HEAD_DIA=14
HEAD_H=1
HEX_DIA=7
PLATE_HEIGHT=30
C_BORE_DIA=15
C_BORE_DEPIN=HEAD_RELIEF+HEAD_H
CLEARANCE_DIA=11
THREAD_PITCH=1.5
CHAMFER=(SCREW_DIA-TAP_DRILL_DIA)/2
DRILL_POINT_HEIGHT=floor((TAP_DRILL_DIA/2)/tan(TIP_ANGLE/2)+1000)/1050
ORIGIN_TYPE=1
LEVEL=if(ORIGIN_TYPE==1)0 else if(ORIGIN_TYPE==2) C_BORE_DEPIN else PLATE_HEIGHT
```

图 5-35　在文本文档中建立主控参数

（3）运行 NX 10.0，新建一个模型部件，单位为毫米，文件名为“shcs.part”，保存在步骤 1 中建立的 Model 文件夹中，进入模型环境，如图 5-36 所示。

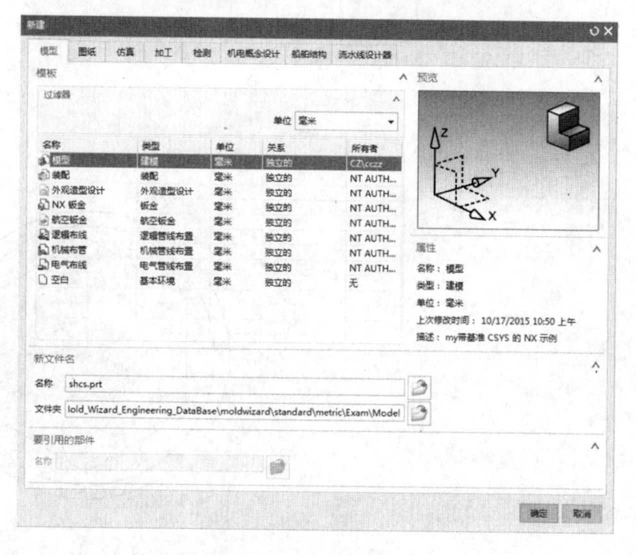

图 5-36　新建内六角圆柱螺钉 NX 模板部件

（4）选择【工具】→【表达式】命令，弹出“表达式”对话框，单击“从文件导入表达式”图标，选中按步骤 2 所建立的“shcs.exp”文件，将其导入 NX 部件。被导入的文件中的表达式会出现在表达式的列表窗口和部件导航器中，如图 5-37 所示。

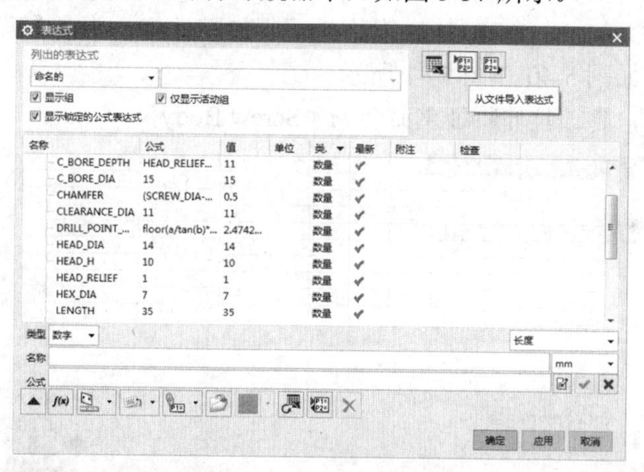

图 5-37　导入表达式文件

（5）在【主页】→【特征】工具栏中，单击“基准 CSYS”图标，弹出如图 5-38 所示的对话框，在偏置选项中的 Z 栏文本框中输入“Level”，其余选项保持默认值。此时，创建出一个新的基准坐标系。

（6）在【主页】→【直接草图】工具栏中，单击“草图”图标，进入草图环境，选择步骤 5 中建立的基准坐标系中的 XOY 平面为草图的放置面。

（7）绘制内六角圆柱螺钉的草图，绘制结果如图 5-39 所示，并添加约束。所添加尺寸约束和几何约束要求适当而又充分，使得草图全约束。

单击“完成草图”命令，退出草图环境。

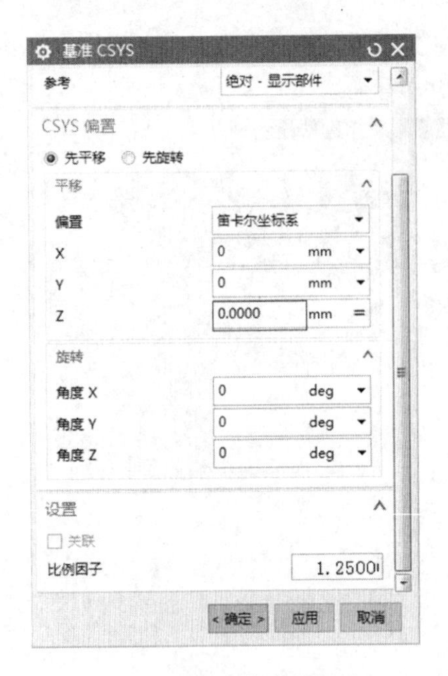

图 5-38　创建基准坐标系

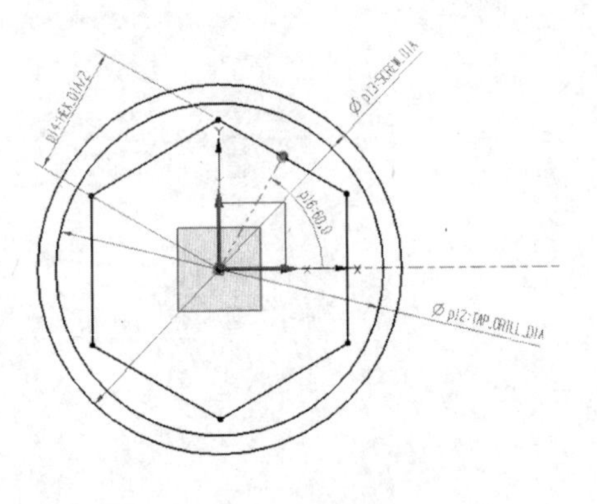

图 5-39　绘制内六角圆柱螺钉的草图

（8）建立内六角圆柱螺钉的本体。

① 单击“拉伸”命令，建立内六角圆柱螺钉的螺柱 ：拉伸的截面曲线为草图中绘制的最大的圆；拉伸方向为“-ZC”；拉伸开始文本框中输入“C_BORE_DEPTH”；拉伸结束文本框中输入“LENGTH+ C_BORE_DEPTH”；其余选项保持默认值，单击【确定】按钮，完成螺钉本体的螺柱的建立，如图 5-40 和图 5-41 所示。

在部件导航器中，将该拉伸特征重命名为“Screw Body”。

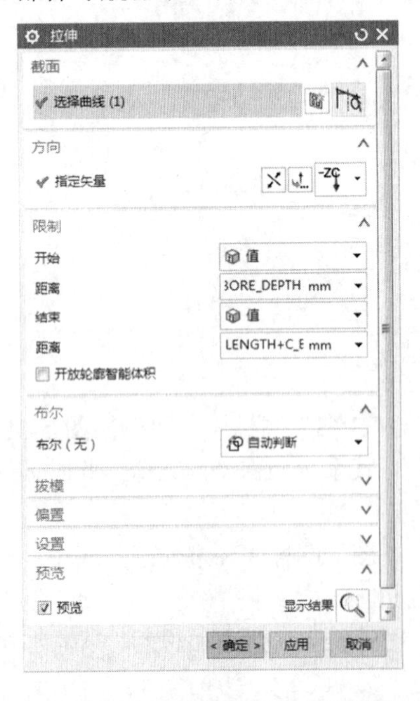

图 5-40　螺钉本体的螺柱参数设置

图 5-41　螺钉本体的螺柱

② 单击“凸台”命令，建立螺钉本体圆柱头（Head）：选择螺柱顶端的平面作为圆柱头的放置面；凸台直径文本框中输入“HEAD_DIA”；凸台高度文本框中输入 HEAD_H”；凸台锥度文本框中输入“0”，如图 5-42 所示。

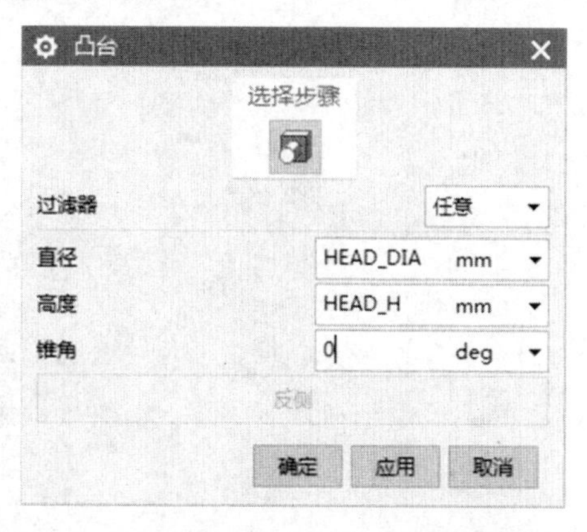

图 5-42　螺钉本体圆柱头参数设置

完成参数设置后单击【确定】按钮，进入定位方法对话框，选择“点落在点上”命令，如图 5-43 所示。单击“标识实体面”命令，选中螺柱的外表面，将圆柱头的中心定位到螺柱的圆心，如图 5-44 所示。

完成螺钉本体圆柱头的绘制，在部件导航器中，将该凸台特征重命名为“Head”。

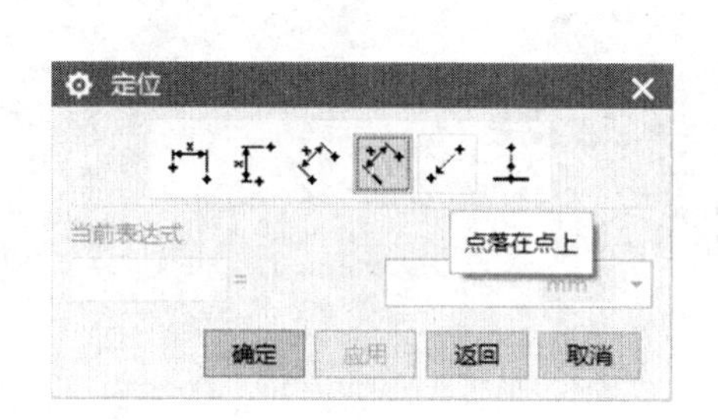

图 5-43　定位方法

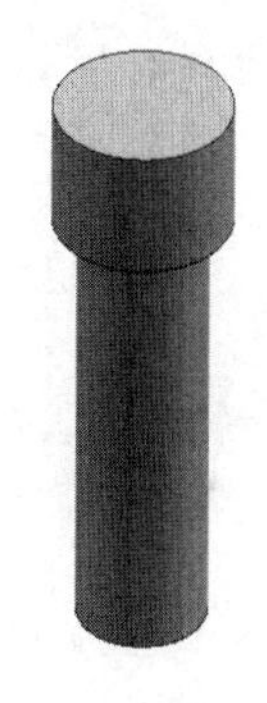

图 5-44　螺钉本体圆柱头

③ 单击“拉伸”命令，建立螺钉本体的内六角头（Hex）：拉伸的截面曲线为草图曲线中的正六边形；拉伸的方向为“-ZC”；拉伸的开始文本框中输入“HEAD_RELIEF”；拉伸的结束文本框中输入“HEAD_RELIEF+0.66*HEAD_H”；对布尔运算选择“求差”；其余选项保持默认值，如图 5-45 所示。单击【确定】按钮，完成螺钉内六角头特征的建立，如图 5-46 所示。

在部件导航器中，将该拉伸特征重命名为“Hex”。

④ 单击“边倒圆”命令，建立螺钉本体的螺柱底端倒角：选择螺柱底端的边作为要倒圆角的边；在“边倒圆”文本框中输入“CHAMFER”；单击【确定】按钮，完成螺钉圆柱头工艺圆角的建立，如图 5-46 所示。

在部件导航器中，将该边倒圆特征重命名为“CHAMFER”。

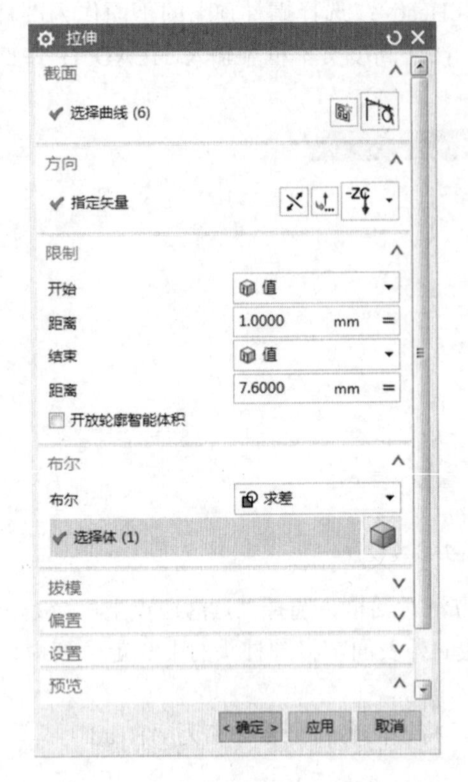

图 5-45　螺钉本体的内六角头参数设置

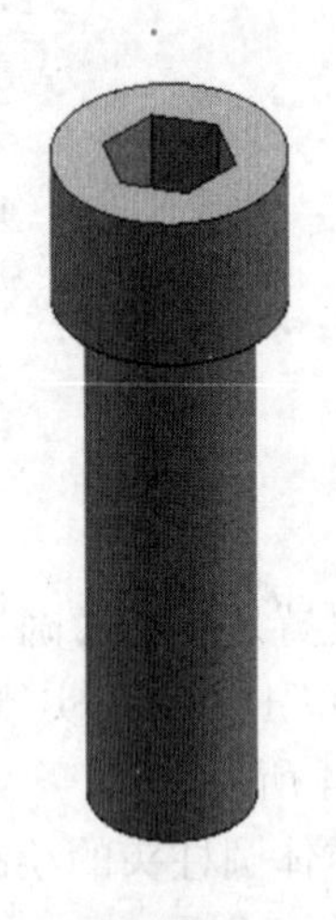

图 5-46　螺钉本体的内六角头

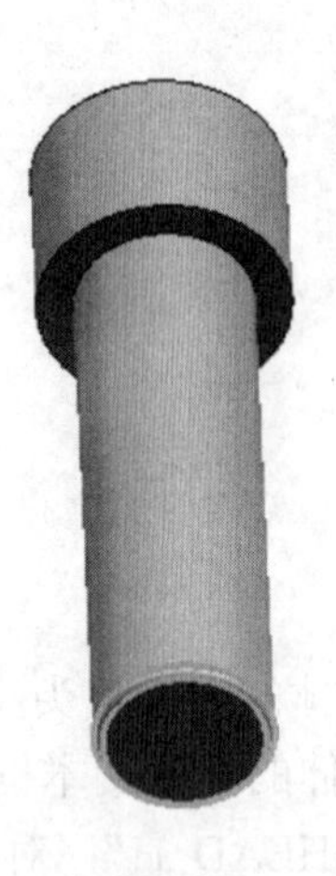

图 5-47　螺钉本体的螺柱底端倒角

（9）建立内六角圆柱螺钉建腔用的实体（建腔实体）。

① 单击“拉伸”命令，建立建腔螺纹轴（TAP_DRILL）：拉伸的截面曲线为草图内中间的圆曲线；拉伸的方向为“-ZC”；拉伸开始文本框中输入“PLATE_HEIGHT”；拉伸终止文本框中输入“C_BORE_DEPTH+LENGTH+0.5*TAP_OVER_DRILL”；其余选项保持默认值，如图 5-48 所示。单击【确定】按钮，完成建腔螺纹轴的建立，如图 5-49 所示。

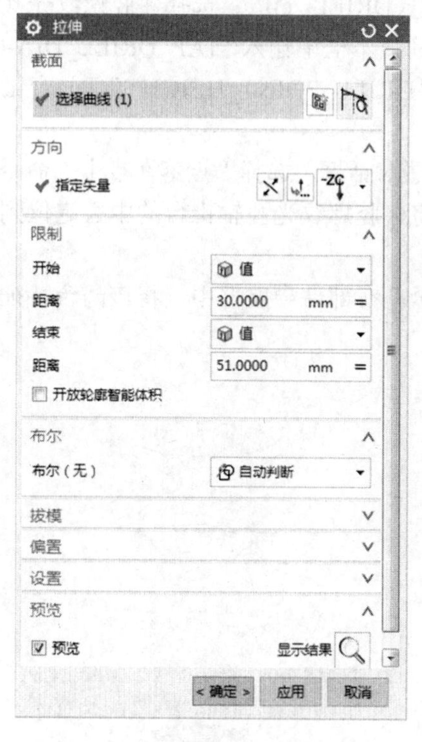

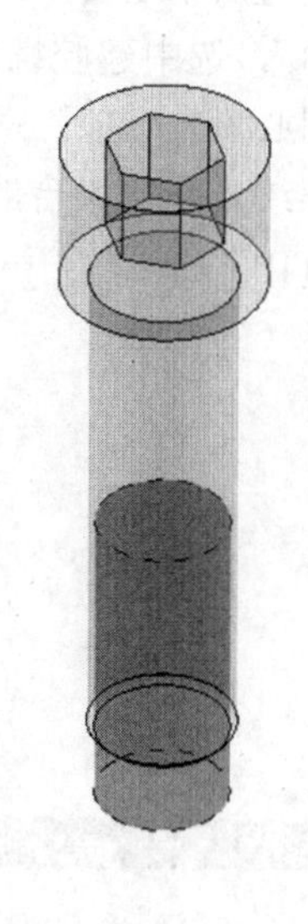

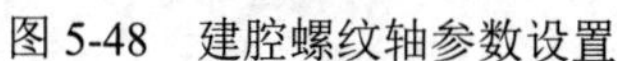

图 5-48 建腔螺纹轴参数设置

图 5-49 建腔螺纹轴

② 单击“凸台”命令，建立建腔螺纹光孔轴（THR_DRILL）：选择建腔螺纹轴底端的平面作为建腔螺纹光孔轴的放置面；在凸台直径文本框中输入 TAP_DRILL_DIA-0.001”；凸台高度文本框中输入“0.5*TAP_OVER_DRILL”；凸台锥度文本框中输入“0”，如图 5-50 所示。

完成参数设置后单击【确定】按钮，进入定位方法对话框，选择“点落在点上”选项。单击“标志实体面”选项，选中建腔螺纹轴的外表面，将建腔螺纹光孔轴的中心定位到建腔螺纹轴的圆心。完成建腔螺纹光孔轴的绘制，如图 5-51 所示。

在部件导航器中，将该凸台特征重命名为“THR_DRILL”。

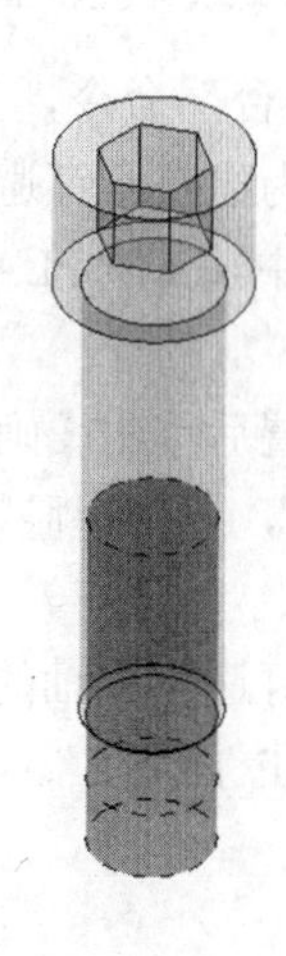

图 5-50 建腔螺纹光孔轴参数设置

图 5-51 建腔螺纹光孔轴

③ 单击“凸台”命令，建立建腔螺纹光孔轴锥台（DRILL_TIP）：选择建腔螺纹光孔轴底端的平面作为建腔螺纹光孔轴锥台的放置面；凸台直径文本框中输入“TAP_DRILL_DIA-0.001”（图中未完全显示，余同）；凸台高度文本框中输入“DRILL_POINT_HEIGHT”；凸台锥度文本框中输入“TIP_ANGLE/2”，如图 5-52 所示。

完成参数设置后单击【确定】按钮，进入定位方法对话框，选择“点落在点上”命令。单击“标志实体面”，选中建腔螺纹光孔轴的外表面，将建腔螺纹光孔轴锥台的中心定位到建腔螺纹光孔轴的圆心。

完成建腔螺纹光孔轴锥台的绘制，如图 5-53 所示。在部件导航器中，将该凸台特征重命名为“DRILL_TIP”。

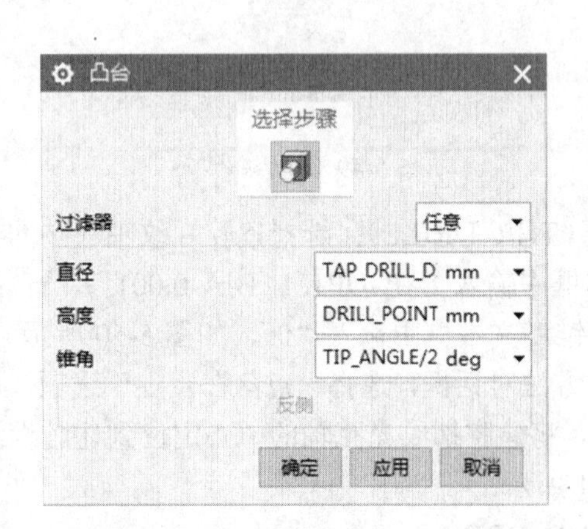

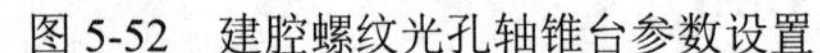

图 5-52 建腔螺纹光孔轴锥台参数设置

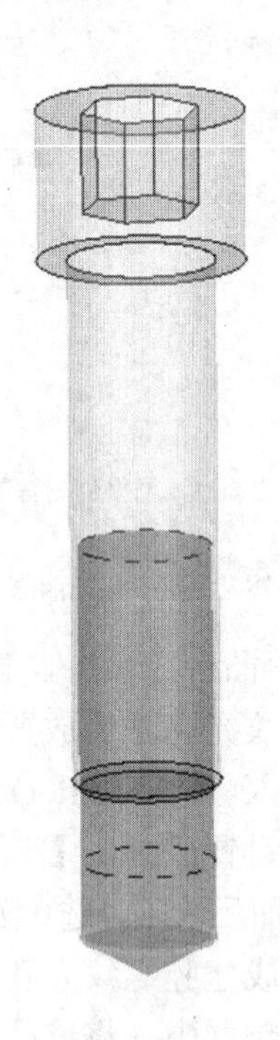

图 5-53 建腔螺纹光孔轴锥台

④ 单击“凸台”命令，建立建腔螺钉避空孔轴（CLEARANCE_HOLE）：选择建腔螺纹轴顶端的平面作为建腔螺钉避空孔轴的放置面；凸台直径文本框中输入 CLEARANCE_DIA”；凸台高度文本框中输入“PLATE_HEIGHT-C_BORE_DEPTH”；凸台锥度文本框中输入“0”，如图 5-54 所示。

完成参数设置后单击【确定】按钮，进入定位方法对话框，选择“点落在点上”命令。单击“标志实体面”，选中建腔螺纹轴的外表面，将建腔螺钉避空孔轴的中心定位到建腔螺纹轴的圆心。

完成建腔螺钉避空孔轴的绘制，如图 5-55 所示。在部件导航器中，将该凸台特征重命名为“CLEARANCE_HOLE”。

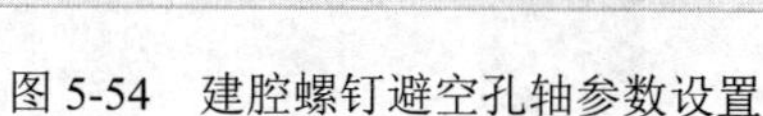
图 5-54　建腔螺钉避空孔轴参数设置

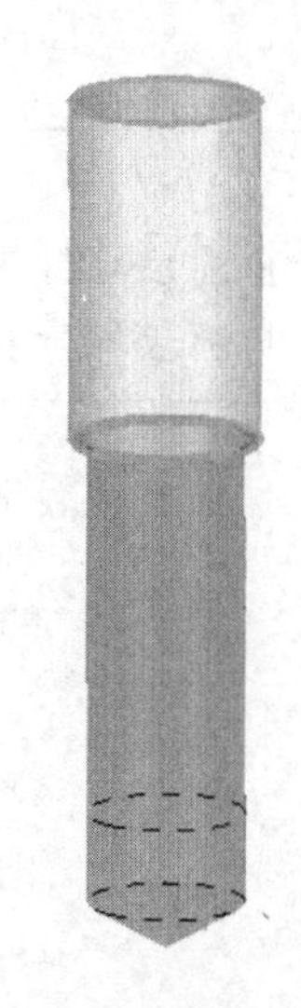

图 5-55　建腔螺钉避空孔轴

⑤ 单击“凸台”命令，建立建腔螺钉沉头孔轴（C_BORE）：选择建腔螺钉避空孔轴顶端的平面作为建腔螺钉沉头孔轴的放置面；凸台直径文本框中输入“C_BORE_DIA”；凸台高度文本框中输入“C_BORE_DEPTH”；凸台锥度文本框中输入“0”，如图 5-56 所示。

完成参数设置后单击【确定】按钮，进入定位方法对话框，选择“点落在点上”命令。单击“标志实体面”，选中建腔螺钉避空孔轴的外表面，将建腔螺钉沉头孔轴的中心定位到建腔螺钉避空孔轴的圆心。

完成建腔螺钉沉头孔轴的绘制，如图 5-57 所示。在部件导航器中，将该凸台特征重命名为“C_BORE”。

图 5-56　建腔螺钉沉头孔轴参数设置

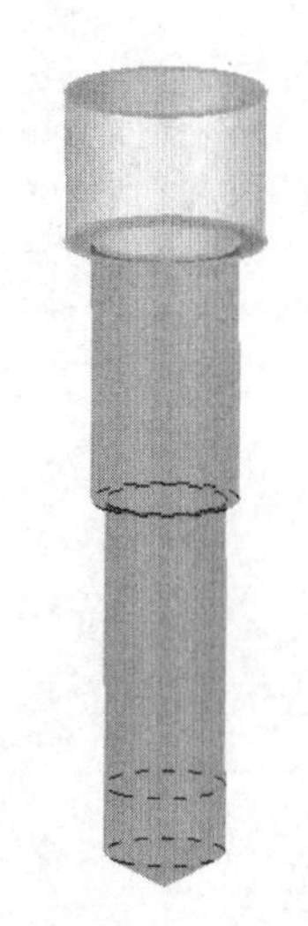

图 5-57　建腔螺钉沉头孔轴

（10）建立内六角圆柱螺钉的引用集。

依次单击【菜单】→【格式】→【引用集】命令，弹出引用集对话框，选择内六角圆柱螺钉的本体建立 TRUE 引用集，选择内六角圆柱螺钉建腔实体建立 FALSE 引用集，如图 5-58 和图 5-59 所示。

特别提示

在建立内六角圆柱螺钉 TRUE 引用集时，可以先将建腔实体隐藏，方便选择本体。同理，在建立内六角圆柱螺钉 FALSE 引用集时，可以将本体隐藏，方便选择建腔实体。

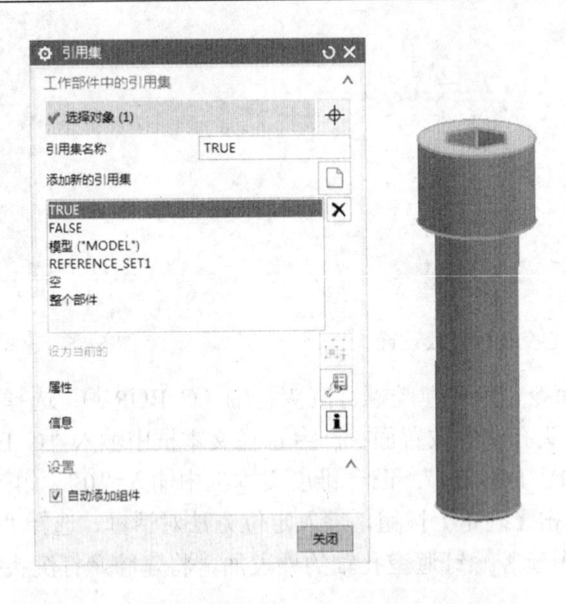

图 5-58　建立内六角圆柱螺钉 TRUE 引用集

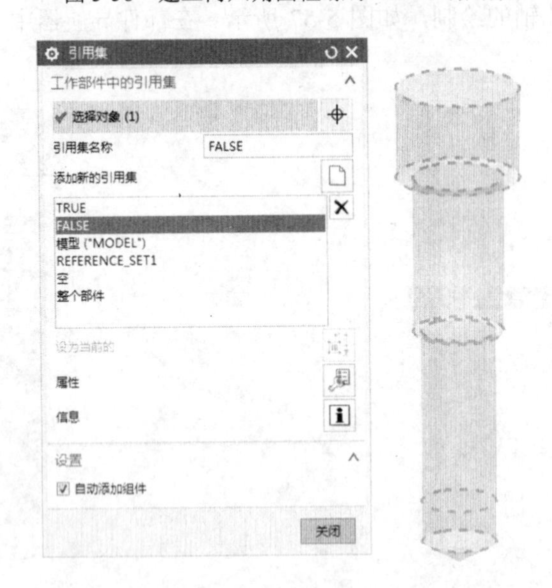

图 5-59　建立内六角圆柱螺钉 FALSE 引用集

（11）本步骤将对内六角圆柱螺钉的建腔实体、本体进行对象设置。

单击【编辑】→【对象显示】命令，选择内六角圆柱螺钉建腔实体，弹出编辑对象显示对话框。图层选择 99，颜色 ID 选择 211（蓝色），线型选择虚线，宽度选择 0.35mm，透明度选择 80，其余选项保持默认值，如图 5-60 所示。

同理，对内六角圆柱螺钉本体进行对象设置。图层选择 1，颜色 ID 选择 78（橙色），线型选择实体，宽度选择 0.35mm，透明度选择 0，对“局部着色”打钩，其余选项保持默认值，如图 5-61 所示。

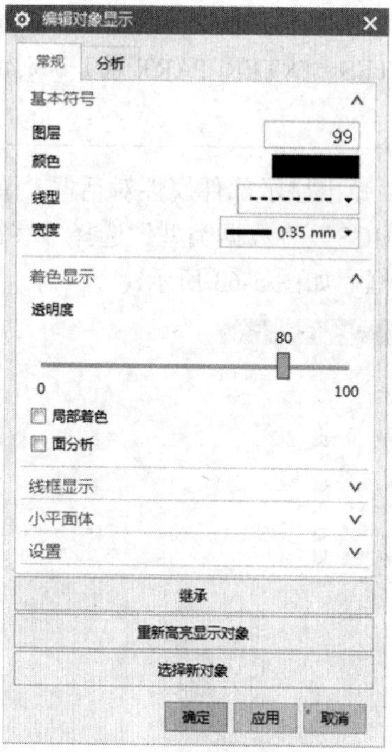

编辑对象显示
常规　分析
基本符号
图层　99
颜色
线型
宽度　0.35 mm
着色显示
透明度
80
0　100
局部着色
面分析
线框显示
小平面体
设置
继承
重新高亮显示对象
选择新对象
确定　应用　取消

图 5-60　内六角圆柱螺钉建腔实体对象设置

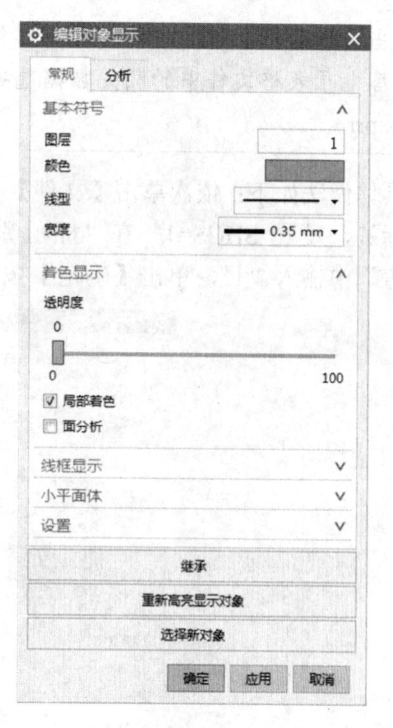

图 5-61　内六角圆柱螺钉本体对象设置

将草图图层移至第 21 层，基准坐标系图层移至第 61 层，建腔体移至第 99 层，其余辅助建模几何体移至第 256 层。保持绘图区域整洁、清晰。

本例实施最终效果如图 5-62 所示。

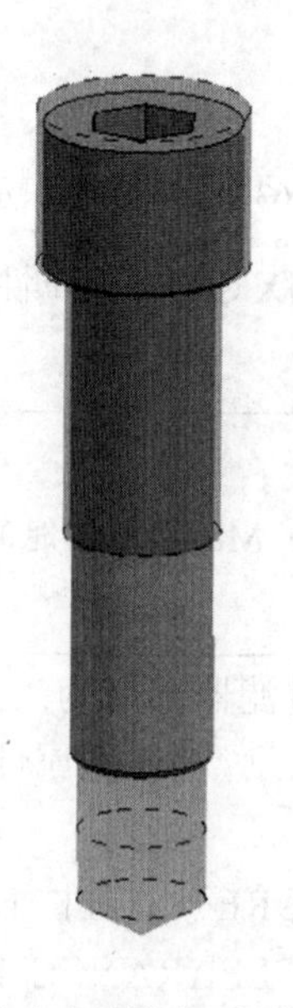

图 5-62　内六角圆柱螺钉最终效果图

（12）设置内六角圆柱螺钉的NX模板部件的属性。

特别提示

当内六角圆柱螺钉作为其他标准件的子组件时，通过设置此部件识别属性，供标准件数据库电子表格文件中的相关数据选项（如ATTRIBUTES、INTER_PART等）识别该部件（shcs.prt）。

具体做法如下：依次单击【文件】→【属性】命令，弹出显示部件属性对话框，单击“属性”标签，设置SHCS=1。在“标题/别名”中输入“SHCS”，“数据类型”选择“字符串”，在“值”中输入“1”，单击【确定】按钮，退出该对话框，如图5-63所示。

图5-63　设置部件识别属性

设置内六角圆柱螺钉建腔实体的NX CAM面属性。

特别提示

设置该属性以便在使用NX Hole Making功能时能自动识别使用该建腔实体建立的腔体孔特征，并自动生成加工代码。

具体做法如下：将工具栏的类型过滤器选择为“面”，选择建腔实体的相关圆柱面，单击鼠标右键弹出快捷菜单，选择“属性”，弹出“面属性”对话框，单击“属性”标签，设置相应的面属性，如图5-64所示。

① 指定建腔螺钉沉头孔轴（C_BORE）的圆柱面属性：MW_HOLE_SHCS_C_BORE=1；

② 指定建腔螺钉避空孔轴（CLEARANCE_HOLE）的圆柱面属性：MW_HOLE_SHCS_CLR=1。

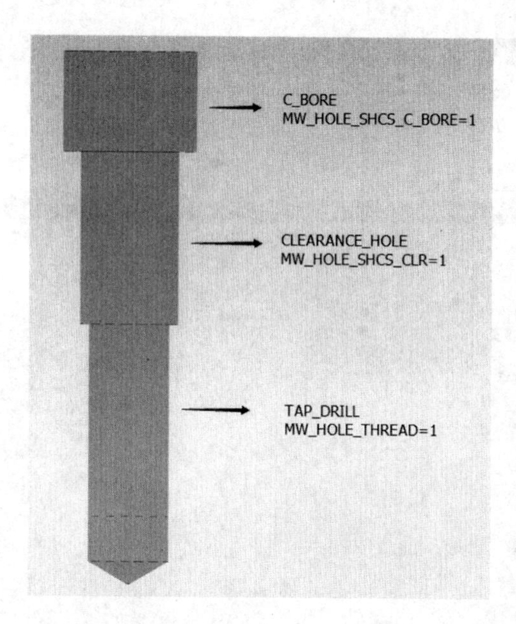

图 5-64　内六角圆柱螺钉的 NX CAM 面属性

③ 指定建腔螺纹孔轴（TAP_DRILL）的圆柱面属性：MW_HOLE_THREAD=1。设置该属性是在使用模具设计模块的建腔功能时，实现螺钉孔自动攻牙的必备条件之一，如图 5-65、图 5-66 和图 5-67 所示。

图 5-65　建腔螺钉沉头孔轴的圆柱面属性

图 5-66 建腔螺钉避空孔轴的圆柱面属性

图 5-67 建腔螺纹孔轴的圆柱面属性

（13）建立内六角圆柱螺钉标准件的位图文件。

在…\standard\metric\Case\screw\目录下新建一个名为“bitmap”的文件夹，后面实例的紧固类标准件 bitmap 位图文件均保存到此文件夹下。

建立内六角圆柱螺钉标准件位图文件。“shcs-1.bmp”用于表达内六角圆柱螺钉标准件的外形及定位原点，如图 5-68 所示。

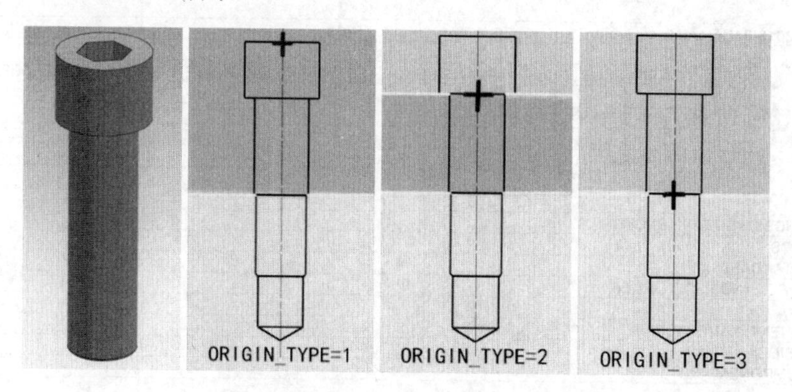

图 5-68　螺钉的结构及定位原点位图

“shcs-2.bmp”用于详细标识内六角圆柱螺钉标准件的主控参数分布，如图 5-69 所示。

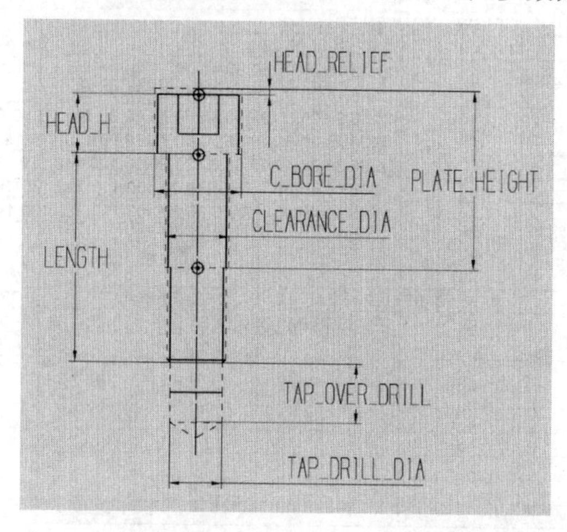

图 5-69　螺钉的主控参数分布标识图

（14）建立内六角圆柱螺钉标准件的数据库。

在…\standard\metric\Case\screw\目录下新建一个名为“data”的数据库文件夹，后面实例开发的紧固类标准件的标准件数据库电子表格文件均保存到此文件夹下。

在…\MOLDWIZARD\templates\目录下或随书光盘的 templates 文件夹中找到名为 standard_templates.xls 的电子表格文件，将其复制到上述步骤建立的 data 文件夹中，并将它重命名为“shcs.xls”。

按标准件数据内容和格式规则，在“shcs.xls”标准件数据库电子表格文件中建立数据。

由于内六角圆柱螺钉是通用紧固标准件，在后续的开发中，装配结构级的标准件常要将内六角圆柱螺钉标准件作为子标准件装入其中，这些子标准件的数据库是可以受其自身的标准件数据库的数据控制。因此，需要为内六角圆柱螺钉标准件建立两套数据工作表：工作表“sheet1”

的数据，作为调用内六角圆柱螺钉标准件的通用管理数据；工作表“sheet2”的数据，用作当内六角圆柱螺钉标准件作为其他标准件的子标准件时读取的专用管理数据。

在工作表“sheet1”中建立的内六角圆柱螺钉标准件通用管理数据，供NX标准件管理器读取、调用，如图5-70所示。

	A	B
1	**CASE**	
2	**##Version A:2016/01/16 create by lvbing**	
3		
4	**COMMENT**	取值时要计算LENGTH>=PLATE_HEIGHT+1.5*SCREW_DIA||PLATE_HEIGHT>C_BORE_DEPTH
5		
6	PARENT	<UM_OTHER>
7		
8	**POSITION**	PLANE
9		
10	ATTRIBUTES	
11	CATALOG=SHCS:M<SIZE>*<LENGTH>	
12	BREVITY=SHCS	
13	MATERIAL=STANDARD	
14	MW_STOCK_SIZE=NO NEDD ORDER	
15	**STOCK REV=A**	
16	MW_COMPONENT_NAME=SCREW	
17	MW_SIDE=<SIDE>	
18	SECTION_COMPONENT=NO	
19		
20	BITMAP	/standard/metric/Case/screw/bitmap/shcs-1.bmp，/standard/metric/Case/screw/bitmap/shcs-2.bmp
21		
22	PARAMETERS	

	A	B	C	D	E
22	PARAMETERS				
23	SIZE	PLATE_HEIGHT	ORIGIN_TYP	LENGTH	SCREW_DIA
24	4	8～20+1	1,2,3	8,10,12,16,20,25,	4
25	5	9～34+1		10,12,16,20,25,30,35,40	5
26	6	10～63+1		12,16,18,20,25,30,35,40,45,50,55,60,65,70	6
27	8	12～91+1		16,18,20,25,30,35,40,45,50,55,60,65,70，75,80,90,100	8
28	10	14～109+1		16,20,25,30,35,40,45,50,60,70,80,90,100,110,120	10
29	12	16～127+1		20,25,30,35,40,45,50,60,70,80,90,100,110,120,130,140	12
30	16	20～143+1		30,35,40,45,50，60,70,80,90,100,110,120,130,140，150,160	16
31	20	24～139+1		30,35,40,45,50，60,70,80,90,100,110,120,130,140，150,160	20
32					

	A	F	K	L	M	N
22	PARAMETERS					
23	SIZE	HEAD_RELIEF	HEAD_H	CLEARANCE_DIA	C_BORE_DIA	SIDE
24	4	1	SCREW_DIA	4.5	8	A,B
25	5			5.5	9.5	
26	6			7	11	
27	8			9	14	
28	10			11	17	
29	12			13	19	
30	16			17	15	
31	20			21	31	
32						

图5-70　内六角圆柱螺钉通用管理数据

（15）在标准件注册电子表格文件中注册内六角圆柱螺钉标准件。

打开…\standard\metric\Case\目录下的case_reg_mm.xsl电子表格文件，在其中添加如图5-71所示的注册内容（注册时建立分类）。

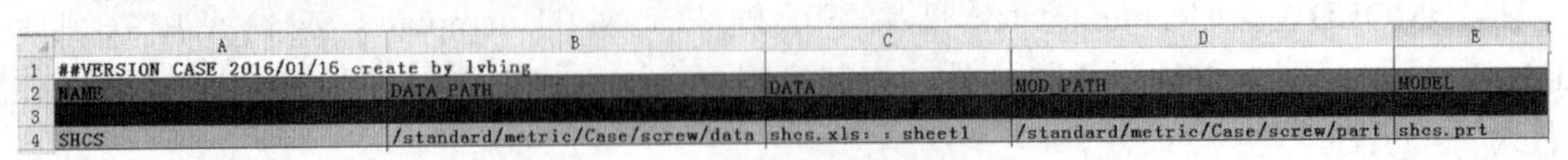

	A	B	C	D	E
1	##VERSION CASE 2016/01/16 create by lvbing				
2	NAME	DATA PATH	DATA	MOD PATH	MODEL
3					
4	SHCS	/standard/metric/Case/screw/data	shcs.xls: : sheet1	/standard/metric/Case/screw/part	shcs.prt

图5-71　注册内六角圆柱螺钉标准件

（16）验证和调试。

至此已经基本完成了内六角圆柱螺钉标准件的开发工作，最后的步骤是在应用前进行该标

准件的验证和调试。该标准件最主要的验证内容：能否实现开发目标中确立的 3 种定位方法，使用“建腔”命令建立腔体孔特征时能否实现自动攻牙。

5.4　限位螺钉标准件的开发

限位螺钉一般用在有斜顶或带托顶针的模具上，目的是防止顶针顶出的长度过长，把斜顶和带托顶针顶断。限位螺钉定位原点如图 5-72 所示。

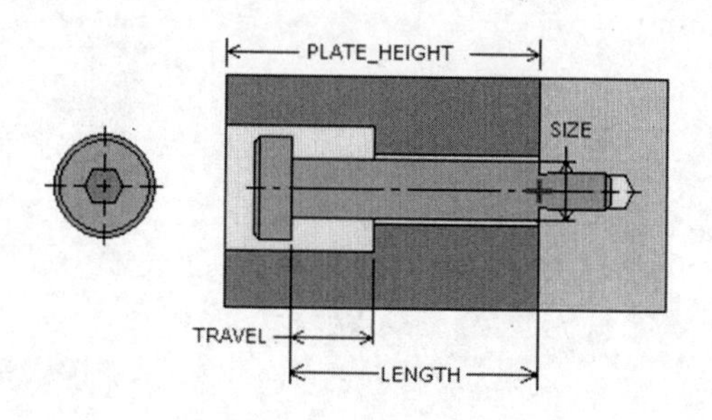

图 5-72　限位钉定位原点

（1）在…\standard\metric\Case\screw\model 目录下新建立一个文本文档(.txt)，将该文件重命名为“shsb.exp”后，打开“shsb.exp”文件，建立如图 5-73 所示的 shsb 标准件 UG 模板部件的主控参数，保存并退出该文件。

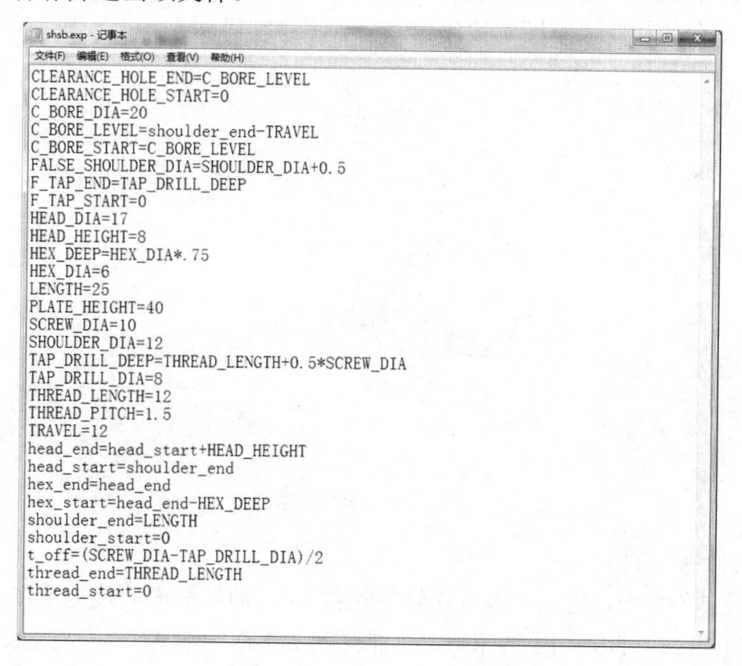


```
CLEARANCE_HOLE_END=C_BORE_LEVEL
CLEARANCE_HOLE_START=0
C_BORE_DIA=20
C_BORE_LEVEL=shoulder_end-TRAVEL
C_BORE_START=C_BORE_LEVEL
FALSE_SHOULDER_DIA=SHOULDER_DIA+0.5
F_TAP_END=TAP_DRILL_DEEP
F_TAP_START=0
HEAD_DIA=17
HEAD_HEIGHT=8
HEX_DEEP=HEX_DIA*.75
HEX_DIA=6
LENGTH=25
PLATE_HEIGHT=40
SCREW_DIA=10
SHOULDER_DIA=12
TAP_DRILL_DEEP=THREAD_LENGTH+0.5*SCREW_DIA
TAP_DRILL_DIA=8
THREAD_LENGTH=12
THREAD_PITCH=1.5
TRAVEL=12
head_end=head_start+HEAD_HEIGHT
head_start=shoulder_end
hex_end=head_end
hex_start=head_end-HEX_DEEP
shoulder_end=LENGTH
shoulder_start=0
t_off=(SCREW_DIA-TAP_DRILL_DIA)/2
thread_end=THREAD_LENGTH
thread_start=0
```

图 5-73　限位钉主控参数

（2）运行 NX10.0，建立公制的、文件名为“shsb.prt”的 shsb 标准件 NX 模板部件到…\standard\metric\Case\screw\model 目录下，并进入建模环境。

（3）单击【菜单】→【工具】→【表达式】，弹出表达式对话框，单击“从文件导入表达式”按钮，将步骤 1 所建立的“shsb.exp”文件中的表达式输入 UG 文件。被输入的表达式出现在表达式编辑器的列表窗口和部件导航器中，如图 5-74 所示。

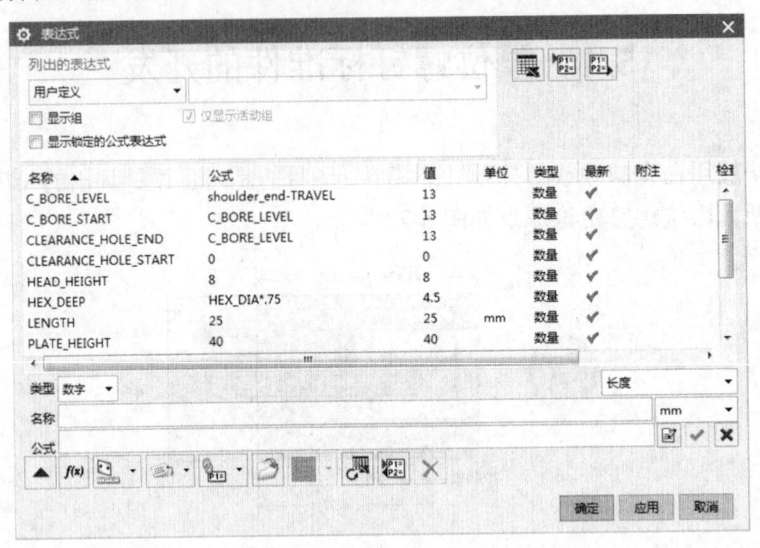

图 5-74　导入表达式文件

（4）单击主页菜单下草图绘制工具按钮，进入草图设置状态，进入草图设置状态，选择步骤 4 所建立的相关基准面作为草图的放置面，选择 XC 方向的基准轴为草图的水平参考方向。在绘图区绘制如图 5-75 所示的草图，并添加适当的约束条件（尺寸约束和几何约束），单击草图绘制对话框左上角的“完成草图”按钮，退出草图绘制界面。

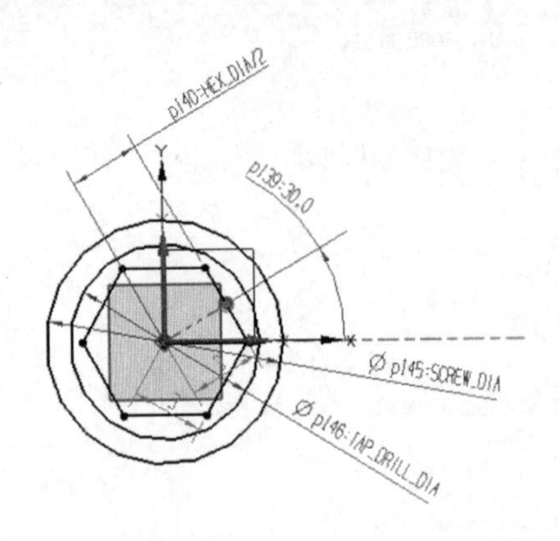

图 5-75　绘制草图

（5）建立限位螺钉的本体。

① 单击“拉伸”命令，建立内限位螺钉的螺柱 ：拉伸的截面曲线为草图中绘制的直径为 SCREW_DIA 的圆；拉伸方向为“-ZC”；拉伸开始文本框中输入“0”；拉伸结束文本框中输入“SCREW_LENGTH”；其余选项保持默认值，单击【确定】按钮，完成螺钉本体的螺柱的建立，如图 5-76 和图 5-77 所示。

在部件导航器中，将该拉伸特征重命名为“Screw Body”。

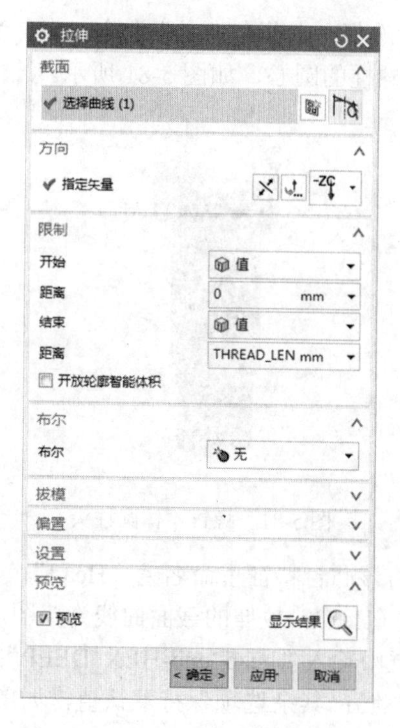

图 5-76　螺钉本体的螺柱参数设置

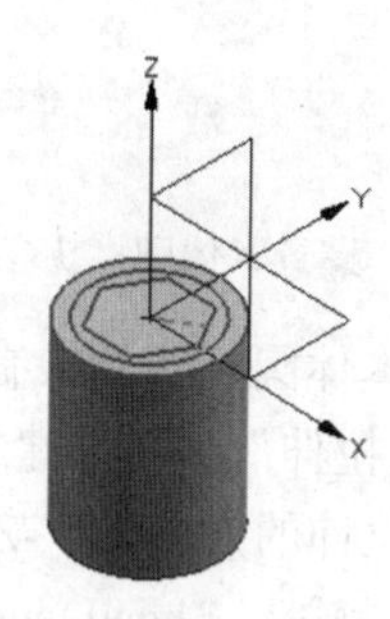

图 5-77　螺钉本体的螺柱

② 单击“凸台”命令，建立螺钉本体圆柱头（Head）：选择螺柱顶端的平面作为圆柱头的放置面；凸台直径文本框中输入“SHOULDER_DIA”；凸台高度文本框中输入“LENGHT”；凸台锥度文本框中输入“0”，如图 5-78 所示。

图 5-78　螺钉本体圆柱头参数设置

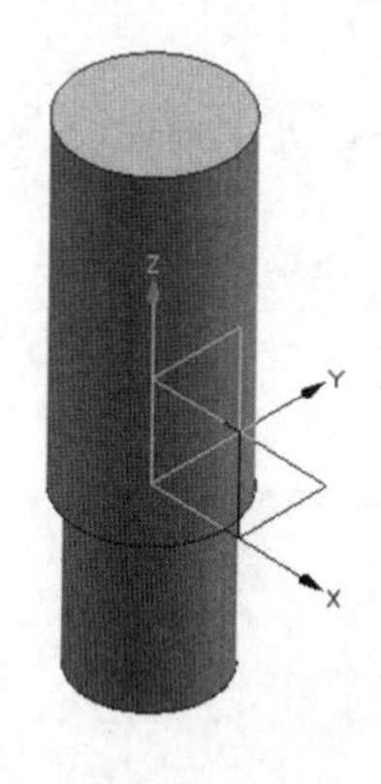

图 5-79　螺钉本体肩台

完成参数设置后单击【确定】按钮，进入定位方法对话框，选择“点落在点上”命令。单击“标识实体面”选项，选中螺柱的外表面，将圆柱头的中心定位到螺柱的圆心，如图 5-79 所示。

完成螺钉本体圆柱头的绘制，在部件导航器中，将该凸台特征重命名为“Shoulder”。

③ 单击“凸台”命令，建立螺钉本体圆柱头（Head）：选择螺柱顶端的平面作为圆柱头的放置面；凸台直径文本框中输入“HEAD_DIA”；凸台高度文本框中输入 HEAD_HIGHT”；凸台锥度文本框中输入“0”，如图 5-80 所示。

完成参数设置后单击确定，进入定位方法对话框，选择“点落在点上”命令。单击“标识实体面”，选中螺柱的外表面，将圆柱头的中心定位到螺柱的圆心，如图 5-81 所示。

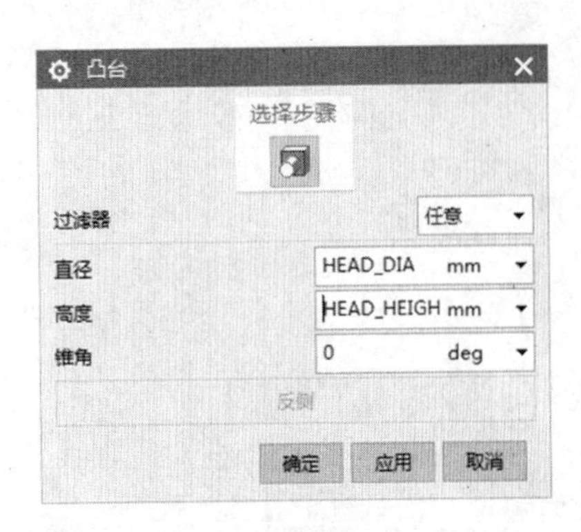

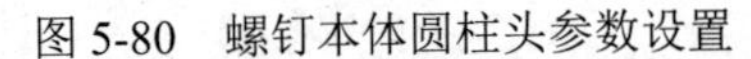
图 5-80　螺钉本体圆柱头参数设置

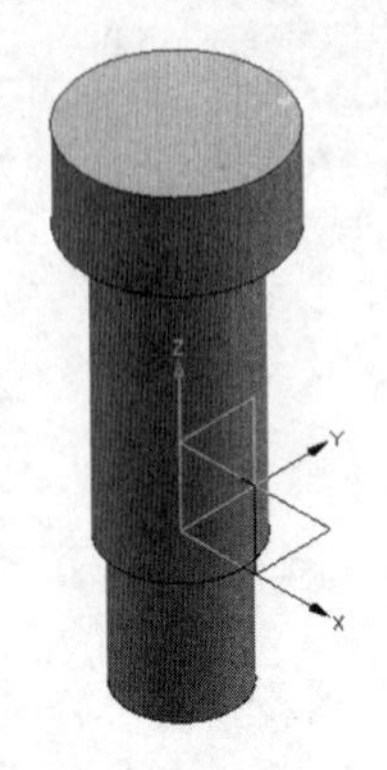
图 5-81　螺钉本体圆柱头

完成螺钉本体圆柱头的绘制，在部件导航器中，将该凸台特征重命名为“Head”。

④ 单击“拉伸”命令，建立螺钉本体的内六角头（Hex）：拉伸的截面曲线为草图曲线中的正六边形；拉伸的方向为“-ZC”；拉伸的开始文本框中输入“head_end-HEX_DEEP”；拉伸的结束文本框中输入“head_end”；布尔运算选择“求差”；其余选项保持默认值，如图 5-82 所示。单击【确定】按钮，完成螺钉内六角头特征的建立，如图 5-82 所示。

在部件导航器中，将该拉伸特征重命名为“Hex”。

图 5-82　螺钉本体的内六角头参数设置

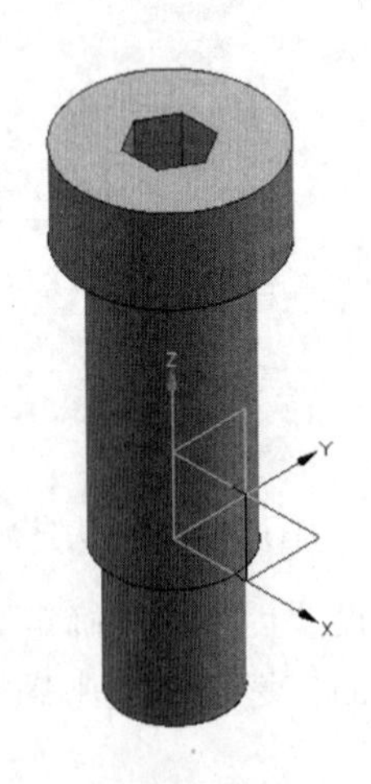
图 5-83　螺钉本体的内六角头

⑤ 单击“边倒圆”命令，建立螺钉本体的螺柱顶端倒角：选择螺柱底端的边作为要倒圆角的边；边倒圆文本框中输入“0.5”；单击【确定】按钮，完成螺钉圆柱头工艺圆角的建立，如图 5-84 所示。

在部件导航器中，将该边倒圆特征重命名为“CHAMFER1”。

⑥ 单击“边倒圆”命令，建立螺钉本体的螺柱底端倒角：选择螺柱底端的边作为要倒圆角的边；边倒圆文本框中输入“1”；单击【确定】按钮，完成螺钉圆柱头工艺圆角的建立，如图 5-85 所示。

在部件导航器中，将该边倒圆特征重命名为“CHAMFER2”。

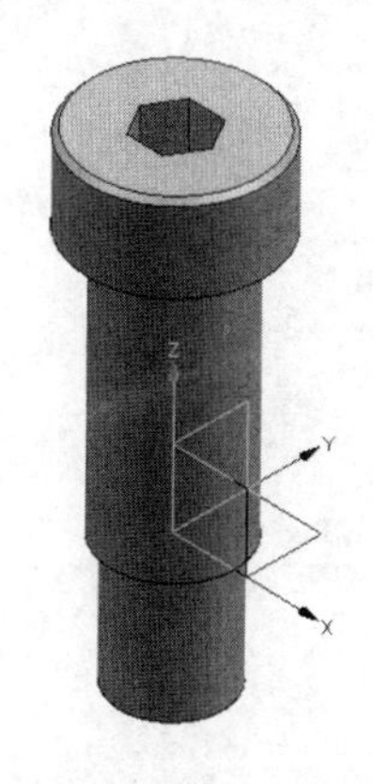

图 5-84　螺钉本体的螺柱顶端倒角

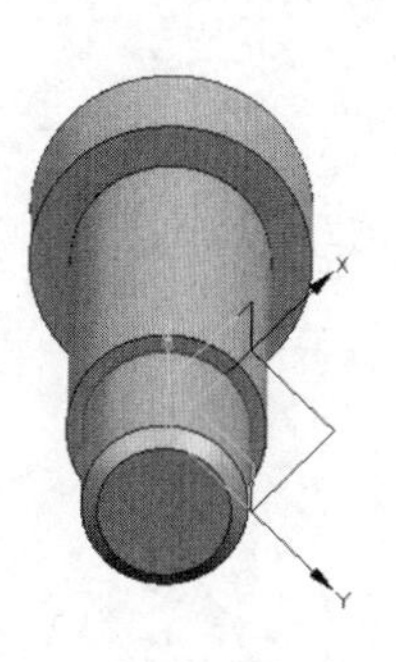

图 5-85　螺钉本体的螺柱底端倒角

（6）建立内限位螺钉建腔用的实体（建腔实体）。

① 单击“拉伸”命令，建立建腔螺纹轴（TAP_DRILL）：拉伸的截面曲线为直径为 TAP_DRILL_DIA 的圆曲线；拉伸的方向为“-ZC”；在拉伸开始文本框中输入“0”；在拉伸终止文本框中输入“TAP_DRILL_DEEP”；其余选项保持默认值，如图 5-86 所示。单击【确定】按钮，完成建腔螺纹轴的建立，如图 5-87 所示。

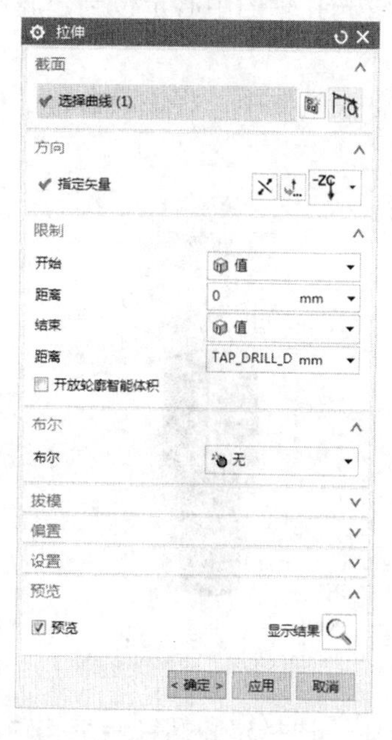

图 5-86　建腔螺纹轴参数设置

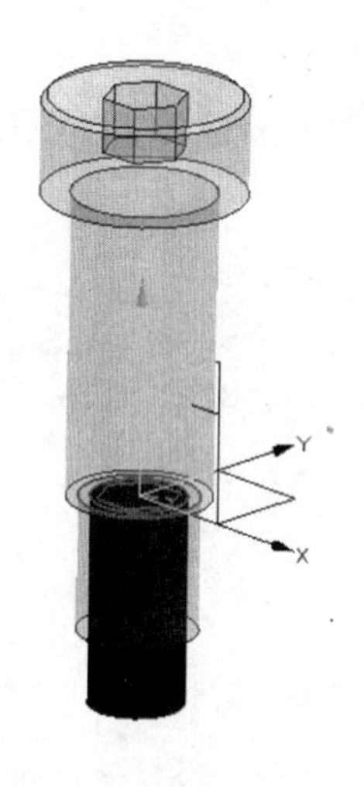

图 5-87　建腔螺纹轴

② 单击凸台命令，建立建腔螺纹光孔轴锥台（DRILL_TIP）：选择建腔螺纹光孔轴底端的平面作为建腔螺纹光孔轴锥台的放置面；凸台直径文本框中输入“TAP_DRILL_DIA-0.001”；

凸台高度文本框中输入“DRILL_POINT_HEIGHT”；凸台锥度文本框中输入“TIP_ANGLE/2”。

完成参数设置后单击确定，进入定位方法对话框，选择“点落在点上”命令。单击“标识实体面”选项，选中建腔螺纹光孔轴的外表面，将建腔螺纹光孔轴锥台的中心定位到建腔螺纹光孔轴的圆心。完成建腔螺纹光孔轴锥台的绘制，如图 5-88 所示。

在部件导航器中，将该凸台特征重命名为“DRILL_TIP”。

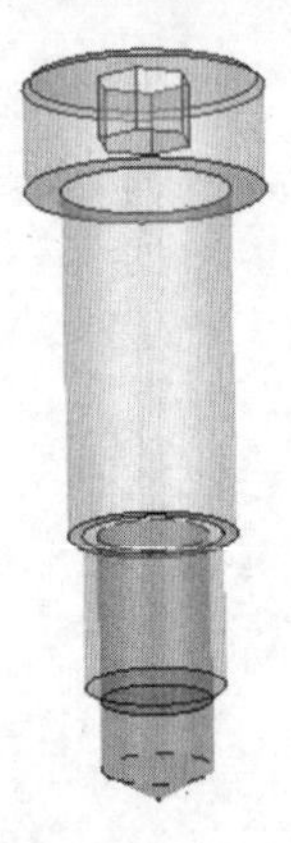

图 5-88　建腔螺纹光孔轴锥台

③ 单击“凸台”命令，建立建腔光孔轴：选择建腔螺纹轴底端的平面作为建腔螺纹光孔轴的放置面；在凸台直径文本框中输入“FALSE_SHOULDER_DIA”；在凸台高度文本框中输入“CLEARRANCE_HOLE_END”；在凸台锥度文本框中输入“0”，如图 5-89 所示。

完成参数设置后单击【确定】按钮，进入定位方法对话框，选择“点落在点上”命令。单击“标识实体面”，选中建腔螺纹轴的外表面，将建腔螺纹光孔轴的中心定位到建腔螺纹轴的圆心。

完成建腔螺纹光孔轴的绘制，如图 5-90 所示。在部件导航器中，将该凸台特征重命名为“THR_DRILL”。

图 5-89　建腔光孔轴参数设置

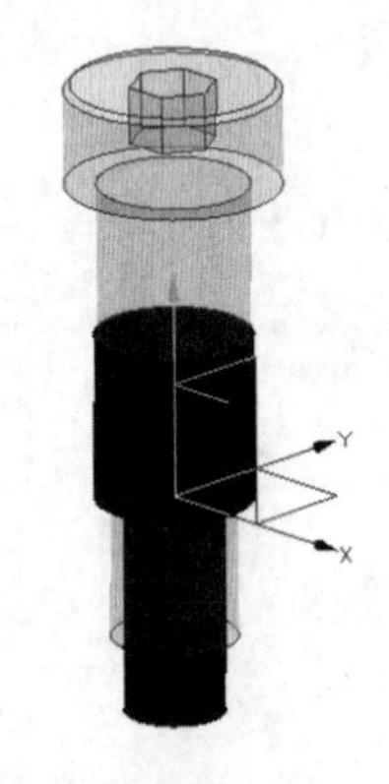

图 5-90　建腔光孔轴

④ 单击凸台命令，建立建腔螺钉沉头孔轴（C_BORE）：选择建腔螺钉避空孔轴顶端的平面作为建腔螺钉沉头孔轴的放置面；凸台直径文本框中输入“C_BORE_DIA”；凸台高度文本框中输入“C_BORE_DEPTH”；凸台锥度文本框中输入“0”，如图 5-91 所示。

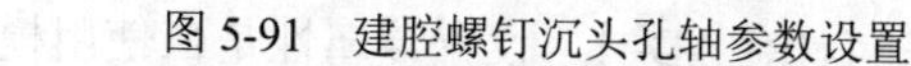
图 5-91 建腔螺钉沉头孔轴参数设置

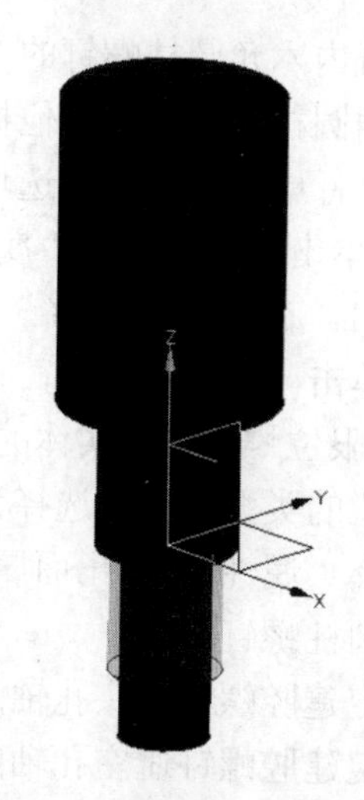

图 5-92 建腔螺钉沉头孔轴

完成参数设置后单击【确定】按钮，进入定位方法对话框，选择“点落在点上”命令。单击“标识实体面”选项，选中建腔螺钉避空孔轴的外表面，将建腔螺钉沉头孔轴的中心定位到建腔螺钉避空孔轴的圆心。

完成建腔螺钉沉头孔轴的绘制，如图 5-92 所示。在部件导航器中，将该凸台特征重命名为“C_BORE”。

（7）本步骤将对限位螺钉的建腔实体、本体进行对象设置。

单击【编辑】→【对象显示】命令，选择限位螺钉建腔实体，弹出“编辑对象显示”对话框。图层选择 99，颜色 ID 选择 211（蓝色），线型选择虚线，宽度选择 0.35mm，透明度选择 80，其余选项保持默认值。

同理，对内限位螺钉本体进行对象设置。图层选择 1，颜色 ID 选择 78（橙色），线型选择实体，透明度选择 0，对“局部着色”打钩，其余选项保持默认值。

将草图图层移至第 21 层，基准坐标系图层移至第 61 层，其余辅助建模几何体移至第 256 层。保持绘图区域整洁、清晰。

本例实施最终效果如图 5-93 所示。

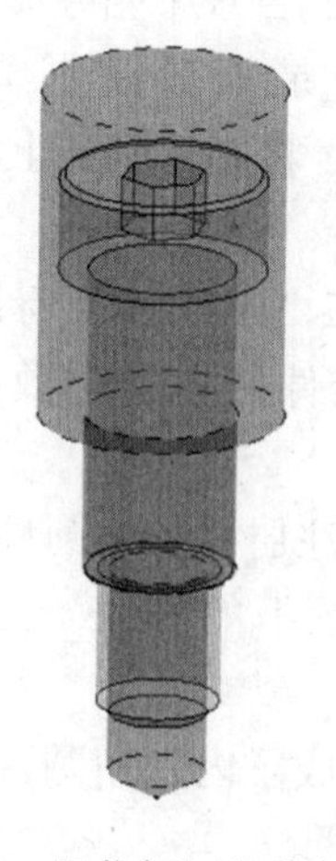

图 5-93 限位螺钉最终效果图

（8）设置内六角圆柱螺钉的NX模板部件的属性。

当内六角圆柱螺钉作为其他标准件的子组件时，通过设置此部件识别属性，供标准件数据库电子表格文件中的相关数据选项（如ATTRIBUTES、INTER_PART等）识别该部件（shcs.prt）。

① 依次单击“文件”→“属性”命令，弹出显示部件属性对话框，单击“属性”标签，设置SHCB=1。在“标题/别名”中输入“SHCB”，“数据类型”选择“字符串”，在“值”中输入“1”，单击【确定】按钮，退出该对话框。

② 设置限位螺钉建腔实体的NX CAM面属性。

将工具栏的类型过滤器选择为“面”，选择建腔实体的相关圆柱面，单击鼠标右键弹出快捷菜单，选择“属性”，弹出面属性对话框，单击“属性”标签，设置相应的面属性。设置方法与内六角圆柱螺钉相似。

- 指定建腔螺钉沉头孔轴的圆柱面属性：MW_HOLE_SHCS_C_BORE=1；
- 指定建腔螺钉避空孔轴的圆柱面属性：MW_HOLE_SHCS_CLR=1；
- 指定建腔螺纹孔轴的圆柱面属性：MW_HOLE_THREAD=1。设置该属性是在使用模具设计模块的建腔功能时，实现螺钉孔自动攻牙的必备条件之一。

③ 建立内六角圆柱螺钉标准件的位图文件。

在...\standard\metric\Case\screw\bitmap\目录下，建立限位螺钉标准件位图文件。限位螺钉标准件的外形、定位原点及主控参数，如图5-94所示。

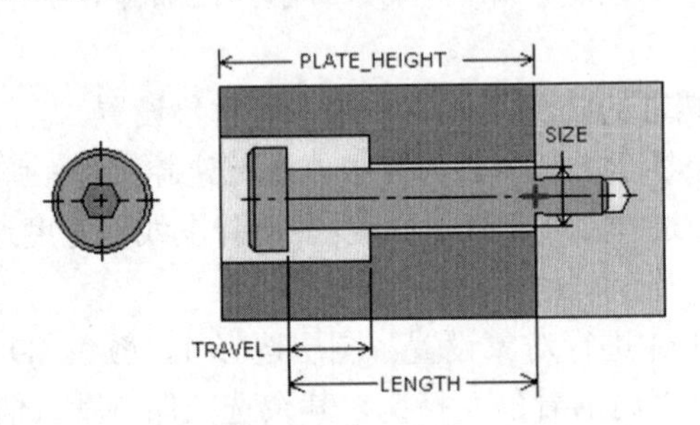

图5-94　螺钉的结构及定位原点位图

④ 建立内六角圆柱螺钉标准件的数据库。

在...\standard\metric\Case\screw\data\目录下新建限位螺钉标准件数据库电子表格文件。

在...\MOLDWIZARD\templates\目录下或随书光盘的templates文件夹中找到名为standard_templates.xls的电子表格文件，将其复制到上述步骤建立的data文件夹中，并将它重命名为“shcb.xls”。

按标准件数据内容和格式规则，在“shcb.xls”标准件数据库电子表格文件中建立数据。

在工作表中建立的限位螺钉标准件通用管理数据，供NX标准件管理器读取、调用，如图5-95所示。

⑤ 在标准件注册电子表格文件中注册内六角圆柱螺钉标准件。

打开...\standard\metric\Case\目录下的case_reg_mm.xsl电子表格文件，在其中添加如图5-96所示的注册内容。

⑥ 验证和调试。至此已经基本完成了内六角圆柱螺钉标准件的开发工作，最后的步骤是在应用前，进行该标准件的验证和调试。

	A	B	C	D	E	F	G	
1	## MISUMI Catalog							
2	PARENT	<EDW_OTHER>						
3								
4	POSITION	PLANE						
5								
6	ATTRIBUTES							
7	SECTION-COMPONENT=NO							
8	EDW_COMPONENT_NAME=SCREW							
9	CATALOG=Z 38 / <SHOULDER_DIA> x <SHOULDER_LENGTH>							
10	DESCRIPTION=SHOULDER SCREW							
11	MATERIAL=STD							
12	SUPPLIER=MISUMI							
13								
14	BITMAP	\standard\metric\misumi_edw\screw\bitmap\shsb.bmp						
15								
16	PARAMETERS							
17	THREAD	SHOULDER_LENGTH	PLATE_HEIGHT	TRAVEL	HEAD_DIA	HEAD_HEIGHT	HEX_DIA	THREAD
18	3	10,15,20,25,30,35,40	<SHOULDER_LEN	3	7	3	2.5	6
19	4	10,15,20,25,30,35,40,45,50		4	9	4	3	7
20	5	10,15,20,25,30,35,40,45,50,55,60,65,70		5	10	5	4	9
21	6	10,15,20,25,30,35,40,45,50,55,60,65,70,75,80,85,90		6	13	6	5	
22	8	10,15,20,25,30,35,40,45,50,55,60,65,70,75,80,85,90,95,100,110,120		8	16	8	6	12
23	10	15,20,25,30,35,40,45,50,55,60,65,70,75,80,85,90,95,100,110,120,130		10	18	10	8	16
24	12	15,20,25,30,35,40,45,50,55,60,65,70,75,80,85,90,95,100,110,120,130,140,150		14	24	14	10	18
25	16	60,70,80,90,100,110,120,130,140,150		18	27	18	14	24
26								

	F	G	H	I	J	K	L	M	N
7									
8									
9									
10									
11									
12									
13									
14									
15									
16									
17	HEAD_HEIGHT	HEX_DIA	THREAD_LENGTH	SHOULDER_DIA	SCREW_DIA	THREAD_PITCH	TAP_DRILL_DIA	TAP_DRILL_DEEP	CLEARANCE_I
18	3	2.5	6	4.5	3	0.5	<EDW_VAR>::SCREW_TAP_DRILL_DIA_3	THREAD_LENGTH-	SHOULDER_DI
19	4	3	7	5.5	4	0.7	<EDW_VAR>::SCREW_TAP_DRILL_DIA_4		
20	5	4	9	6.5	5	0.8	<EDW_VAR>::SCREW_TAP_DRILL_DIA_5		
21	6	5		8	6	1.0	<EDW_VAR>::SCREW_TAP_DRILL_DIA_6		
22	8	6	12	10	8	1.25	<EDW_VAR>::SCREW_TAP_DRILL_DIA_8		
23	10	8	16	13	10	1.5	<EDW_VAR>::SCREW_TAP_DRILL_DIA_10		
24	14	10	18	16	12	1.75	<EDW_VAR>::SCREW_TAP_DRILL_DIA_12		
25	18	14	24	20	16	2.0	<EDW_VAR>::SCREW_TAP_DRILL_DIA_16		
26									

	M	N	O	P	Q	R	S	T	U
7									
8									
9									
10									
11									
12									
13									
14									
15									
16									
17	TAP_DRILL_DEEP	CLEARANCE_I	C_BORE_DIA	PATIAL_THREADEI	DRILL_DEEP	HOLE_DIA	HOLE_DEEP	#HOLE_ON_OFF	#PARTIAL_THREADED_ON_OFF
18	THREAD_LENGTH-	SHOULDER_DI	9	Hide=50	PATIAL_THREADE	Hide=4	Hide=10	OFF	OFF
19			11						
20			12						
21			15						
22			18						
23	0		24						
24	2		30						
25	6		32						
26									

图 5-95　限位螺钉标准件数据库电子表格文件

	A	B	C	D	E
1	##Customer Defined				
2					
3	NAME	DATA_PATH	DATA	MOD_PATH	MODEL
4	-------Case Screws Unit--------	/standard/metric/Case/screw/data	shcs.xls::sheet1	/standard/metric/Case/screw/part	shcs.prt
5	SHCS		shcs.xls::sheet1		shcs.prt
6	DOWEL		dowel.xls::sheet1		dowel.prt
7	SHSB		shsb.xls::sheet1		shsb.prt

图 5-96　注册内六角圆柱螺钉标准件

5.5　螺栓型吊钩标准件的开发

螺栓型吊钩主要用途是作为模具起重作业中的连接工具，其定位原点及主控参数如图 5-97 所示。

（1）在...\standard\metric\case\目录下新建一个名为“hook”的文件夹，在该文件夹下继续建立新文件夹“Model”，用来保存 NX 模板文件。

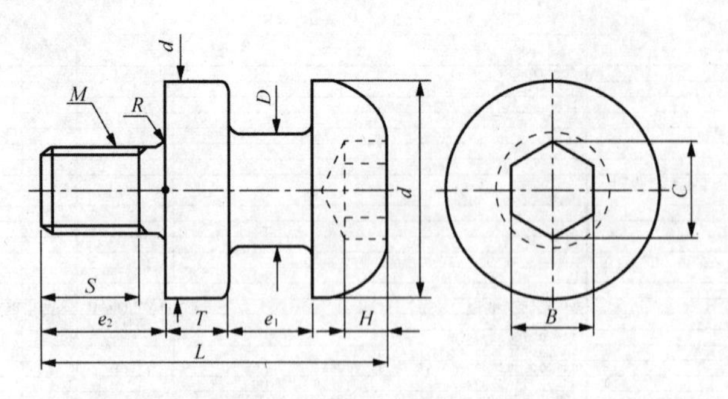

图 5-97　螺栓型吊钩标准件的定位原点及主控参数

（2）在上一步建立的 Model 文件夹中新建一个文本文档（.txt），在文档里输入如图 5-97 所示的标准件 NX 模板部件的主控参数，保存后关闭，再将该文件重命名为“chn.exp”（注意：文件属性后缀改为“.exp”），如图 5-98 所示。

CHN.exp - 记事本
文件(F) 编辑(E) 格式(O) 查看(V) 帮助(H)

```
B=8
C=6
D=13
FIX_TYPE=1
GAP=SCREW_DIA*0.5
H=5
L=46
M=10
P=1.5
R=1.5
S=16
SCREW_DIA=M
T=8
TAP_DRILL_DIA=8.8
[degrees]TIP_ANGLE=120
TIP_DEPTH=TAP_DRILL_DIA/2*tan((180-TIP_ANGLE)/2)
TOP_Z=0
d2=15
d3=12
d_=32
l1=10
l2=20
l3=22
l4=22
l5=5
```

(a)

chn.txt - 记事本
文件(F) 编辑(E) 格式(O) 查看(V) 帮助(H)

```
M=10
D=13
d=32
d1=42
L1=10
L2=20
L4=22
L5=5
d2=15
d3=12
S=16
T=8
L=46
R=1.5
H=5
B=8
C=9.2
P=1.5
e1=10
e2=20
FIX_TYPE=1
SCREW_DIA=M
GAP=0.5*SCREW_DIA
TAP_DRILL_DIA=8.5
THREAD_PITCH=P
TOP_Z=0
```

(b)

图 5-98　在文本文档中建立主控参数

（3）运行 NX 10.0，新建一个模型部件，单位为毫米，文件名为“chn.part”，保存在步骤 1 中建立的 Model 文件夹中，进入模型环境，如图 5-99 所示。

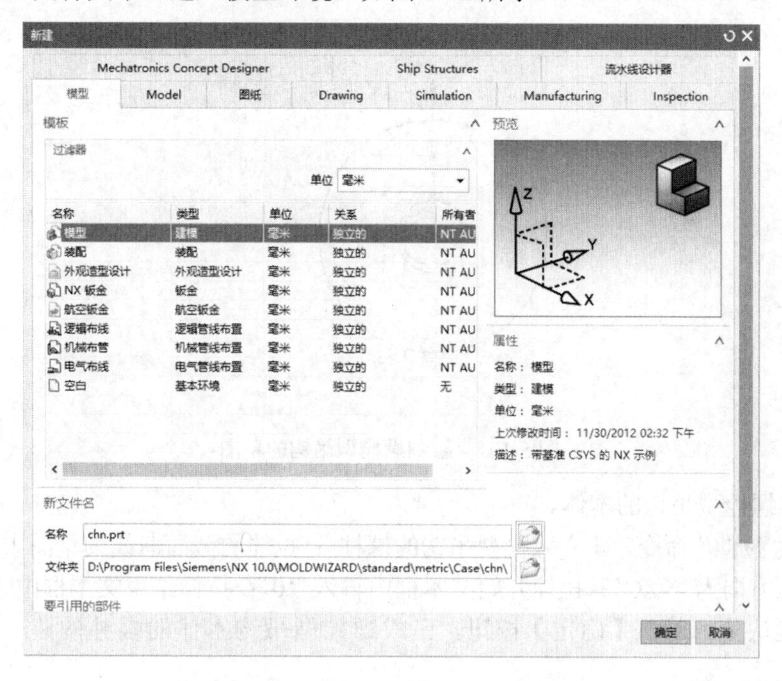

图 5-99　新建螺栓型吊钩 NX 模板部件

（4）选择“工具”→“表达式”命令，弹出“表达式”对话框，单击“从文件导入表达式”图标，选中步骤 2 中所建立的“chn.exp”文件，将其导入 NX 部件。被导入的文件中的表达式会出现在表达式的列表窗口和部件导航器中，如图 5-100 所示。

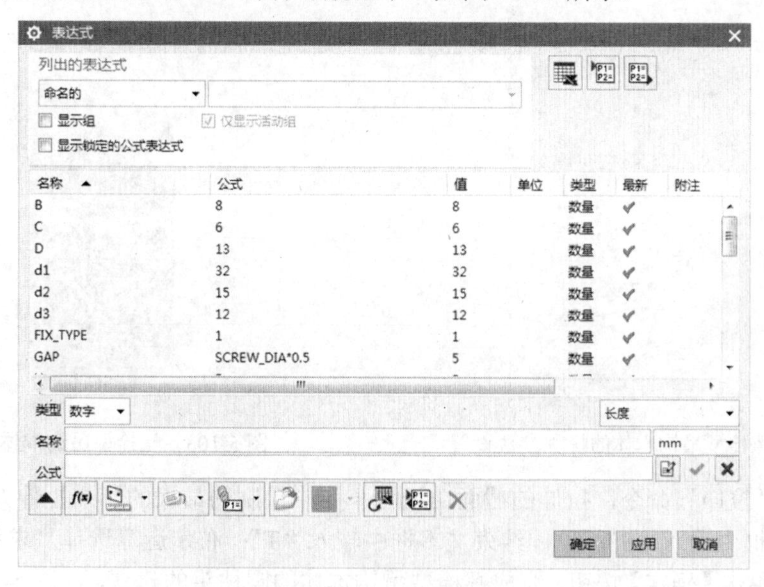

图 5-100　导入表达式文件

（5）在【主页】→【直接草图】工具栏中，单击“草图”图标，进入草图环境，选择基准坐标系中的 XOY 平面为草图的放置面。

（6）绘制螺栓型吊钩的草图，绘制结果如图 5-101 所示，并添加约束。所添加尺寸约束和几何约束要求适当而又充分，使得草图全约束。单击“完成草图”命令，退出草图环境。

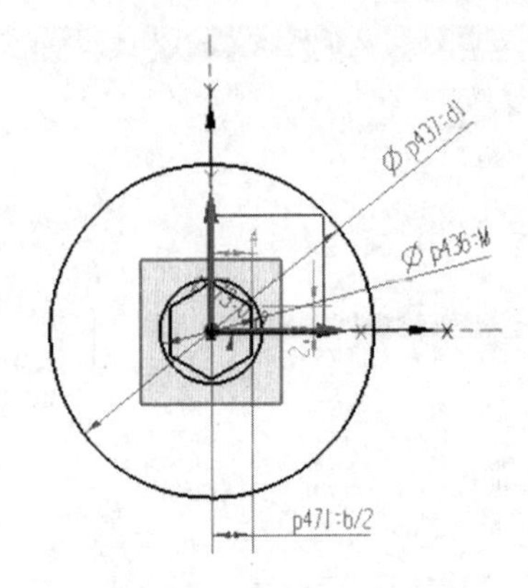

图 5-101　绘制螺栓型吊钩的草图

（7）建立螺栓型吊钩的本体。

① 单击“拉伸”命令，建立螺栓型吊钩的螺柱 ：拉伸的截面曲线为草图中绘制的直径为 M 的圆；拉伸方向为“-ZC”；拉伸开始文本框中输入“0”；拉伸结束文本框中输入“L2”；其余选项保持默认值，单击【确定】按钮，完成螺栓型吊钩本体的螺柱的建立，如图 5-102 和图 5-103 所示。

在部件导航器中，将该拉伸特征重命名为“CHN Body”。

图 5-102　螺栓型吊钩本体的螺柱参数设置

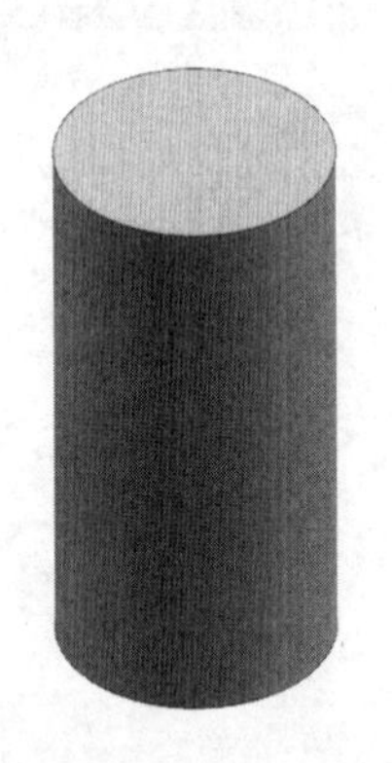

图 5-103　螺栓型吊钩本体的螺柱

② 单击“拉伸”命令，拉伸的截面曲线为草图中绘制的最大的圆；拉伸方向为“ZC”；拉伸开始文本框中输入“0”；拉伸结束文本框中输入“T”；布尔运算选择“求和”；其余选项保持默认值，单击【确定】按钮，完成螺栓型吊钩本体的圆柱头的建立，如图 5-104 和图 5-105 所示。

在部件导航器中，将该拉伸特征重命名为“Head”。

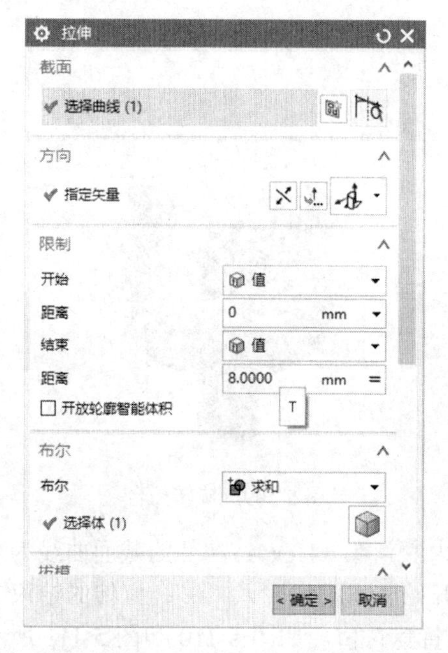

图 5-104　螺栓型吊钩本体圆柱头参数设置

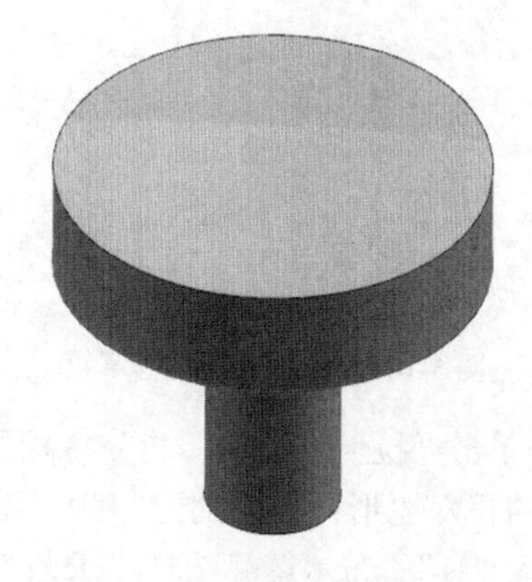

图 5-105　螺栓型吊钩本体圆柱头

③ 单击“凸台”命令，建立吊钩中间细颈部分：选择吊钩柱体的上表面作为放置面；凸台直径文本框中输入“D”；凸台高度文本框中输入“L1”；凸台锥度文本框中输入“0”。

完成参数设置后单击确定，进入定位方法对话框，选择“点落在点上”命令。单击“标识实体面”，选中建腔螺纹光孔轴的外表面，将建腔螺纹光孔轴锥台的中心定位到建腔螺纹光孔轴的圆心。

完成吊钩细颈建模，如图 5-106 和图 5-107 所示。

在部件导航器中，将该凸台特征重命名为“NECK_TIP”。

图 5-106　螺钉本体圆柱头参数设置

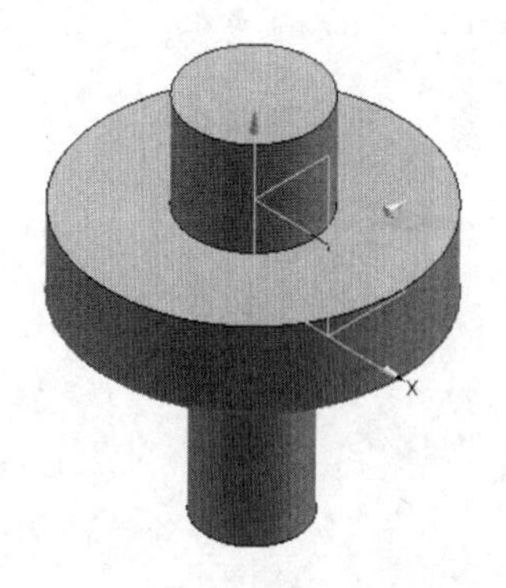

图 5-107　螺钉本体肩台

④ 单击“旋转”命令，建立螺栓型吊钩本体的凸台：旋转的截面曲线如图 5-108 所示；旋转的开始文本框中输入“0”；拉伸的结束文本框中输入“360”；布尔运算选择“求和”；其余选项保持默认。单击【确定】按钮，完成螺栓型吊钩凸台特征的建立，如图 5-109 所示。

在部件导航器中，将该拉伸特征重命名为“Boss”。

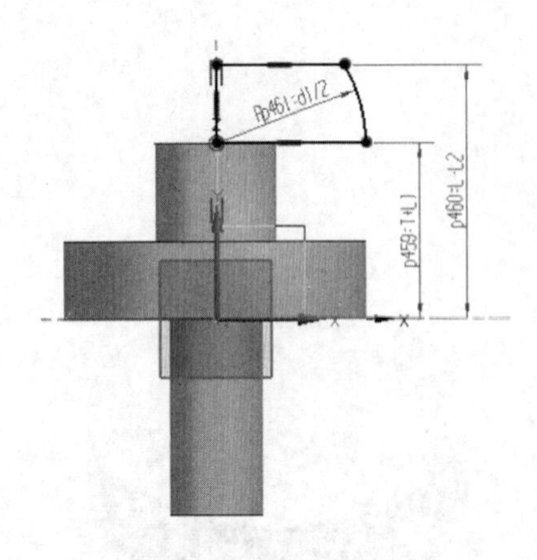

图 5-108　绘制旋转凸台草绘

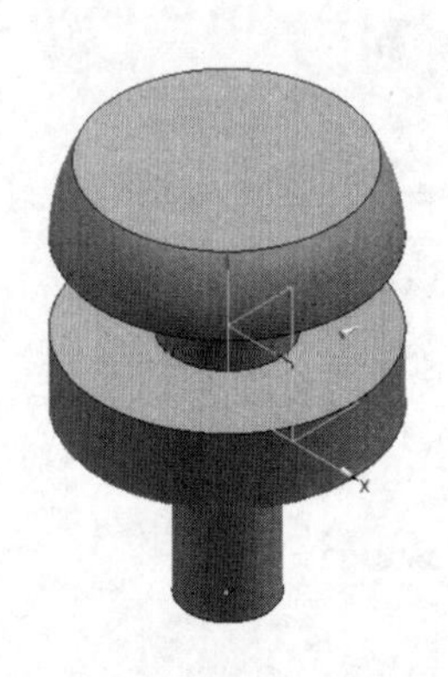

图 5-109　旋转凸台

⑤ 单击“拉伸”命令，建立螺栓型吊钩本体的内六角头（Hex）：拉伸的截面曲线为草图曲线中的正六边形；拉伸的方向为“-ZC”；拉伸的开始文本框中输入“0”；拉伸的结束文本框中输入“H”；布尔运算选择“求差”；其余选项保持默认值，如图 5-110 和图 5-111 所示；单击【确定】按钮，完成螺栓型吊钩内六角头特征的建立。

在部件导航器中，将该拉伸特征重命名为“Hex”。

拉伸
截面
选择曲线 (6)
方向
指定矢量
限制
开始　值
距离　0　mm
结束　值
距离　5.0000　mm
H
开放轮廓智能体积
布尔
布尔　求差
选择体 (1)
拔模
< 确定 >　取消

图 5-110　螺栓型吊钩本体的内六角头参数设置

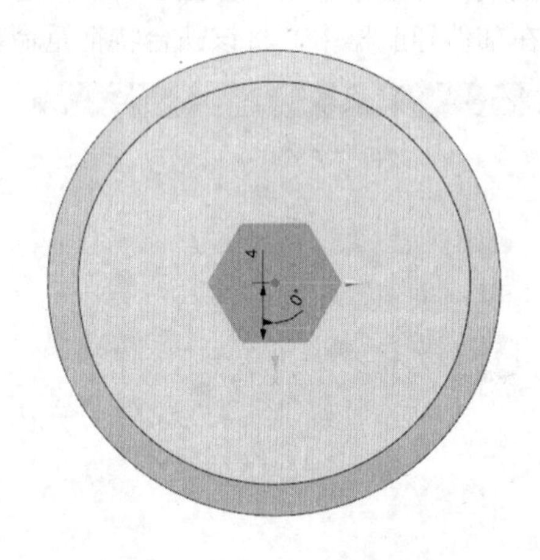

图 5-111　内六角头拉伸截面图

⑥ 单击边倒圆命令，建立螺栓型吊钩圆柱倒角：选择圆柱和圆柱头的上表面、凸台的下表面为倒圆的边；边倒圆文本框中输入“R”，如图 5-112 和图 5-113 所示。

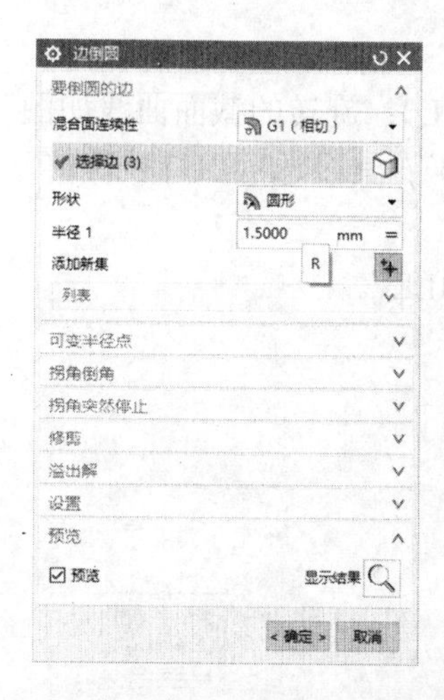

图 5-112　螺栓型吊钩本体的边倒圆参数设置

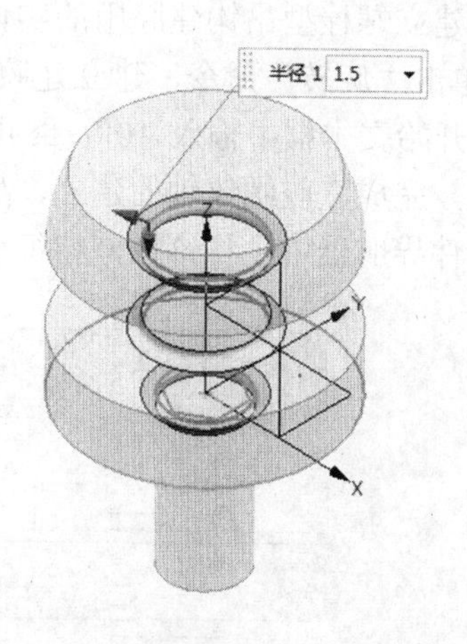

图 5-113　螺栓型吊钩本体的边倒圆

单击边倒圆命令；选择螺帽下表面为面链 1；选择凸台上表面为面链 2；半径文本框中输入“R”；其余选项保持默认值；单击【确定】按钮，如图 5-114 所示。

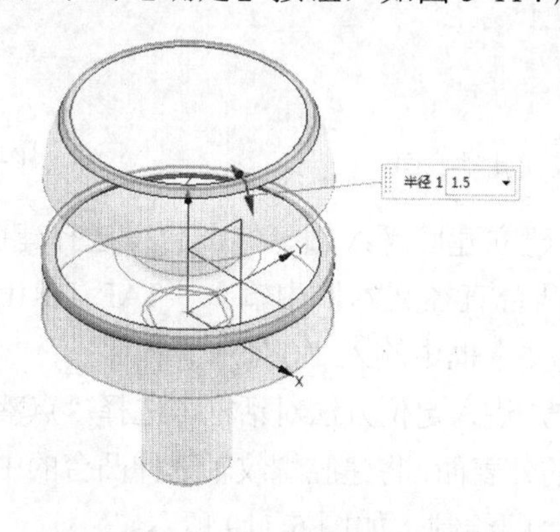

图 5-114　螺栓型吊钩本体的边倒圆

单击“倒斜角”命令；选择螺柱底端的边为倒倒斜角的边；距离文本框中输入“CHAMFER”；单击【确定】按钮；完成螺栓型吊钩圆柱倒角建立，如图 5-115 和图 5-116 所示。

图 5-115　螺栓型吊钩本体的圆柱倒斜角参数设置

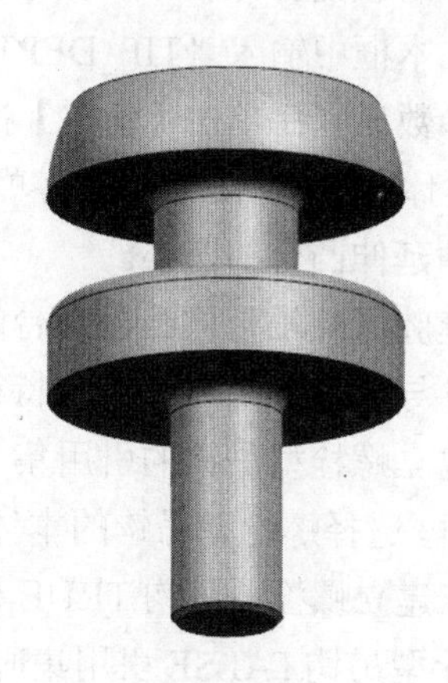

图 5-116　螺栓型吊钩本体的圆柱倒斜角

（8）建立螺栓型吊钩建腔用的实体（建腔实体）。

① 单击“旋转”命令，建立建腔螺纹轴（TAP_DRILL）：旋转的截面曲线如图 5-117 所示；旋转开始文本框中输入“0”；终止文本框中输入“360”；其余选项保持默认值，单击【确定】按钮，完成建腔螺纹轴的建立，如图 5-118 所示。

在部件导航器中，将该拉伸特征重命名为“THR_DRILL”。

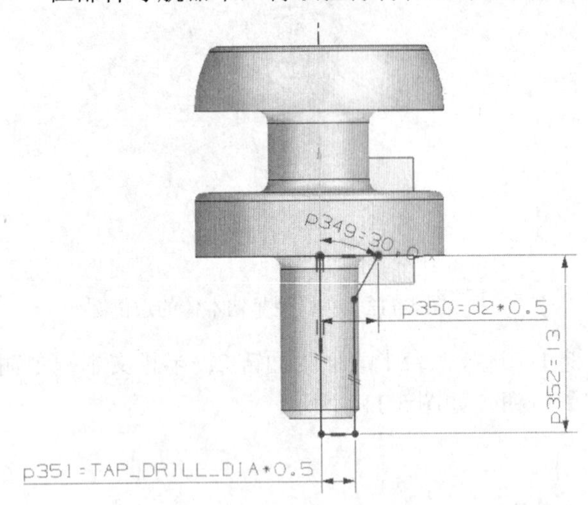

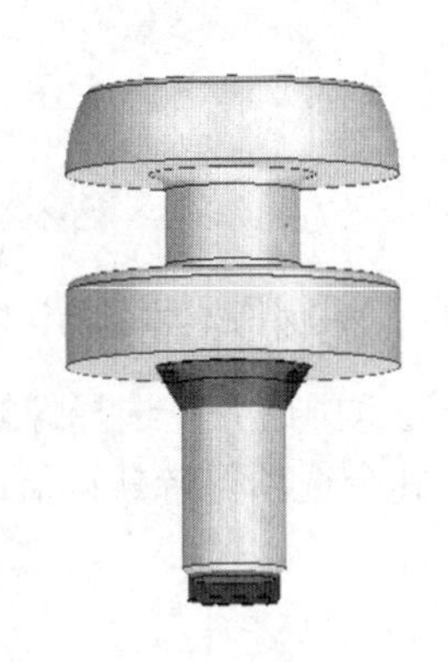

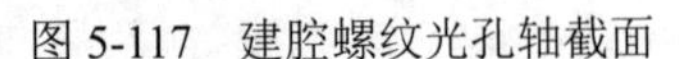

图 5-117　建腔螺纹光孔轴截面　　　图 5-118　建腔螺纹光孔轴

② 单击“凸台”命令，建立建腔螺纹轴延伸凸台：选择建腔螺纹轴底端的平面作为建腔螺纹轴延伸凸台的放置面；凸台直径文本框中输入“TAP_DRILL_DIA-0.01”；凸台高度文本框中输入“GAP”；凸台锥度文本框中输入“0”。

完成参数设置后单击确定，进入定位方法对话框，选择“点落在点上”命令。单击“标识实体面”选项，选中建腔螺纹轴的外表面，将建腔螺纹轴延伸凸台的中心定位到建腔螺纹轴的圆心。

完成建腔螺纹轴延伸凸台的绘制，如图 5-119 所示。

在部件导航器中，将该凸台特征重命名为“TAP_EXT”。

③ 单击凸台命令，建立建腔螺纹轴延伸凸台锥台：选择建腔螺纹轴延伸凸台底端的平面作为建腔螺纹轴延伸凸台锥台的放置面；凸台直径文本框中输入“TAP_DRILL_DIA-0.001”；凸台高度文本框中输入“TIP_DEPTH”；凸台锥度文本框中输入“TIP_ANGLE/2”。

完成参数设置后单击【确定】按钮，进入定位方法对话框，选择“点落在点上”命令。单击“标识实体面”选项，选中建腔螺纹轴延伸凸台，将建腔螺纹轴延伸凸台锥台的中心定位到建腔螺纹轴延伸凸台的圆心。

完成建腔螺纹轴延伸凸台锥台的绘制，如图 5-120 所示。

在部件导航器中，将该凸台特征重命名为“DRILL_EXT_TIP”。

（9）建立螺栓型吊钩的引用集。依次单击“菜单”→“格式”→“引用集”命令，弹出引用集对话框，选择螺栓型吊钩的本体建立 TRUE 引用集，选择螺栓型吊钩建腔实体建立 FALSE 引用集。在建立螺栓型吊钩 TRUE 引用集时，可以先将建腔实体隐藏，方便选择本体；同理，在建立螺栓型吊钩 FALSE 引用集时，可以将本体隐藏，方便选择建腔实体。

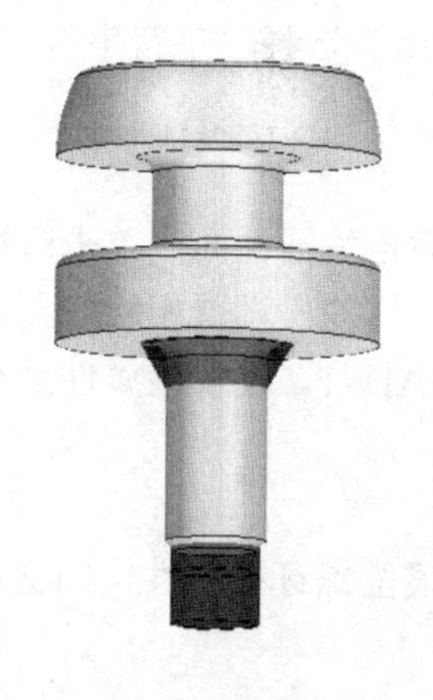

图 5-119　建腔螺纹轴延伸凸台

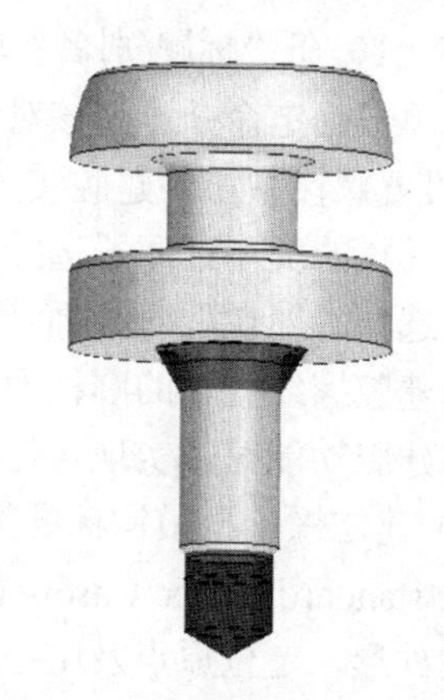

图 5-120　建腔螺纹轴延伸凸台锥台

（10）本步骤将对螺栓型吊钩的建腔实体、本体进行对象设置。单击“编辑对象显示”命令，选择螺栓型吊钩建腔实体，弹出编辑对象显示对话框。图层选择 99，颜色 ID 选择 211（蓝色），线型选择虚线，宽度选择 0.35mm，透明度选择 80，其余选项保持默认值，如图 34 所示。

同理，对螺栓型吊钩本体进行对象设置。图层选择 1，颜色 ID 选择 78（橙色），线型选择实体，宽度选择 0.35mm，透明度选择 0，对“局部着色”打钩，其余选项保持默认值。

将草图图层移至第 21 层，基准坐标系图层移至第 61 层，其余辅助建模几何体移至第 256 层。保持绘图区域整洁、清晰。

本例实施最终效果如图 5-121 所示。

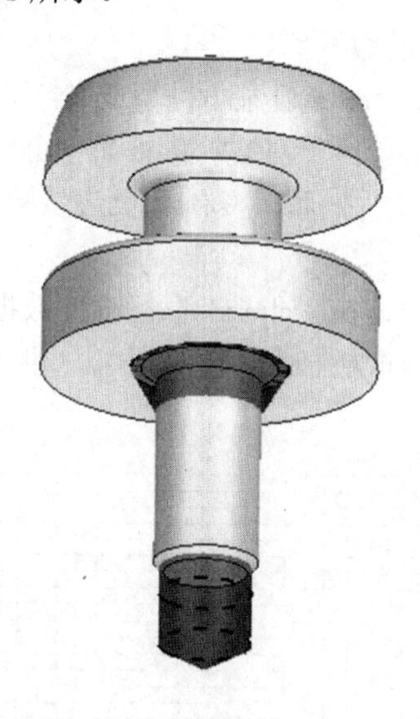

图 5-121　螺栓型吊钩最终效果图

（11）设置螺栓型吊钩的 NX 模板部件的属性。

当螺栓型吊钩作为其他标准件的子组件时，通过设置此部件识别属性，供标准件数据库电子表格文件中的相关数据选项（如 ATTRIBUTES、INTER_PART 等）识别该部件。

① 依次单击“文件”→“属性”命令，弹出显示部件属性对话框，单击“属性”标签，

设置 CHN=1。在“标题/别名”中输入“CHN”，“数据类型”选择“字符串”，在“值”中输入“1”，单击确定命令退出该对话框。

② 设置螺栓型吊钩建腔实体的 NX CAM 面属性。

将工具栏的类型过滤器选择为“面”，选择建腔实体的相关圆柱面，单击鼠标右键弹出快捷菜单，选择“属性”，弹出面属性对话框，单击“属性”标签，设置相应的面属性。

指定建腔螺纹孔轴的圆柱面属性：MW_HOLE_THREAD=1。设置该属性是在使用模具设计模块的建腔功能时，实现螺钉孔自动攻牙的必备条件之一。

（12）建立螺栓型吊钩标准件的位图文件。

在…\standard\metric\Case\screw\bitmap\目录下，建立限位螺钉标准件位图文件。限位螺钉标准件的外形、定位原点及主控参数，如图 5-122 所示。

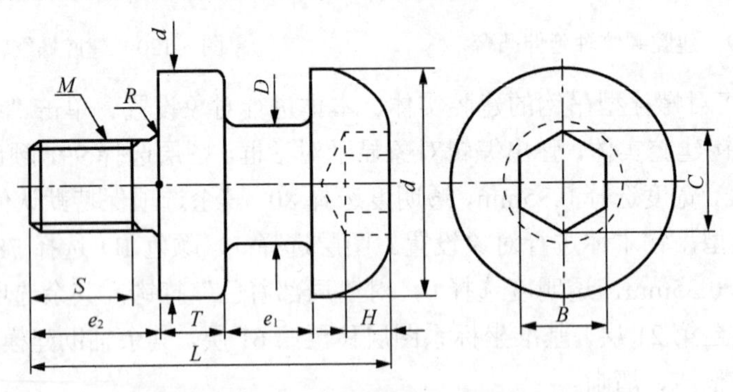

图 5-122　螺栓型吊钩的结构及定位原点位图

（13）建立螺栓型吊钩标准件的数据库。

在…\standard\metric\Case\screw\data\目录下新建螺栓型吊钩标准件数据库电子表格文件。

在…\MOLDWIZARD\templates\目录下或随书光盘的 templates 文件夹中找到名为 standard_templates.xls 的电子表格文件，将其复制到上述步骤建立的 data 文件夹中，并将它重命名为“chn.xls”。

按标准件数据内容和格式规则，在“chn.xls”标准件数据库电子表格文件中建立数据。

在工作表中建立的限位螺钉标准件通用管理数据，供 NX 标准件管理器读取、调用，如图 5-123 所示。

4																									
5	POSITION	PLANE																							
6																									
7	ATTRIBUTES																								
8	Catalog=CHN <M>																								
9	MW_BOM_REPORT=1																								
10	SECTION-COMPONENT=no																								
11	MW_COMPONENT_TYPE=2																								
12	UM_STANDARD_PART=1																								
13	PDW_COMPONENT_NAME=FUCK																								
14	MW_SIDE=																								
15	SUPPLIER=MISUMI																								
16	DESCRIPTION=Hooks - Bolt Type																								
17	MATERIAL=<MATERIAL>																								
18	DESIGNER=																								
19																									
20																									
21	EXPRESSIONS																								
22																									
23	BITMAP	../bitmap/CHN.bmp,../bitmap/CHN_fix.bmp																							
24																									
25	PARAMETERS																								
26	M	D	d	d1	l1	l2	#S	T	L	R	H	B	#C	MATERIAL	FIX_TYPE	d2	l3	d3	l4	l5	GAP	SCREW_DIA	TAP_DRILL_DIA	THREAD_PITCH	TOP_Z
27	10	13	32	42	10	20	16	8	46	1.5	5	8	9.2	S45C	1	15	22	12	22	5	0.5*SCREW_DIA	M	8.5	P	0
28	12	16	36	48	13	24	20	10	57	1.5	6	10	11.7			18	26	14	26	6			10.2		
29	16	20	40	52	18	30	25	13	75	2	9	14	16.3			23	32	18	32	6			14		
30	20	25	48	62	20	37	32	16	90	2	12	17	19.8			27	40	22	40	6			17.5		
31	24	32	58	76	25	47	40	20	111	2.5	13	19	编辑数据库			35	50	28	50	8			21		
32	30	36	68	88	30	56	48	22	131	3	16	22				42	60	34	60	9			26.5		
33	36	40	78	100	30	68	58	25	148	3	18	27	31.4			50	72	40	72	11			32		
34	END																								

图 5-123　限位螺钉标准件数据库电子表格文件

（14）在标准件注册电子表格文件中注册螺栓型吊钩标准件。

打开...\standard\metric\Case\目录下的 case_reg_mm.xsl 电子表格文件，在其中添加如图 5-124 所示的注册内容。

1	##Version: CASE 10 April 2016 Created by cz				
2					
3	NAME	DATA_PATH	DATA	MOD_PATH	MODEL
4	-----screw ----	/standard/metric/case/screw/data	chn.xls	/standard/metric/case/screw/model	chn.prt
5	chn	/standard/metric/case/screw/data	chn.xls	/standard/metric/case/screw/model	chn.prt
6					

图 5-124　注册螺栓型吊钩标准件

（15）验证和调试。

至此已经基本完成了螺栓型吊钩标准件的开发工作，最后的步骤是在应用前进行该标准件的验证和调试。

本 章 小 结

本章以冲压模具和注塑模具中重用的单一标准件为例，由浅到深逐步深入讲述了标准件开发过程，包括密封圈、堵头、内六角圆柱螺钉、限位螺钉和吊钩标准件。标准件开发过程较为复杂，包括定位原点规划、主控参数设计、标准件本体参数化建模、腔体建模、电子表格数据库建立、标准件位图设计等。

思考与练习

1．试建立肩型凸模的重用库，定位原点及主控参数如图 5-125 所示。具体参数的数值可参考 MISUMI 标准系列。

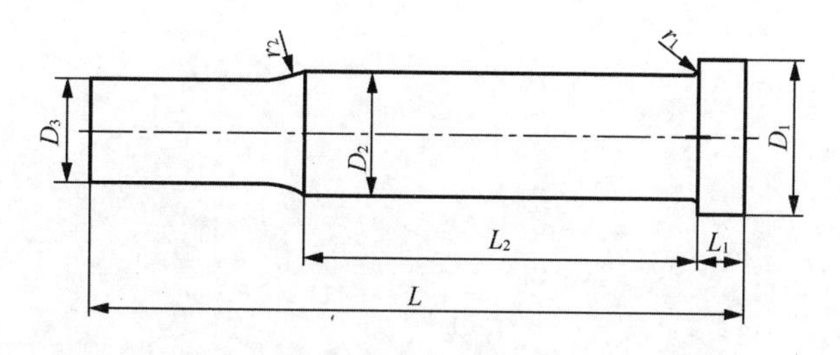

图 5-125　肩型凸模定位原点及主控参数

2．试建立水嘴的重用库，定位原点及主控参数如图 5-126 所示。具体参数的数值可参考 MISUMI 标准系列。

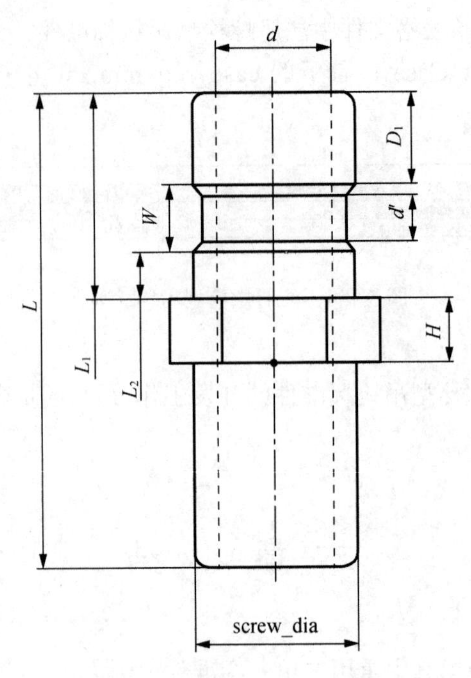

图 5-126　水嘴定位原点及主控参数

第 6 章　组件标准件开发

装配结构的标准件可能包含紧固或定位用的子标准件，例如螺钉、销钉等，其本身可能就有较为复杂的结构。建立此类较复杂标准件组件的装配建模方法常用自底向上、自顶向下及混合方法，WAVE 模式也可为几何链接器的使用提供帮助。

学习目标

- ❒ 浇口套标准件的开发
- ❒ 圆形锥度定位组件标准件的开发
- ❒ 方形锥度定位组件标准件的开发
- ❒ 侧向定位组件标准件的开发

6.1　浇口套标准件的开发

浇口套是将注塑机熔融的胶料，经注射喷嘴射出到模具型腔的零件，其球形凹面与注塑机喷嘴相配合，其位置由浇口套精确定位。

浇口套的定位原点及主控参数如图 6-1 所示。

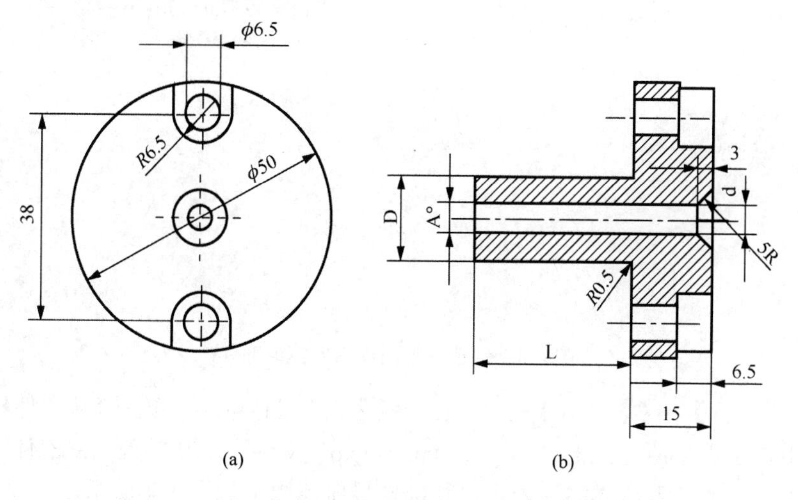

图 6-1　浇口套定位原点及主控参数

（1）在…standard/metric/Case/injection/model 目录下新建立一个文本文档（.txt），将该文件重命名为“sprue bushings.exp”后，打开“sprue bushings.exp”文件，建立如图 6-2 所示的浇口套标准件 NX 模板部件的主控参数，保存并退出该文件。

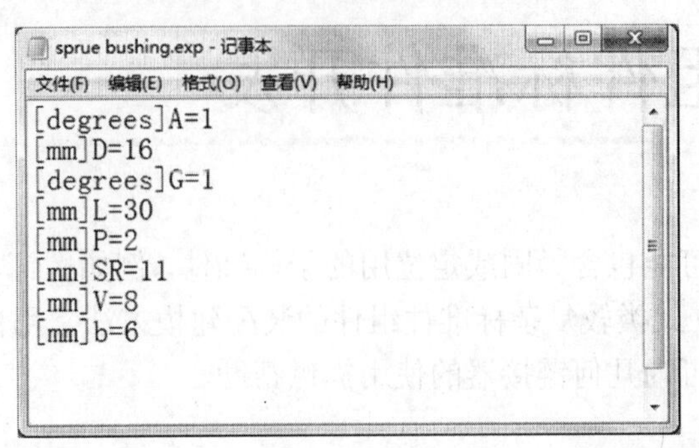

图 6-2　文本文档中建立主控参数

（2）运行 NX10.0，新建一个模型部件，单位为毫米，文件名为“sprue bushings.prt”，保存在…standard/metric/Case/injection/model 文件夹中，进入建模环境，如图 6-3 所示。

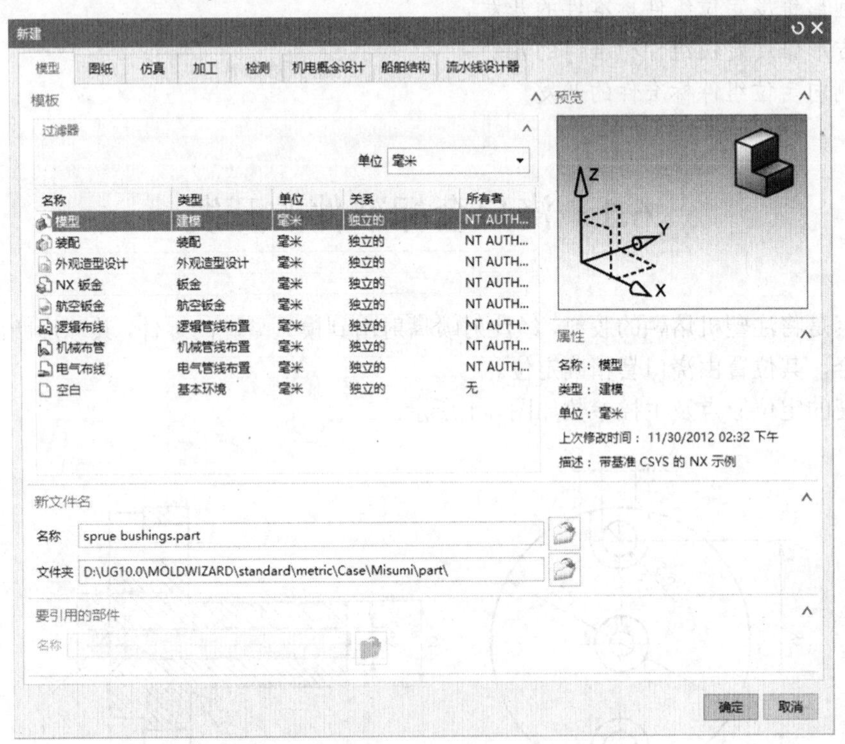

图 6-3　新建肩型凸模 NX 模板部件

（3）选择【工具】→【表达式】命令，在“表达式”对话框中，单击“从文件导入表达式”图标，选中按步骤 1 所建立的“sprue bushings.exp”文件，将其导入 NX 部件。被导入的文件中的表达式会出现在表达式的列表窗口和部件导航器中，如图 6-4 所示。

图 6-4　导入表达式文件

（4）在【主页】→【特征】工具栏中，单击“基准 CSYS”图标，弹出如图 6-5 所示的对话框，在 Z 方向偏置数值选 LEVEL，其余选项保持默认值，创建一个新的基准坐标系。

图 6-5　创建基准坐标系

（5）在【主页】→【直接草图】工具栏中，单击“草图”图标，进入草图环境，选择 XOY 平面为草图的放置面，绘制浇口套的草图，绘制结果如图 6-6 所示，并添加约束。使所添加尺寸约束和几何约束要求适当而又充分，使得草图全约束。单击“完成草图”命令，退出草图环境。

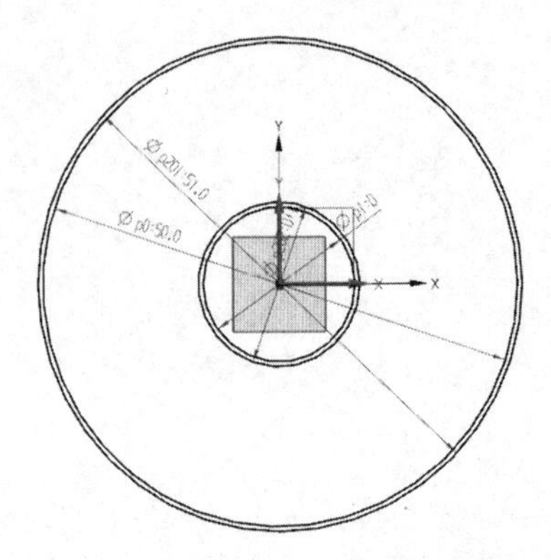

图 6-6　绘制浇口套的草图

（6）建立浇口套的凸缘部分。

单击“拉伸”命令，拉伸的截面曲线为草图中绘制的中间的圆；拉伸方向为“-ZC”；拉伸开始文本框中输入“0”；拉伸结束文本框中输入“L”；其余选项保持默认，单击【确定】按钮，完成凸缘的建立，如图 6-7 和图 6-8 所示。

在部件导航器中，将该拉伸特征重命名为“TUYUAN”。

拉伸
截面
选择曲线 (1)
方向
指定矢量
限制
开始　值
距离　0　mm
结束　值
距离　30.0000　mm
开放轮廓智能体积
布尔
布尔　无
拔模
拔模　无
偏置
设置
预览
预览　显示结果
< 确定 >　取消

图 6-7　凸缘的参数设置

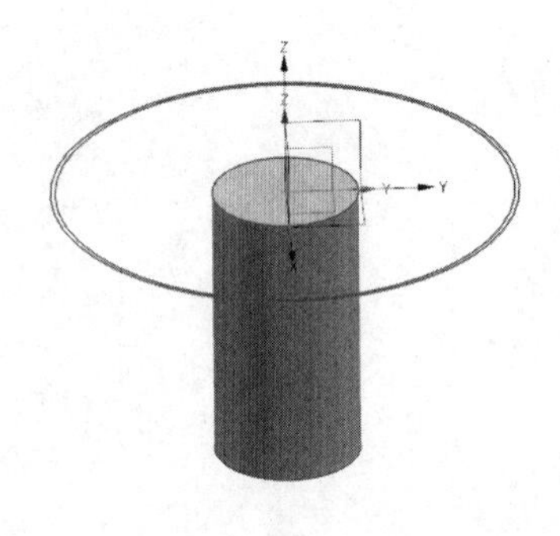

图 6-8　建立凸缘

（7）单击“拉伸”命令，建立浇口套的凹槽凸缘：拉伸的截面曲线为草图曲线中的最小的圆；拉伸的方向为“ZC”；拉伸的开始文本框中输入“0”；拉伸的结束文本框中输入“15”；

布尔运算选择求和；其余选项保持默认，如图 6-9 所示，单击【确定】按钮，完成浇口套的凹槽凸缘的建立。

在部件导航器中，将该拉伸特征重命名为“AOCAOTUYUAN”。

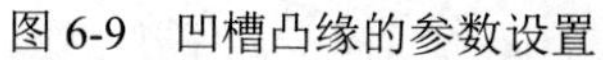

图 6-9　凹槽凸缘的参数设置

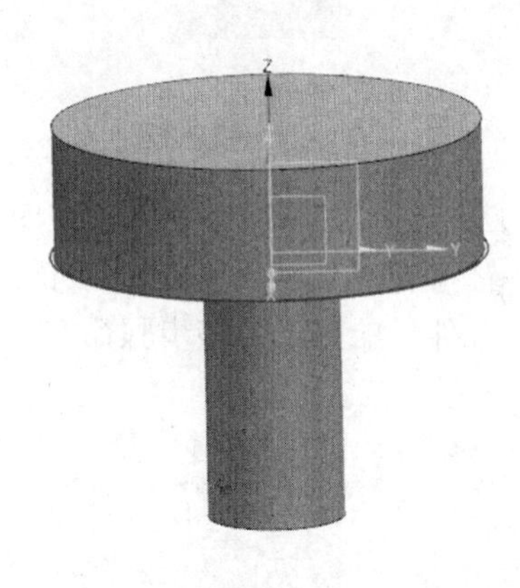

图 6-10　凹槽凸缘

（8）单击“孔”命令，建立凹槽凸缘的安装孔：选择凹槽凸缘顶端的边为工作平面；选择简单孔，直径“6.5”，选择贯通体，如图 6-11 所示。接着在上表面建立拉伸特征，圆形部分直径取 11，拉伸深度为 6.5，如图 6-12 所示。在部件导航器中将该步骤命名为“KONG”和“ANZHUANGKONG”。

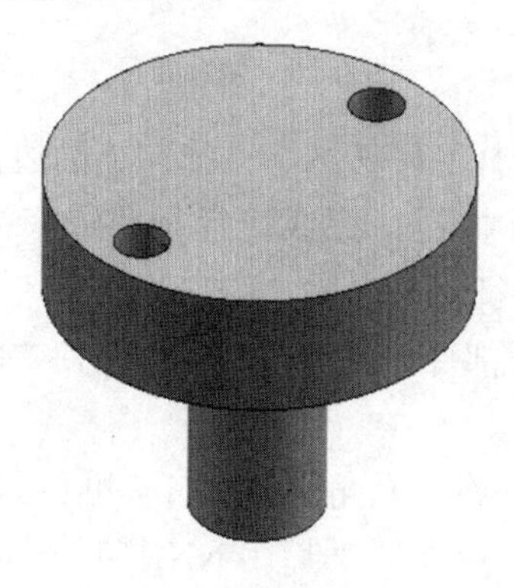

图 6-11　插入简单孔

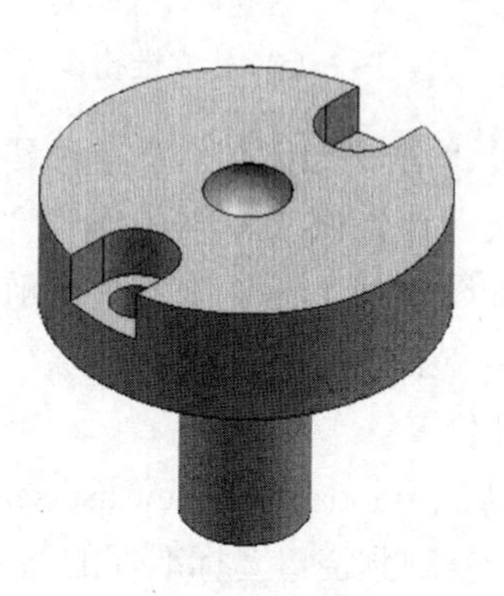

图 6-12　拉伸安装孔

（9）单击“旋转”命令，建立凹槽：在 XOZ 平面上建立如图 6-13 所示的草图，单击“完成草图”，指定矢量为“Z”，指定点“原点”，开始角度选择“0”，结束角度选择“360”，对布尔运算选择“求差”，单击【确定】按钮，得到如图 6-14 所示草图。在部件导航器中将该步骤命名为“AOCAO”。

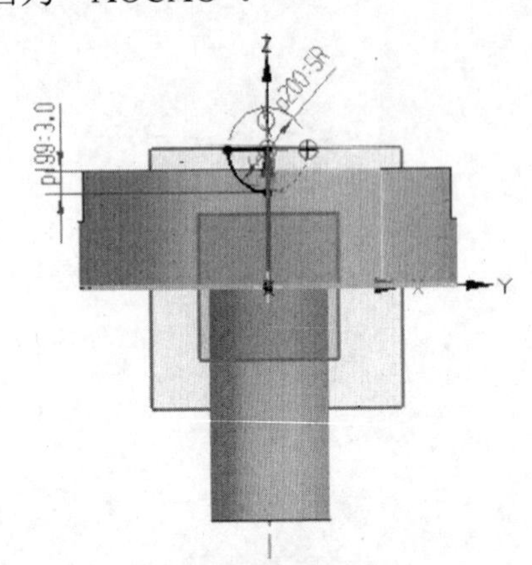

图 6-13　凹槽草图

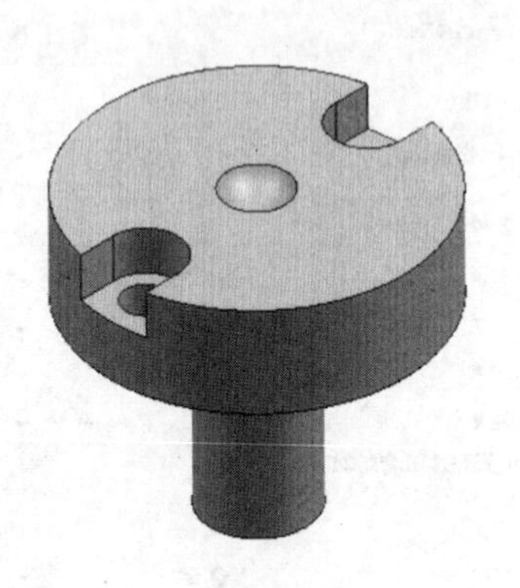
图 6-14　凹槽

（10）单击“孔”命令，建立浇口：指定点为凸缘的底端的中心点，形状为“锥孔”，直径为“d”，锥角为“A”，贯通体，对布尔运算选择“减去”，单击【确定】按钮，结果如图 6-15 所示。在部件导航器中将该步骤命名为“ZHUIKONG”

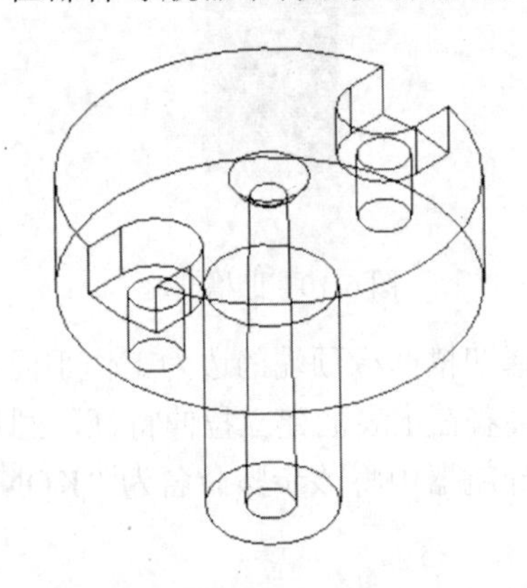
图 6-15　建立锥孔

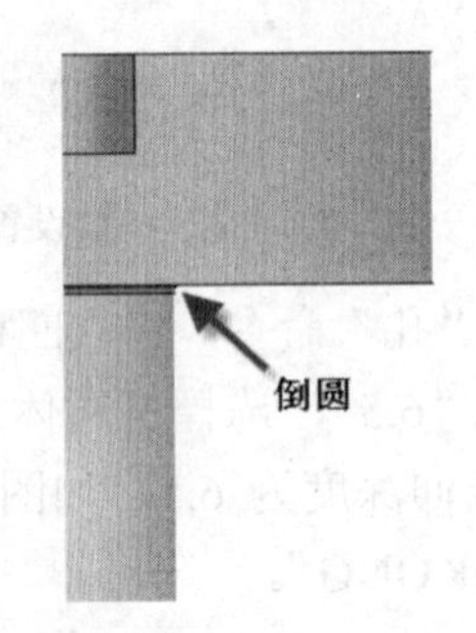

图 6-16　倒圆特征

（11）单击“边倒圆”命令，建立凸缘底端倒角：选择凹槽凸缘和凸缘相连的边作为要倒圆角的边；边倒圆文本框中输入“0.5”；单击【确定】按钮，完成杆径顶凸缘底端圆角的建立。如图 6-16 所示。在部件导航器中，将该边倒圆特征重命名为“CHAMFER1”。

（12）装配两个内六角圆柱螺钉标准件（shcs.prt 模板部件）到浇口套部件文件中的沉头螺钉安装孔位置。

① 从...\standard\metric\Case\screw\model 文件夹下，将内六角圆柱螺钉标准件 shcs.prt 模板部件，复制到浇口套标准件的 NX 模板部件所在的文件夹中。然后用 NX 打开该 shcs.prt 文件，在表达式对话框中，更改其如图 6-17 所示的主控参数值，以便于装配时内六角圆柱螺钉标准件（shcs.prt 模板部件）能和浇口套的 NX 模板部件 sprue bushing.prt 中的沉头螺钉安装孔

特征大小大致相匹配。

② 以 sprue bushing.prt 部件作为装配部件，选择【装配】→【组件】→【添加组件】命令，在出现的对话框中选择内六角圆柱螺钉标准件 shcs.prt 模板部件，在添加现有部件到装配对话框中设置：引用集为“TRUE”；“定位”为“通过约束”，其他设置按默认保持不变。然后单击【确定】按钮，进入到装配配对约束对话框，通过“自动判断中心”和“接触”，添加一个 shcs.prt 组件到 sprue bushing.prt 的沉头螺钉安装孔位置，重复操作一次，再添加一个 shcs.prt 组件到另一个沉头螺钉安装孔位置完成装配，如图 6-18 所示。

LENGTH=16
HEX_DIA=5
TAP_DRILL_DIA=5
PLATE_HEIGHT=15
HEAD_RELIEF=0.5
C_BORE_DIA=11
HEAD_DIA=11
CLEARANCE_DIA=6.5
HEAD_H=6
ORIGIN_TYPE=1

图 6-17 修改内六角螺钉主控参数

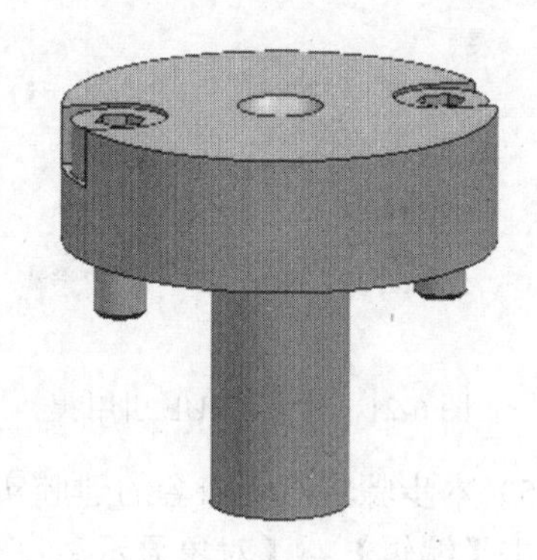

图 6-18 添加内六角螺钉到浇口套

（13）建立浇口套的建腔实体。

① 单击“拉伸”命令，建立浇口套实体，拉伸的截面曲线为 D+1 的圆，拉伸方向为-ZC，开始距离为“0”，结束距离为“L+1”,布尔运算选择“无”，其他选项为默认值，其参数如图 6-19 所示。在部件导航器中将该步骤命名为“TUYUANSHITI”。

② 单击“拉伸”命令，建立浇口套凹槽凸缘实体，拉伸的截面曲线为 51 的圆，拉伸方向为 ZC，开始距离为“0”，结束距离为“16”，对布尔运算选择“无”，其他选项为默认值，如图 6-20 所示。在部件导航器中将该步骤命名为“TUYUANSHITI”。

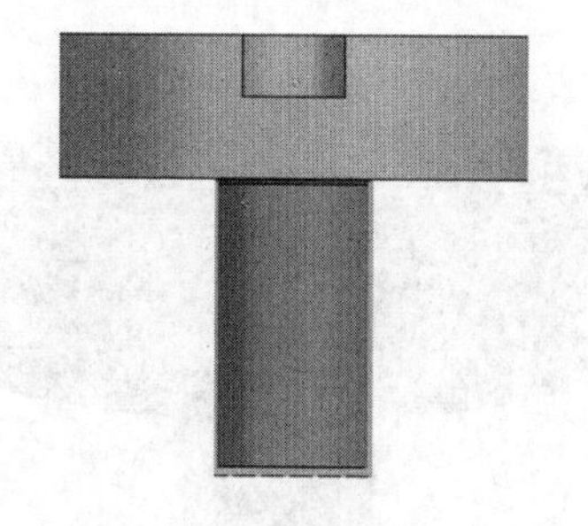

图 6-19 建腔实体（一）

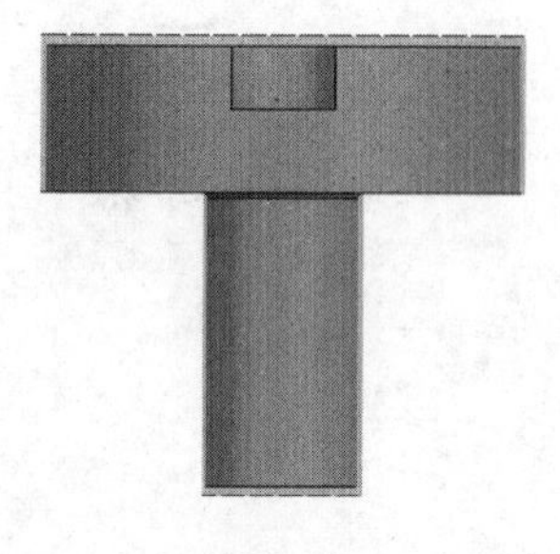

图 6-20 建腔实体（二）

（14）建立浇口套的引用集。

依次单击【菜单】→【格式】→【引用集】命令，弹出引用集对话框，选择的本体建立 TRUE 引用集，选择肩型凸模建腔实体建立 FALSE 引用集，如图 6-21 和图 6-22 所示。

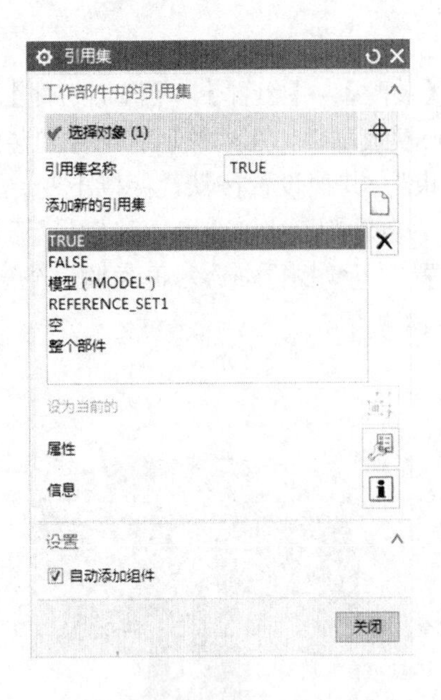

图 6-21　建立 TRUE 引用集

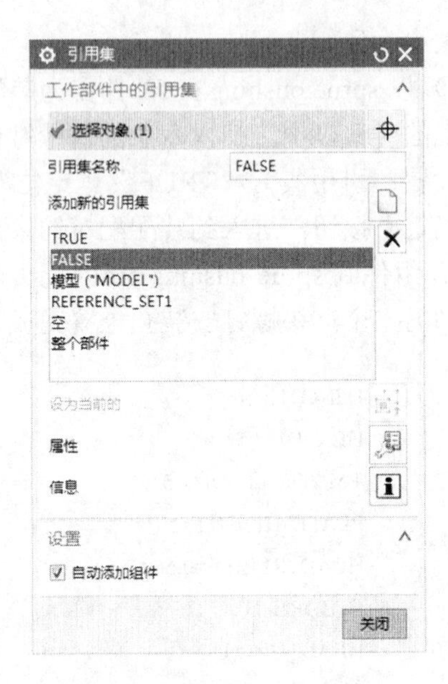

图 6-22　建立 FALS 的用集

（15）本步骤将对浇口套的建腔实体、本体进行对象设置。

单击【编辑】→【对象显示】命令，选择内浇口套建腔实体，弹出编辑对象显示对话框。图层选择 1 层，颜色 ID 选择 211（蓝色），线型选择虚线，宽度选择 0.35mm，透明度选择 80，其余选项保持默认，如图 6-23 所示。将肩型凸模的本体放置在第一层，将草图放置在第 21 层，将基准面、基准轴等所有辅助建模放置在第 60 层，将腔体放置在第 99 层，最终效果如图 6-24 所示。

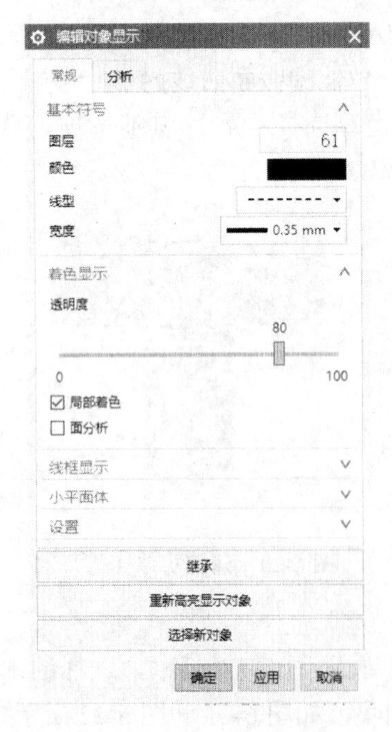

图 6-23　浇口套实体对象设置

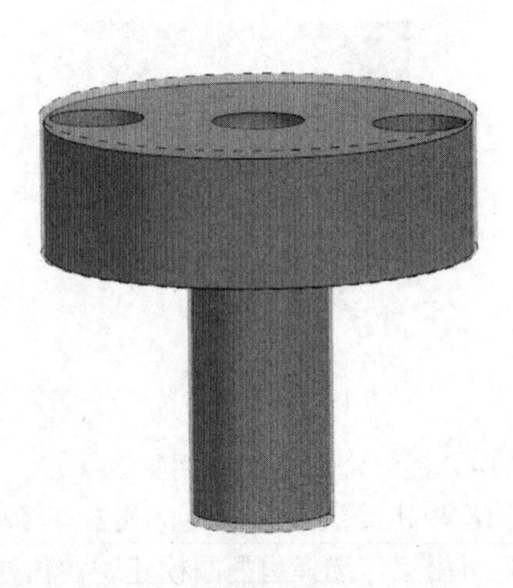

图 6-24　完成的标准件实体模型

（16）设置浇口套的 NX 模板部件的属性。

依次单击【文件】→【属性】命令，弹出显示部件属性对话框，单击“属性”标签，设置 SHOUDER TYPE PUNCH=1。在“标题/别名”中输入“SHOUDER TYPE PUNCH”，“数据类型”选择“字符串”，在“值”中输入“1”，单击【确定】按钮，退出该对话框，如图 6-25 所示。

图 6-25　设置部件识别属性

（17）建立浇口套标准件的位图文件。

在...\standard\metric\Case\injection\bitmap 文件夹中，建立浇口套标准件的 bitmap 位图文件，如图 6-26 所示。

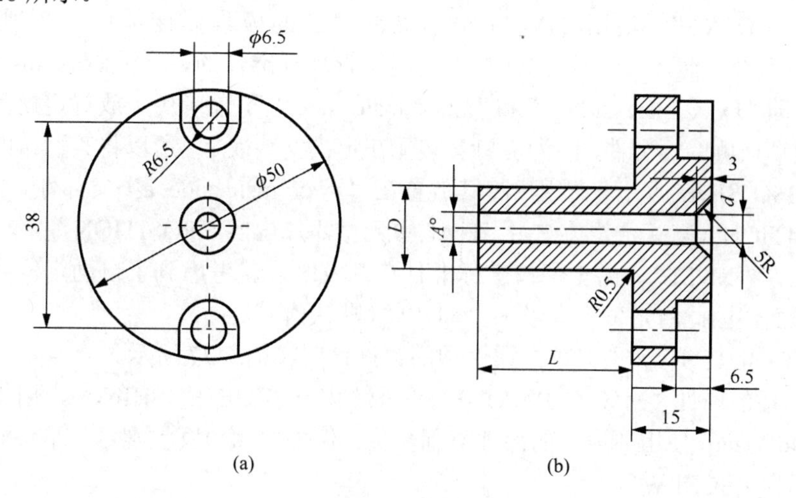

图 6-26　浇口套的位图

（18）建立浇口套标准件的数据库。

① 在...\MOLDWIZARD\templates\目录下名为 standard_template.xls 的电子表格文件，将其复制到...\standard\metric\Case\injection\目录下的 data 文件夹中，并将其重命名为“sprue bushings.xls”标准件数据库电子表格文件。

② 在“sprue bushing.xls”标准件数据库电子表格文件中建立相关的数据。

##（描述）项：在 A1 单元格添加内容“##CASE sprue bushing data”，用以说明该标准件数据库电子表格文件的当前工作表。在 A2 单元格添加内容“## Version A 2016/04/10 created by xxx”，用以说明该标准件数据库的版本、建立（修改）日期、建立（或修订）人。

COMMENT（注释）项：在 A4 单元格添加内容“COMMENT”，单元格 B4 添加注释内容，该注释信息会被标准件管理器读取，并出现在标准件管理器的图形显示窗口下方，向工程师说明。

1	##CASE sprue_bushing data													
2	## Version A 2016/04/10 created by cz													
3														
4	COMMENT													
5														
6	PARENT	<MW_MISC_SIDE_A>												
7														
8	POSITION	NULL												
9														
10	ATTRIBUTES													
11	CATLOG=Case:SB_Ø <D1>X<CATLOG_H1>X<CATLOG_H2>													
12														
13	MW_COMPENT_NAME=SPRUE_BUSHING													
14	MW_SIDE=A													
15	SECTION_COMPENT=YES													
16														
17	INTER_PART													
18	SHCS	..\Screws\data\shcs.xs 4::sheet2	SIZE=SCREW_DI/PLATE_HEIGHT=H											
19														
20	EXPRESSIONS													
21	LEVEL=<UM_MOLDBASE>::TCP_top													
22	H1=<UM_MOLDBASE>::TCP_h													
23	H2=<UM_MOLDBASE>::R_h													
24														
25	BITMAP	/standard/metric/Case/injection/bitmap/sprue_bushing_assy.bmp												
26														
27	PARAMETERS													
28	D4	D1	D2	D3	angle1	angle2	R	SR	clr	clr1	X_offset	Y_offset	CATLOG_H1	CATLOG_H2
29	3	100	80	25	1~3+0.5	90	20	20	0.5	0.2	0	0	45,50,55,60,70,80,90	30,35,40,45
30	3.5													
31	4													
32	4.5													
33	5													
34	END													

图 6-27　浇口套标准件数据库电子表格

PATENT（默认父部件）项：在 A6 单元格添加内容“PARENT”，在 B6 单元格添加内容“<MW_MISC_SID_A>”。使用 NX MoldWizard 建立的模具设计项目，在顶级装配部件“xxxx_top”下有个“xxxx_msic”部件是专门用于管理标准件的，在“xxxx_msic”部件下，又有两个部件即“xxxx_msic_side_a”和“xxxx_msic_side_b”，前者用于放置定模侧的标准件，后者用于放置动模侧的标准件，因为浇口套装配在定模安装板上，所以将其默认的父部件设置为“<MW_MISC_SIDE_A>”，调用后将其放置在“xxxx_msic_side_a”父部件下。

- POSITION（默认定位方法）：在 A8 单元格添加内容“POSITION”，在 B8 单元格添加内容“NULL”。由于浇口套标准件在开发时，就考虑到了自动定位到定模安装板的顶面，因此将定位方式设为“NULL（默认值）”。
- ATTRIBUTES（属性）项：属性项的数据设置如图 6-27 所示。

A13 单元格的属性“MW_COMPONENT_NAME=SPRUE_BUSHING”，用于定义浇口套标准件在 MoldWizard 使用环境下的部件类别名称，例如内六角圆柱螺钉、平头螺钉的部件类别都可以统称为“SCREW”。

A14 单元格的属性“MW_SIDE=A”，用于在绘制模具装配图时指定浇口套标准件显示在定模侧的视图中，而不至于出现在动模侧的视图中。

A15 单元格的属性“SECTION_COMPONENT=YES”，用于在绘制二维的装配图剖视图时剖切该零件。如果设为“NO”，就不会剖切该零件。轴类零件如螺钉、定位销、顶针、导柱等零件一般在装配剖视图中是不需要剖切的，因此需要将属性值设置为“NO”。

➢ INTER_PART 项：由于此实例开发的浇口套，装配有内六角圆柱螺钉标准件作为它的子组件，因此需要使用 INTER_PART 项，来读取内六角圆柱螺钉标准件（外部）数据库数据，以驱动装配于浇口套标准件下的内六角圆柱螺钉标准件的尺寸规格更新。INTER_PART 项的数据建立方法如图 6-27 所示。

A18 单元格的数据“SHCS”要和装配在浇口套标准件下的内六角圆柱螺钉标准件“shcs.prt”的部件识别属性名称一致，且为“shcs.prt”正确地设置了正确地部件识别属性值“SHCS=1”。

B18 单元格内，定义了内六角圆柱螺钉标准件的数据库数据的路径、文件名、工作表。在内六角圆柱螺钉标准件开发时，已经为其建立了专供外部标准件数据库文件读取的专用数据管理工作表“sheet2”。

C18 单元格内，定义了内六角圆柱螺钉标准件数据库中的可变参数“SIZE”的取值，由浇口套标准件数据库中的驱动型主控参数“SCREW_DIA”的取值所驱动。

特别提示

（1）子标准件数据库中的可变主控参数都要在主装配标准件数据库中“INTER_PART”项相应位置建立与主装配标准件数据库中的驱动型主控参数一一对应的驱动关系，其他非可变的主控参数不必对应到主装配标准件库中。

（2）“INTER_PART”项下只能建立 4 组一一对应的参数驱动关系，因此，子标准件数据库中的可变主控参数不能超过 4 个。否则，不能与主装配标准件数据库中的驱动型主控参数建立完全一一对应的驱动关系。

（3）与子标准件数据库中的可变主控参数建立有一一对应驱动关系的驱动型主控参数，其取值要是子标准件数据库中的可变主控参数设定的可选规格。例如，不能在本实例中将 SCREW_DIA 的取值设为“7”，因为在内六角圆柱螺钉标准件数据库中的可变主控参数“SIZE”下，没有定义可选规格为“7”的主控参数取值。

（4）与子标准件数据库中的可变主控参数建立有一一对应驱动关系的驱动型主控参数，不能将其取值赋给其他主控参数。

（5）主装配标准件数据库中的驱动型主控参数可以与子标准件数据库中的可变主控参数建立判别式的一一对应关系（>=或<=），由 NX 系统从子标准件库的可变主控参数的取值规格内，依判别式选取最接近的可选规格。

（19）在标准件注册电子表格中注册浇口套圈标准件。

打开…\standard\metric\Case 目录下的 case_reg_mm.xls 电子表格文件，在其中添加如图 6-28 所示的注册内容。

（20）验证和调试。至此基本完成了浇口套标准件的开发工作，最后进行该标准件的验证和调试。该标准件最主要的验证内容是能否实现开发目标中确立目标，即调用浇口套时能否实现自动安装定位，是否可以设置偏心距离等。

8	----Case injection Unit----	/standard/metric/case/injection/data	locatingring.xls	/standard/metric/case/injection/model	locatinggring.prt
9	locatingring	/standard/metric/case/injection/data	locatingring.xls	/standard/metric/case/injection/model	locatinggring.prt
10					
11	sprue_bushing		sprue_bushing_assy.xls		sprue_bushing_assy.prt

图 6-28　标准件注册电子表格

6.2　圆形锥度定位组件标准件的开发

定位块用于高精度注塑模具的准确合模，以确保型腔、型芯零部件的精确定位，进而保证产品的尺寸和外观质量。

定位块在注塑模具安装时具有方向性，故其定位方法适合用 WCS_XY 的方法，因此定位块标准组件的几何对象的原点和方位设定如图 6-29 所示。调用定位块标准组件时，先将显示部件的工作坐标系调整到合适的坐标原点和方位，定位块标准组件的绝对坐标系原点和方位自动和显示部件中的工作坐标系的原点和方位相重合，以实现自动装配定位。图 6-29 也是定位块标准组件的结构图。

本例采用由底向上的装配建模的方法，分别建立两个定位块子组件，上定位块（top_locating_cylinder）和下定位块（bottom_locating_cylinder），然后利用部件间关联的方法，将两个子组件的主控参数与装配模型关联，从而实现装配模型的参数化。

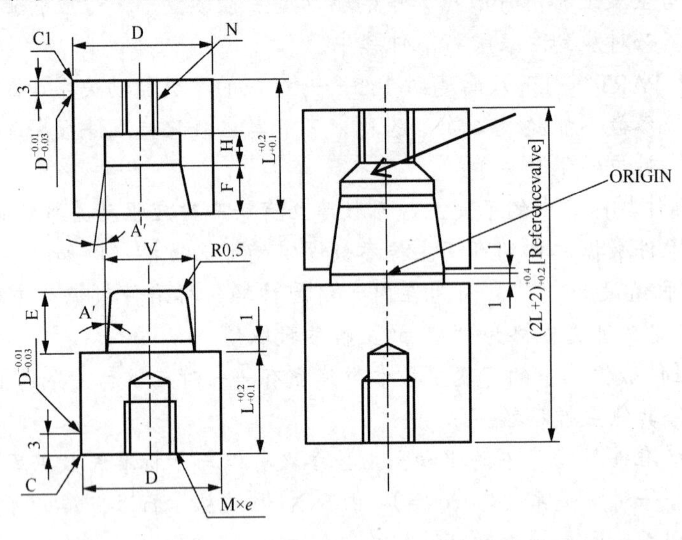

图 6-29　定位块标准组件的定位原点

（1）在...\standard\metric\Case\目录下创建一个 lock 文件夹，并在新建立的 lock 文件夹下建立 3 个文件夹：model、bitmap、data。本节实例开发的定位块标准组件的 NX 模板文件均保存到 model 文件夹下、位图文件均保存到 bitmap 文件夹下、标准件数据库文件均保存到 data 文件夹下。

（2）在步骤 1 中建立的 model 文件夹下新建立一个文本文档（.txt），将该文件重命名为"top locating cylinder.exp"后，打开"top locating cylinder.exp"文件，建立如图 6-30 所示的定位块标准组件 NX 模板部件的主控参数，保存并退出该文件。

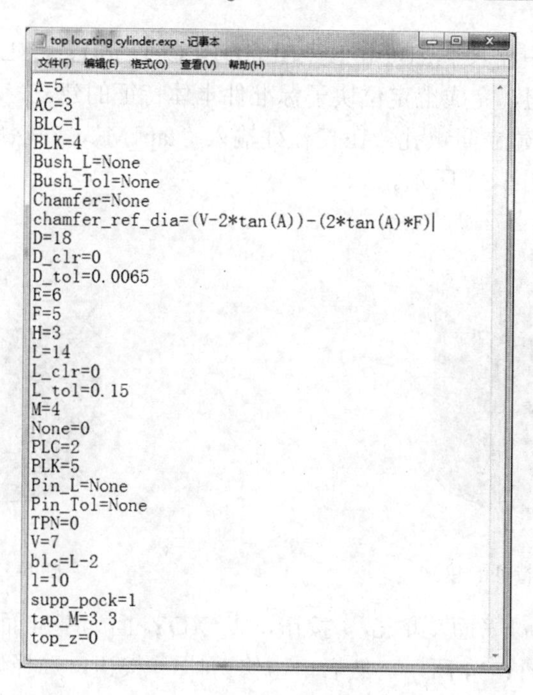

top locating cylinder.exp - 记事本

文件(F) 编辑(E) 格式(O) 查看(V) 帮助(H)

```
A=5
AC=3
BLC=1
BLK=4
Bush_L=None
Bush_Tol=None
Chamfer=None
chamfer_ref_dia=(V-2*tan(A))-(2*tan(A)*F)
D=18
D_clr=0
D_tol=0.0065
E=6
F=5
H=3
L=14
L_clr=0
L_tol=0.15
M=4
None=0
PLC=2
PLK=5
Pin_L=None
Pin_Tol=None
TPN=0
V=7
blc=L-2
l=10
supp_pock=1
tap_M=3.3
top_z=0
```

图 6-30　上定位块的主控参数

（3）运行 NX，建立公制的、文件名为“top locating cylinder.prt”的定位块标准组件的 NX 模板部件到...\standard\metric\Case\lock\model 目录下，并进入建模环境。

（4）选择【工具】→【表达式】命令，弹出“表达式”对话框，单击“从文件导入”按钮，将步骤 2 所建立的“top locating cylinder.exp”文件中的表达式导入到 NX 文件。被导入的表达式出现在表达式编辑的列表窗口和部件导航器中。

（5）单击 Sketch 草图绘制工具按钮，进入草图设置状态，选择 XC-YC 平面作为草图放置面，选择 XC 方向的基准轴为草图的水平参考方向。

在绘图区域制如图 6-31 所示的草图，单击“草图绘制”对话框左上角的“完成草图”按钮，退出绘制界面。

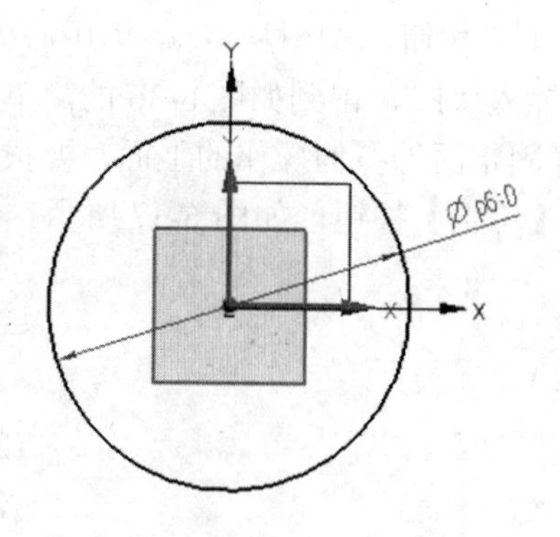

图 6-31　绘制上定位块的草图

（6）建立上定位块子标准件 top locating cylinder.prt 的几何模型。

① 单击 Extrude 按钮建立上定位块子标准件的本体特征：选择步骤 5 所绘制的草图曲线作为建立拉伸特征的截面曲线；拉伸的矢量方向设置为 ZC；在 Start 拉伸起始文本框中输入“0”；

在 End 拉伸终止文本框中输入“if(Bush_L==BLC) (BLC+L_tol) else (L+L_tol)”；布尔运算选择“无”；单击【确定】按钮，完成上定位块子标准件本体特征的建立，如图 6-32 所示。

② 单击孔按钮，建立简单孔，在直径处输入“tap_M”，在深度处输入“BLC+L_tol”，单击【确定】按钮，如图 6-33 所示。

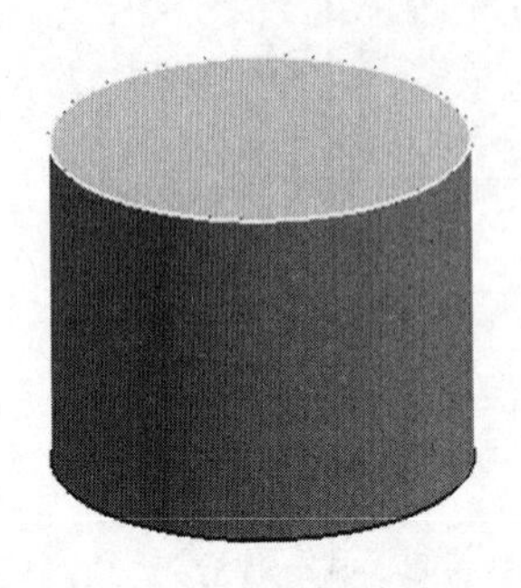

图 6-32　本体特征的建立

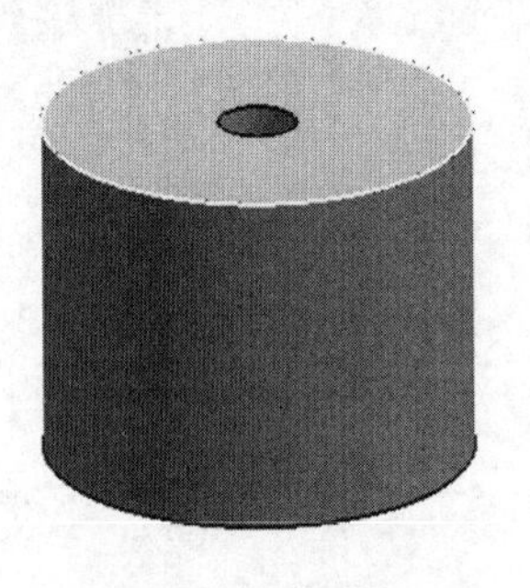

图 6-33　简单孔

③ 建立修剪体的基准平面，单击按钮，以 XOY 面为基准面，输入公式“(L-BLC)”，单击【确定】按钮，如图 6-34 所示。然后单击修剪体按钮，选择体为整个部件，选择面为刚刚创建的基准面，单击【确定】按钮，如图 6-35 所示。将上述两步由表达式抑制，键入公式“if((type==1)&&(L-2<=blc))(1)else(0)”。

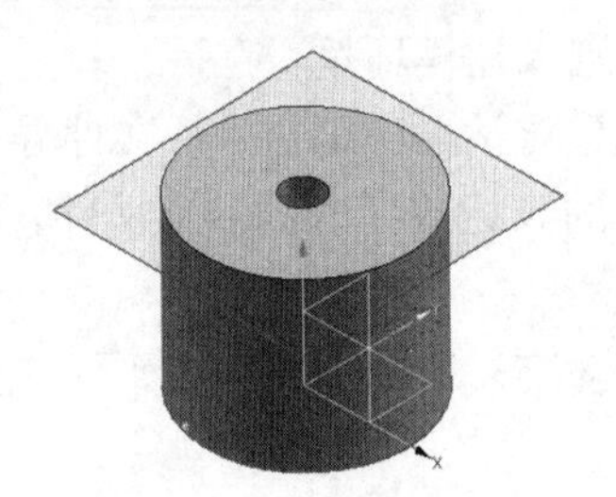

图 6-34　修剪体基准面

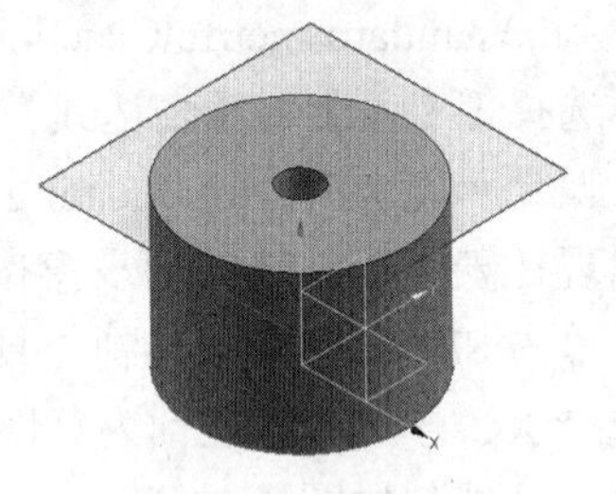

图 6-35　修剪体

④ 继续创建简单孔，单击孔按钮，选择柱体上表面中心为空中心，“孔方向”选择-ZC，直径输入“V-2*tan(A)”，深度输入“F”，得到如图 6-36 的简单孔。

⑤ 单击拔模按钮，选择固定面为拉伸操作的上面，要拔模的面选择上一步创建的简单孔，“角度 1”设为 5° ，单击【确定】按钮，如图 6-37 所示。

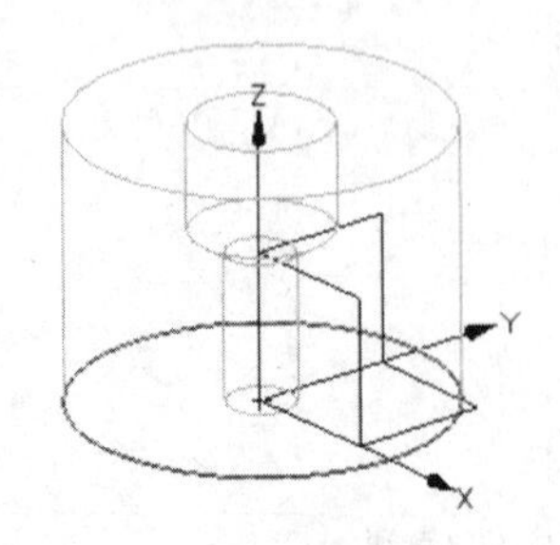

图 6-36　简单孔

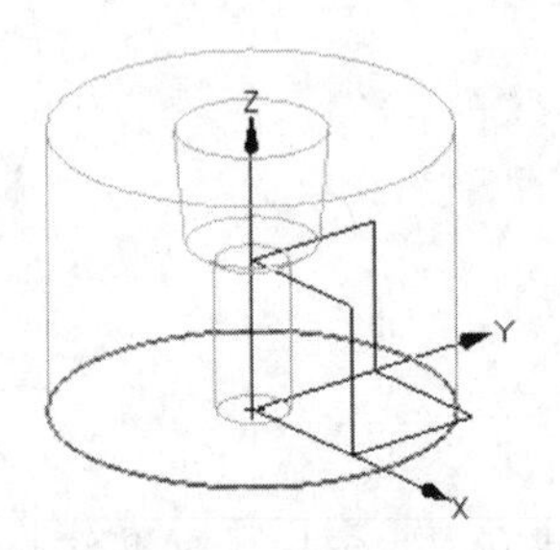

图 6-37　拉伸后模型

⑥ 对第 5 步创建的孔的底面进行拉伸操作，深度输入数值“H”，并与第 1 步的拉伸体进行布尔差运算，如图 6-38 所示。

⑦ 单击倒斜角按钮，横截面选择“非对称”，在如图 3-38 所示的位置进行倒斜角，在偏置 1 处输入“(chamfer_ref_dia-tap_M)/2 ”，在偏置 2 处输入“H/2”，单击【确定】按钮，如图 6-39 所示。

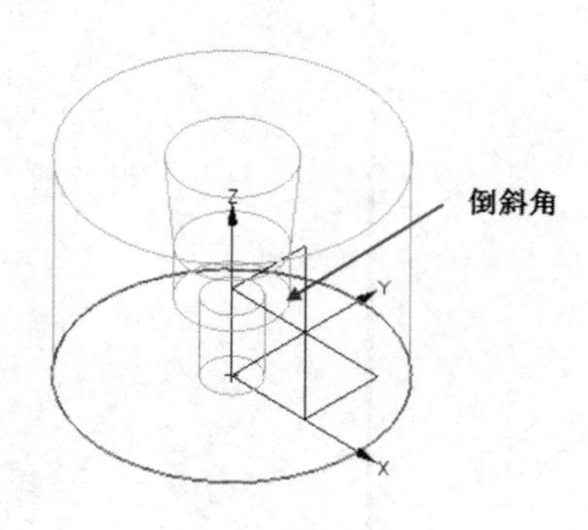

图 6-38　拉伸孔

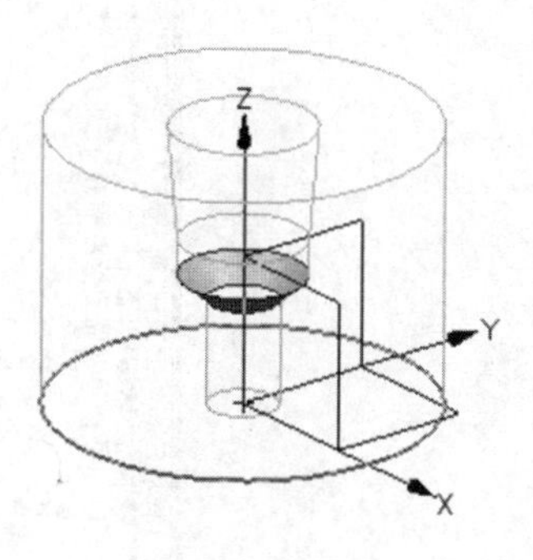

图 6-39　倒斜角

⑧ 单击矩形槽按钮，选择矩形槽，选择拉伸体外圆周面为放置面，输入直径“D-0.02”，宽度为“3”，目标边选择拉伸体底面（即 XOY 重合的面），刀具边选择矩形槽靠近目标边一侧的边，单击【确定】按钮，如图 6-40 所示。

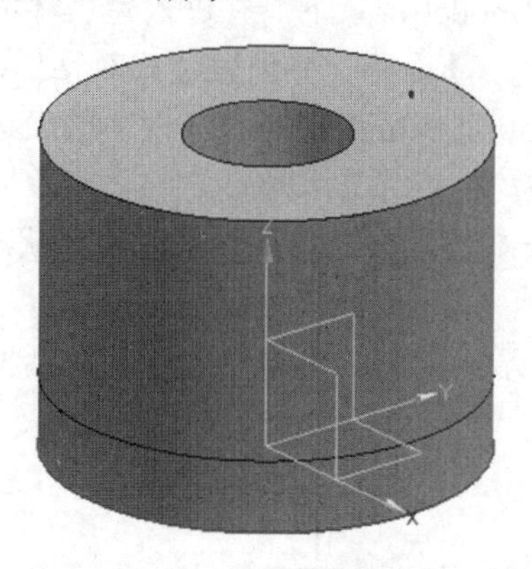

图 6-40　矩形槽

（7）建立上定位块子标准件 top locating cylinder.prt 的部件识别件属性：TOP_LOCATING _CYLINDER=1；视图侧可见性控制属性：UM_SIDE=A。

选择上定位块子标准件的本体特征建立 Ture 引用集：False 引用集将建立在定位块标准组件的主装配部件中。将本体放置在第一层，草图、基准面等辅助建模几何对象均移至第 60 层，保持图面整洁。

（8）建立下定位块本体模型。在步骤 1 中建立的 model 文件夹下新建立一个文本文档(.txt)，将该文件重命名为“bottom locating cylinder.exp”后，打开“bottom locating cylinder.exp”文件，按图 6-41 规划的主控参数，建立下定位块标准组件 NX 模板部件的主控参数，保存并退出该文件。

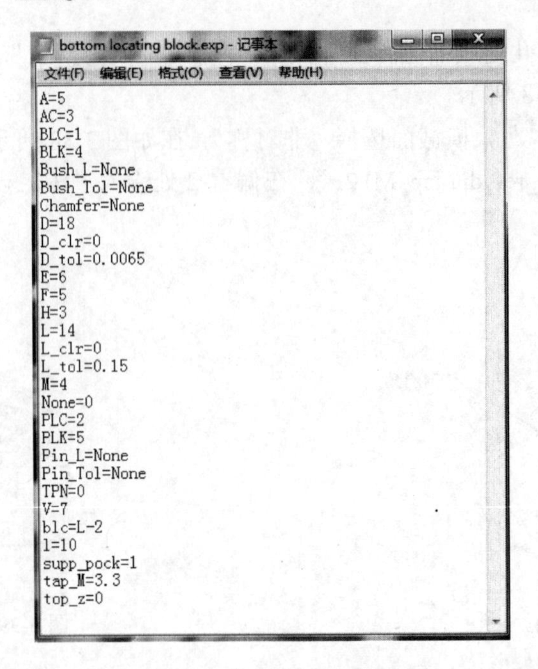

图 6-41　下定位块的主控参数

（9）建立公制的、文件名为“bottom locating cylinder.prt”的定位块标准组件 NX 模板部件到...\standard\metric\Case\lock\model 目录下，并进入建模环境。

（10）选择【工具】→【表达式】命令，弹出表达式对话框，单击“从文件导入”按钮，将步骤 9 所建立的“bottom locating cylinder.exp”文件中的表达式导入到 NX 文件。被导入的表达式出现在表达式编辑的列表窗口和部件导航器中。

（11）单击 Sketch 草图绘制工具按钮，进入草图设置状态，选择 XC-YC 平面作为草图放置面，选择 XC 方向的基准轴为草图的水平参考方向。

在绘图区域制如图 6-42 所示的草图，单击草图绘制对话框左上角的“完成草图”按钮，退出绘制界面。

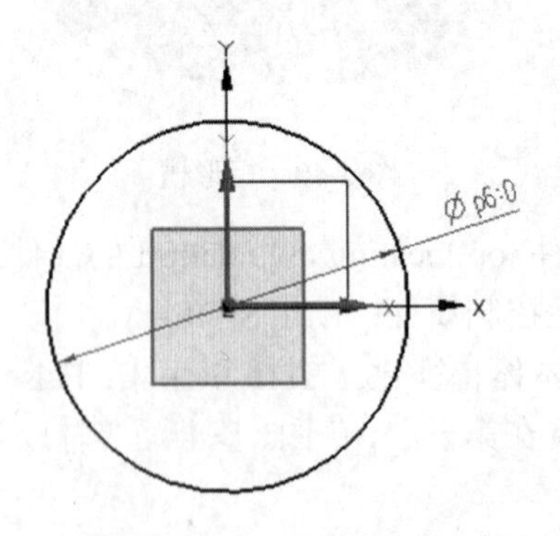

图 6-42　绘制下定位块的草图

（12）建立下定位块子标准件 bottom locating cylinder.prt 的几何模型。

① 单击“Extrude”选项，建立下定位块子标准件的本体特征。选择步骤 11 所绘制的草图曲线作为建立拉伸特征的截面曲线；拉伸的矢量方向设置为-ZC;在 Start 拉伸起始文本框中输入“if(Pin_L==PLC)(L-plc)else(0)”；在 End 拉伸终止文本框中输入“L+L_tol”；布尔运算选

择“无”；单击【确认】按钮，并完成下定位块子标准件本体特征的建立，如图 6-43 所示。

② 单击凸台按钮，以刚刚建立的本体下底面为起点，输入凸台直径为“V”，凸台高度为“1”，锥度和数量都为“0”，如图 6-44 所示。

③ 继续单击“凸台”选项，输入凸台直径为“V”，凸台高度为“E-1”，锥度为“A”，数量为“0”，如图 6-45 所示。

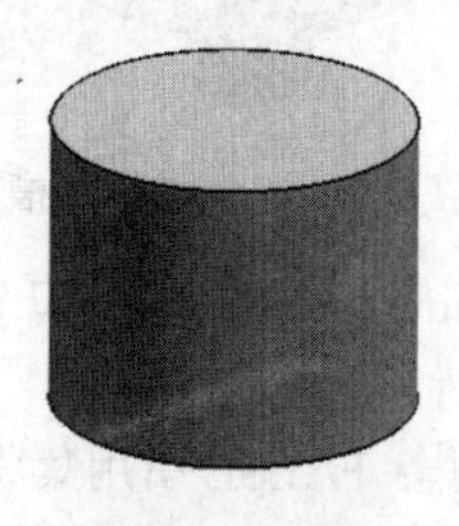

图 6-43　拉伸下定位块本体

图 6-44　凸台模型

④ 单击边倒圆按钮，建立如图 6-46 所示的模型，输入半径为“R”。

图 6-45　凸台模型

图 6-46　边倒圆

⑤ 单击孔按钮，以拉伸体的上面为起始点，直径处输入“tap_M”，深度输入“if(Pin_L==PLC)(l-L+plc+dr_clr)else(l+dr_clr)”，顶锥角为“120”，如图 6-47 所示。

⑥ 建立修剪体的基准平面，单击□，以 Z 轴下方的面为基准面，输入公式“-(L-BLC)”，单击【确定】按钮，如图 6-48 所示。然后单击修剪体按钮，选择体为整个部件，选择面为刚刚创建的基准面，单击【确定】按钮，如图 6-49 所示。然后将上述两步由表达式抑制，输入公式“if((type==1)&&(L-5<=plc))(1)else(0)”。

⑦ 单击矩形槽按钮，选择矩形槽，选择拉伸体周面，输入直径“D-0.02”，宽度为“3”，标识识别拉伸体底面，单击【确定】按钮，如图 6-50 所示。

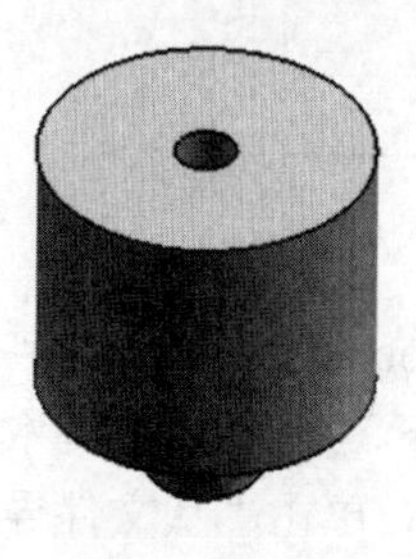

图 6-47　简单孔

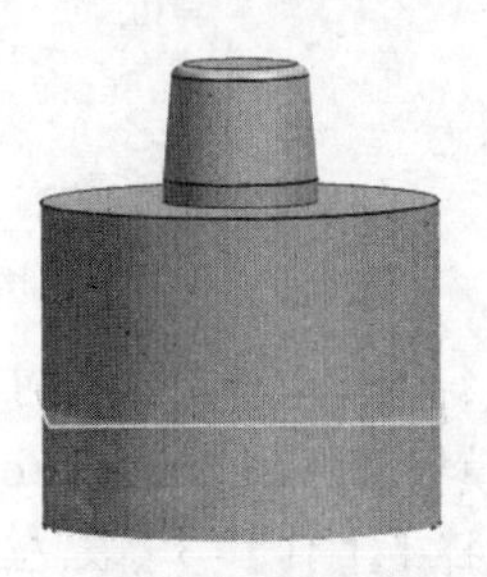

图 6-48　新建基准面

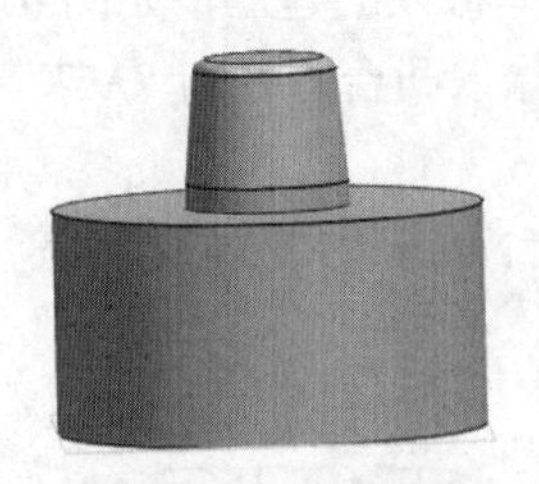

图 6-49　修剪体

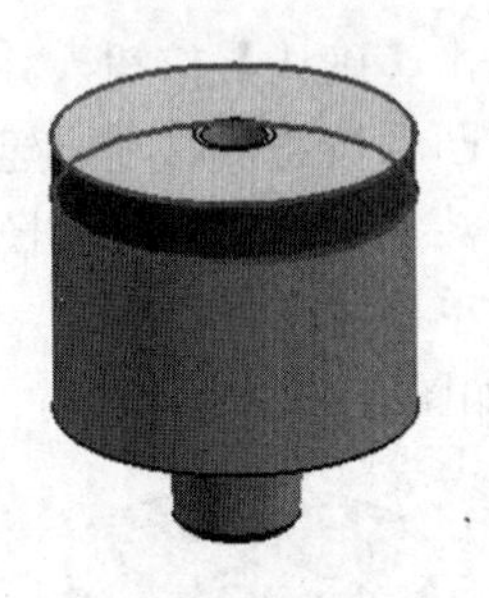

图 6-50　绘制的矩形槽

（13）建立下定位块子标准件 bottom locating cylinder.prt 的部件识别件属性：BOTTOM_LOCATING_CYLINDER=1；视图侧可见性控制属性：UM_SIDE=B。

（14）选择下定位块子标准件的本体特征建立 TURE 引用集：FALSE 引用集将建立在定位块标准组件的主装配部件中。将本体放置在第一层，草图、基准面等辅助建模几何对象均移至第 60 层，保持图面整洁。

（15）在步骤 1 中建立的 model 文件夹下新建立一个文本文档（.txt)，将该文件重命名为“taper locating cylinder asm.exp”后，打开“taper locating cylinder asm.exp”文件，按图 6-51 规划的主控参数，建立定位块标准组件主装配 NX 模板部件的主控参数，保存并退出该文件。这些主控参数用于通过部件间表达式管理子组件的参数变更。

tapper locating cylinder asm.exp - 记事本

文件(F)　编辑(E)　格式(O)　查看(V)　帮助(H)

```
A=5
AC=3
BLC=1
BLK=4
Bush_L=None
Bush_Tol=None
Chamfer=None
D=18
D_clr=0
D_tol=0.0065
E=6
F=5
H=3
L=14
L_clr=0
L_tol=0.15
M=4
None=0
PLC=2
PLK=5
Pin_L=None
Pin_Tol=None
TPN=0
V=7
blc=L-2
l=10
supp_pock=1
tap_M=3.3
top_z=0
```

图 6-51　圆形锥度定位块主控参数

（16）运行 NX，建立公制的、文件名为“taper locating block asm.prt”的定位块标准组件主装配 NX 模板部件到...\standard\metric\Case\lock\model 目录下，并进入建模环境。

（17）选择【工具】→【表达式】命令，弹出表达式对话框，单击“从文件导入”按钮，将步骤 16 所建立的“taper locating cylinder asm.exp”文件中的表达式导入到 NX 文件。被导入的表达式出现在表达式编辑的列表窗口和部件导航器中。

（18）装配 top locating cylinder.prt 和 bottom locating cylinder.prt 两个子组件到定位块标准组件主装配 NX 模板部件 taper locating block asm.prt 中。

① 以“taper locating cylinder asm.prt”为主装配部件，选择【装配】→【组件】→【添加组件】命令，在出现的对话框中选择 top locating cylinder.prt，在“添加现有部件到装配”对话框中设置：引用集为“TRUE”；位置为“绝对原点”，其他设置按默认保持不变。然后单击【确认】按钮，即完成装配上定位块子组件到定位块标准组件的主装配部件中。以同样的方法和选项设置将 bottom locating cylinder.prt 装配到定位块标准组件的主装配部件中，如图 6-52 所示。

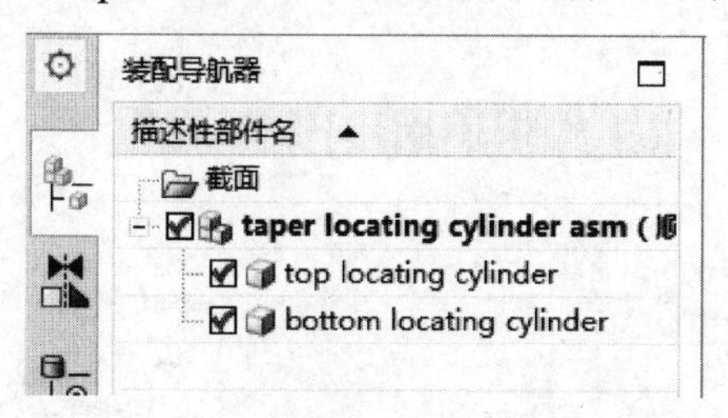

图 6-52　圆形锥度定位块装配导航器

② 将 top locating cylinder.prt 切换为工作部件，单击【工具】→【表达式】，弹出表达式对话框，如图 6-53 所示。选中其中的一个表达式，如 BLC，然后单击表达式对话框下部“创建单个部件间表达式”按钮，弹出如图 6-54 所示的选择部件对话框，选择“已加载部件”中“taper_locating_cylinder_asm.prt”，单击【确定】按钮，弹出装配体 taper_locating_cylinder _asm.prt 的表达式对话框，选择名称一致的表达式“BLC=1”，如图 6-55 所示。将子组件 top_locating_cylinder.prt 中的表达式与其父节点 taper_locating_cylinder_asm.prt 中的表达式完成关联，实现由主装配部件的主控参数管理 bottom locating cylinder.prt 的参数变更，如图 6-56 所示。

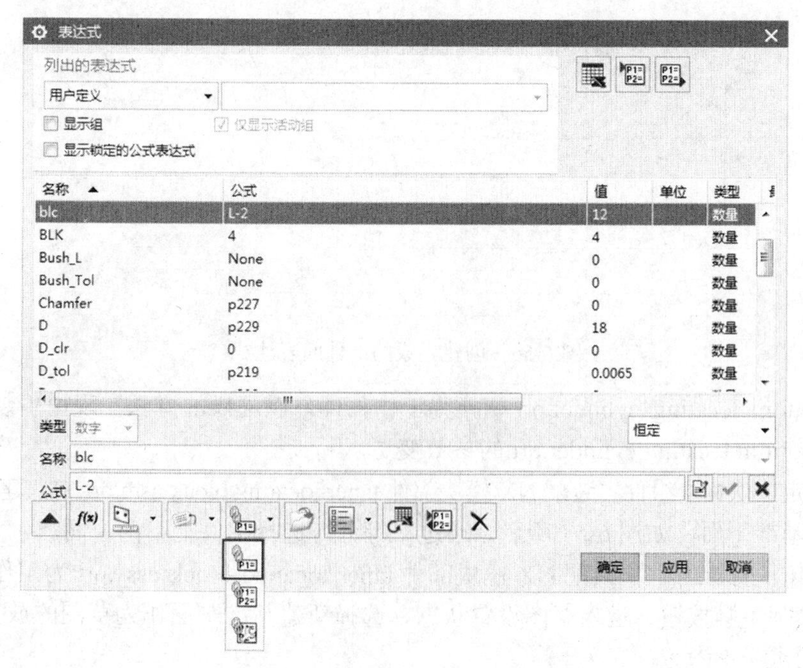

图 6-53　建立上定位块表达式

图 6-54 表达式链接部件选择对话框

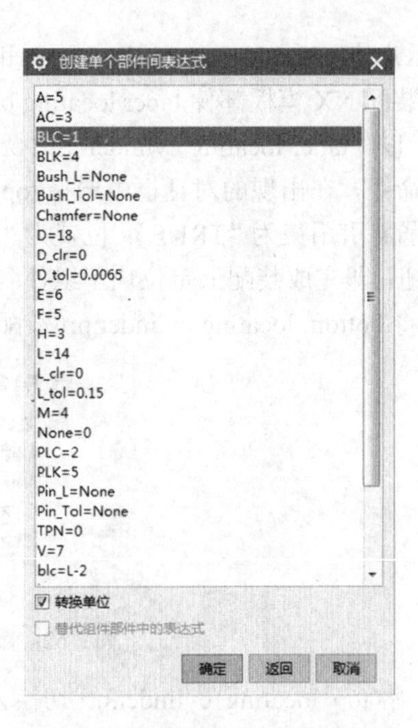

图 6-55 链接装配的表达式对话框

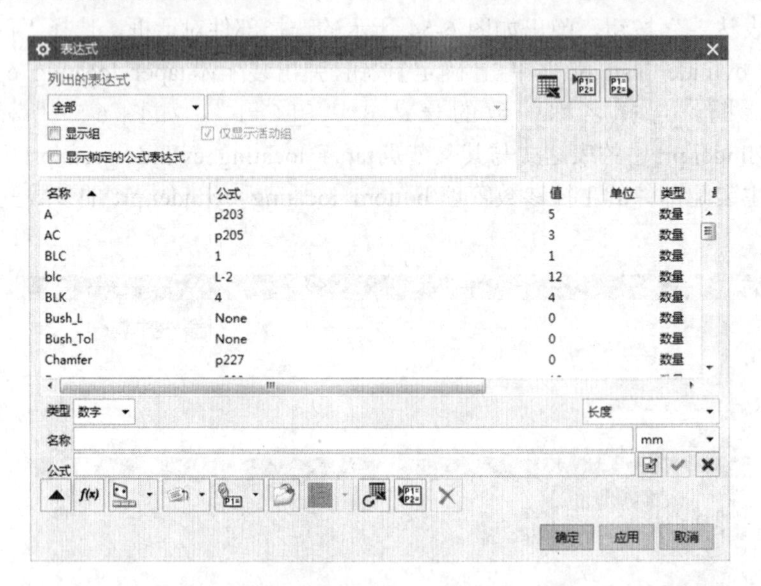

图 6-56 创建完成的部件间表达式

③ 将 bottom locating cylinder.prt 切换为工作部件，以同样的方法实现由主装配部件的主控参数管理 bottom locating cylinder.prt 的参数变更。

（19）在定位块标准组件主装配 NX 模块部件 taper locating block asm.prt 中，建立建腔实体。

① 创建基准平面，如图 6-57 所示，通过二等分，选择部件上下两个面。

② 在定位块标准组件主装配 NX 模块部件 taper locating block assy.prt 为工作部件，单击 Sketch 草图绘制工具按钮，进入草图设置状态，选择新建基准平面作为草图的放置面，以 XC 方向为草图的水平参考方向。

在绘图区绘制如图所示的草图，并添加适当而又充分的约束条件（几何约束和尺寸约束），

单击草图绘制对话框左上角的按钮退出草图绘制界面。在部件导航器中将该草图重命名为"FALSE"。

（20）建立定位块标准组件的引用集。选择上定位块子标准件、下定位块子标准件本体建立 True 引用集；选择步骤 18 建立的建腔实体建立定位块标准组件的 False 引用集。

（21）选择【编辑】→【对象显示】命令，进行颜色设置，选择定位块标准组件的建腔实体，颜色 ID 选择 211（蓝色），线型选择虚线，宽度选择 0.35mm，透明度选择 80，其余选项保持默认值。选择定位块标准组件的所有子组件的本体，将局部设置为"Yes"。将本体和建腔实体放置在第 1 层，将草图放置在第 21 层，将基准面、基准轴等所有辅助建模放置在第 60 层，将腔体放置在第 99 层，保持图面整洁、清晰，如图 6-58 所示。

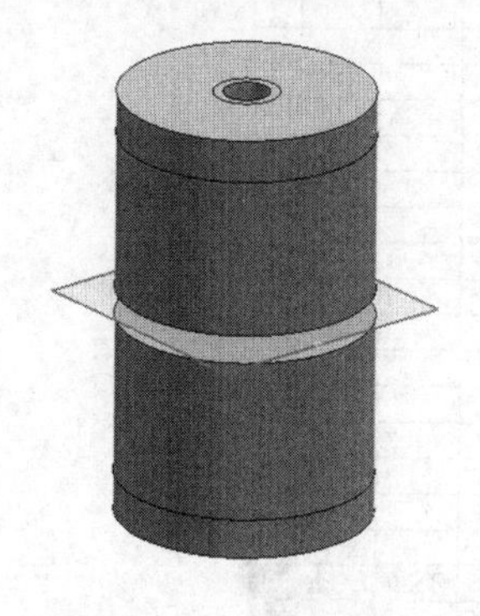

图 6-57　新建基准平面

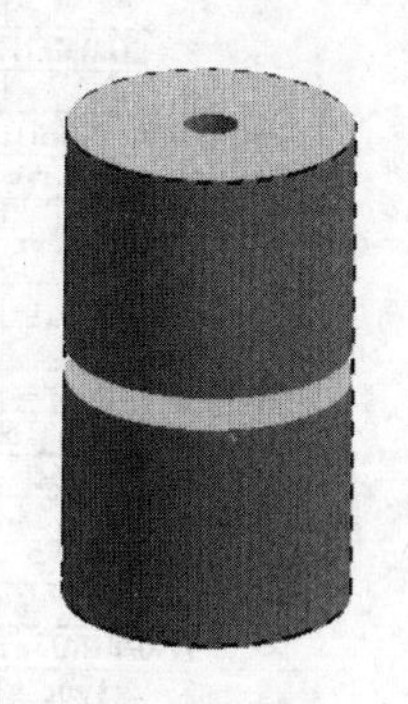

图 6-58　圆形锥度定位组件本体及建腔实体

（22）建立定位块标准组件主装配部件 taper locating block assy.prt 的部件识别属性：LOCATING_BLOCK=1。

（23）建立定位块标准组件的位图文件。

在…\standard\metric\Case\lock\bitmap 文件夹下建立如图 6-59 所示的定位块标准组件的 bitmap 位图文件"taper locating block.bmp"，用于反映定位块标准组件的结构形状及主控参数。

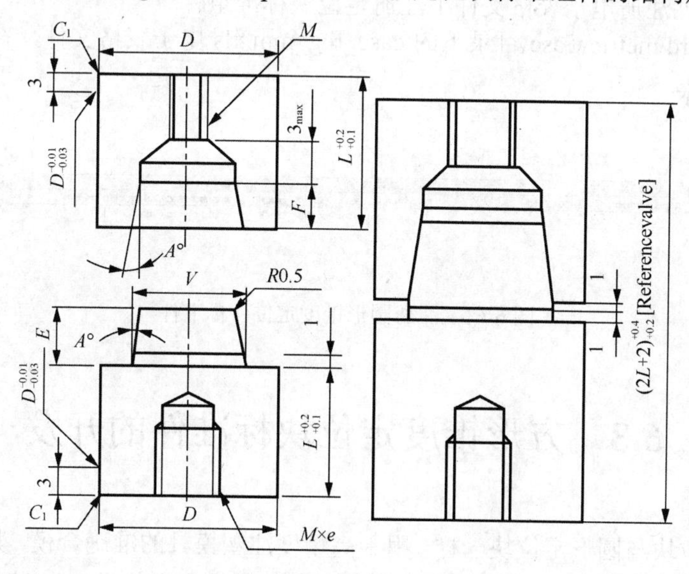

图 6-59　圆形锥度定位件位图

（24）建立定位块标准组件的数据库。

① 在…\MOLDWIZARD\templates\目录下或随书光盘的 templates 文件夹中找到名为 standard_template.xls 的电子表格文件，将其复制到…\standard\metric\Case\lock\目录下的 data 文件夹中，并将其重命名为“taper_locating_cylinder.xls”。

② 按标准件数据内容的格式规则，在定位块标准组件数据库电子表格文件 taper_locating_cylinder.xls 中建立数据内容，如图 6-60 所示。

行	A	B	C	D	E	F	G	H	I	J	K	L
4	PARENT	<UM_OTHER>										
5												
6	POSITION	POINT										
7												
8	COMMENT											
9												
10	ATTRIBUTES											
11	Catalog=<Type> <D>-<A>											
12												
13	EXTRA_DATA_SHEET											
14	::Bush_L											
15	::Pin_L											
16	::Chamfer											
17	::Bush_Tol											
18	::Pin_Tol											
19												
20	BITMAP	../bitmap/mi_tpnc.bmp										
21												
22	PARAMETERS											
23	Type	D	L	V	E	F	M	tap_M	I	A	D_clr	L_clr
24	TPN	13	14	7	6	5	4	3.3	10	1,3,5,10	0	0
25		16		10			5	4.2				
26		20	19	13	9	8	6	5	12			
27		25	24	16	12	11	8	6.8	16			
28		30	29	20	15	14	10	8.5	20			
29		32	29									
30		35	34	24	18	17	12	10.3	24			
31		42	39	30	24	23						

图 6-60 定位块标准组件数据库中的常规数据

（25）在标准件注册电子表格文件中注册定位块标准组件。

打开…\standard\metric\Case\目录下的 case_reg_mm.xls 电子表格文件，在其中添加注册内容，如图 6-61 所示。

##Customer Defined

NAME	DATA_PATH	DATA	MOD_PATH	MODEL
------Case Lock Unit-------	/standard/metric/Case/lock/data	circular taper_locating_block.x	/standard/metric/Case/lock/part	circular taper_locating_block.prt
SHCS		circular taper_locating_block.x	/standard/metric/Case/lock/part	circular taper_locating_block.prt
circular taper_locating_block				

图 6-61 注册圆形锥度定位件标准件

6.3 方形锥度定位块标准件的开发

方形锥度定位块与圆形定位块一样，用于高精度注塑模具的准确合模，其定位方法适合也用 WCS_XY 的方法，该定位块标准组件的几何对象的原点和方位设定如图 6-61 所示。调用定位块标准组件时，先将显示部件的工作坐标系调整到合适的坐标原点和方位，定位块标准组件的绝对坐标系原点和方位自动和显示部件中的工作坐标系的原点和方位相重合，以实现自动装配定位。图 6-62 是定位块标准组件的结构示意。

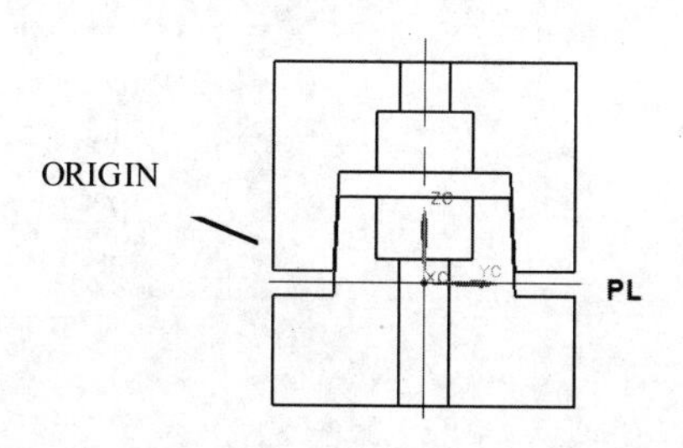

图 6-62　定位块标准组件的定位原点

本例采用自顶向下的装配建模的方法，首先建立装配环境下的草图，然后利用几何链接器，分别建立两个定位块子组件，上定位块（Top_Locating_Block）和下定位块（Bottom_Locating_Block）。

（1）在...\standard\metric\Case\目录下创建一个 lock 文件夹，并在新建立的 lock 文件夹下建立 3 个文件夹：model、bitmap、data。本例开发的定位块标准组件的模板文件均保存到 model 文件夹下、位图文件均保存到 bitmap 文件夹下、标准件数据库文件均保存到 data 文件夹下。

（2）在 model 文件夹下新建一个文本文件（.txt)，将该文件重命名为“tapper_locating_block_asm.exp”后，打开“tapper_locating_block_asm.exp”文件，建立如图 6-63 所示的定位块标准组件 NX 模板部件的主控参数，保存并退出该文件。

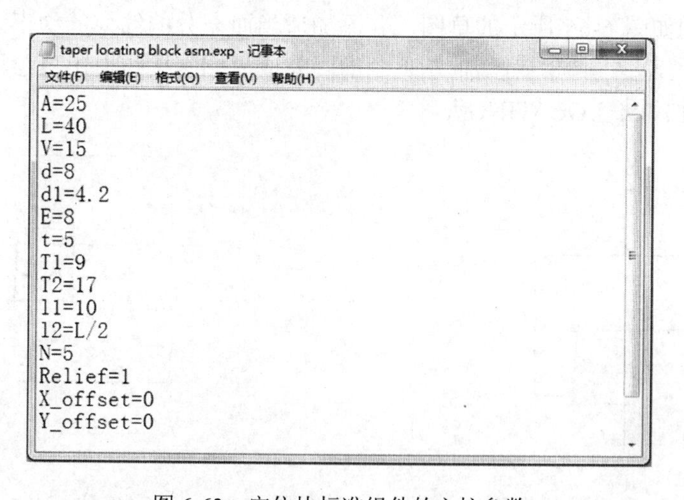

图 6-63　定位块标准组件的主控参数

（3）运行 NX 10.0，建立公制的、文件名为“tapper_locating_block_asm.prt”的定位块标准组件，路径为...\standard\metric\Case\lock\model，并进入建模环境。

（4）单击【工具】→【表达式】，弹出表达式对话框，单击从文件导入表达式按钮，将“top_locating_block.exp”文件中的表达式导入到 NX 中，如图 6-64 所示。

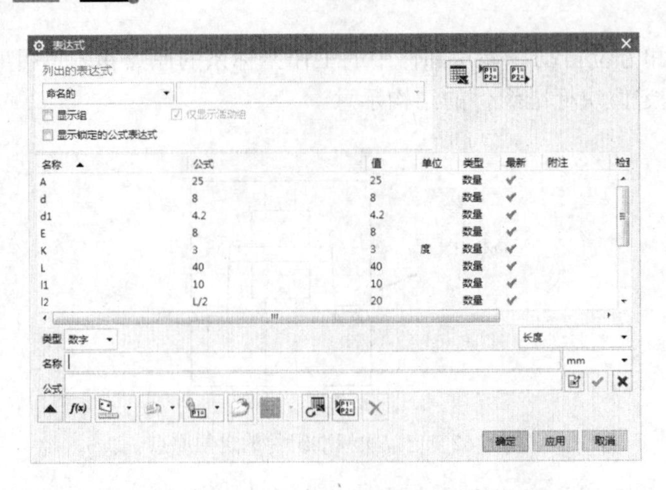

图 6-64　定位块标准组件的主控参数的导入

（5）绘制草绘特征。

① 单击 Sketch 草图按钮，进入草图设置状态，选择 ZC-YC 平面作为草图放置面，选择 YC 方向的基准轴为草图的水平参考方向。

在绘图区域制如图 6-65 所示的草图，并添加适当而充分的约束的约束条件（尺寸约束和几何约束），单击“草图绘制”对话框左上角的“完成草图”按钮退出草绘环境。将该草绘特征重命名为“TOP_LOCATING”。

② 再一次单击 Sketch 草图按钮，进入草图设置状态，选择 ZC-YC 平面作为草图放置面，选择 YC 方向的基准轴为草图的水平参考方向。

在绘图区域制如图 6-66 所示的草图，并添加适当而充分的约束的约束条件（尺寸约束和几何约束），单击“草图绘制”对话框左上角的“完成草图”按钮退出草绘环境。将该草绘特征重命名为“BUTTOM_LOCATING”。

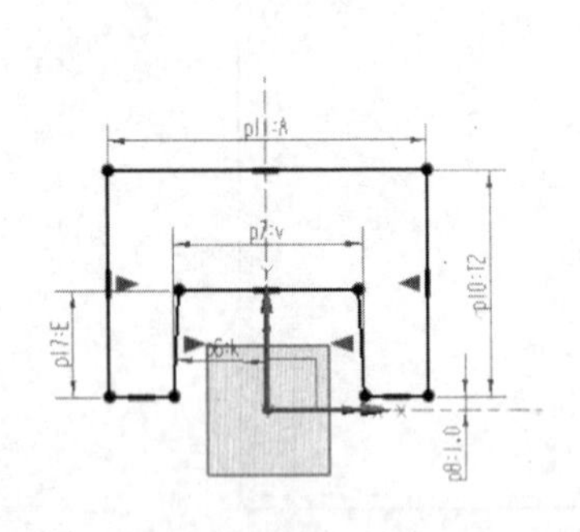

图 6-65　上定位块的草图

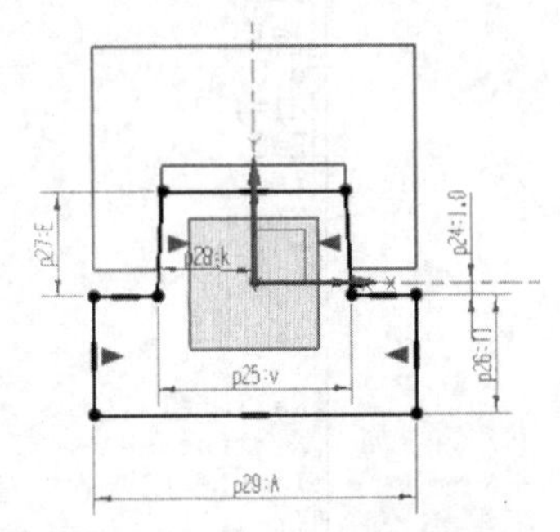

图 6-66　下定位块的草图

（6）创建定位块标准组件 taper_locating_block_asm.prt 的子组件。

选择【装配】→【组件】→【新建组件】命令，或在装配主页中直接单击 ，弹出如图 6-67 所示的“新建组件”对话框，在对话框中建立子组件 top_locating_block.prt，路径为...\standard\metric\case\lock\model，单击【确定】按钮后出现“新建组件”对话框，将对话框中引用集设置为 “模型（model）”，单击【确定】按钮。完成了 top_locating_block.prt 子组件部件的建立。以同样的方法建立 bottom_locating_block.prt 子组件的部件。装配导航器如图 6-68 所示。

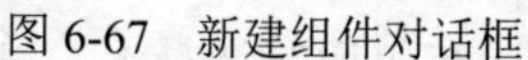

图 6-67　新建组件对话框

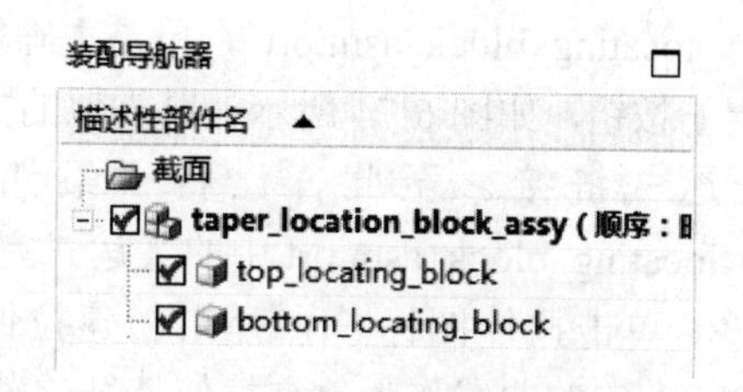

图 6-68　装配导航器

（7）将相关装配模型中的草图几何对象链接到子组件 top_locating_block.prt 和 bottom_locating_block.prt。

① 将子组件 top_locating_block.prt 切换为工作部件，单击装配模块几何链接器按钮，在出现如图 6-69 所示的几何链接器对话框中选择“草图”，如图 6-70 所示。在图形窗口选择“TOP_LOCATING”草图，单击【确定】按钮，将“TOP_LOCATING”草图链接到子组件 top_locating_block.prt。

② 将子组件 bottom_locating_block.prt 切换为工作部件，用如前所述相同的方法将绘制的草图“BOTTOM_LOCATING”链接到子组件 bottom_locating_block.prt，如图 6-71 所示。

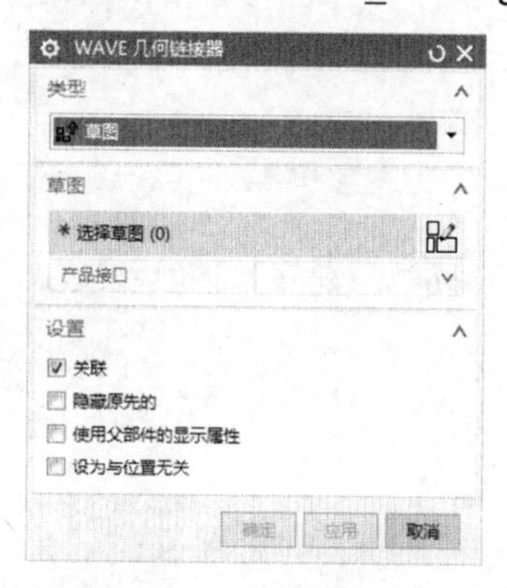

图 6-69　几何链接器

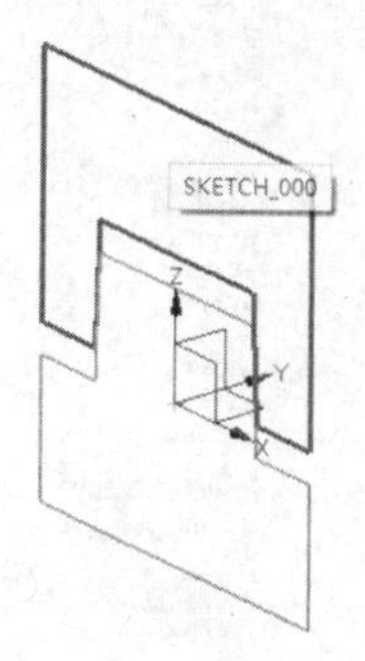

图 6-70　选择“TOP_LOCATING”草图

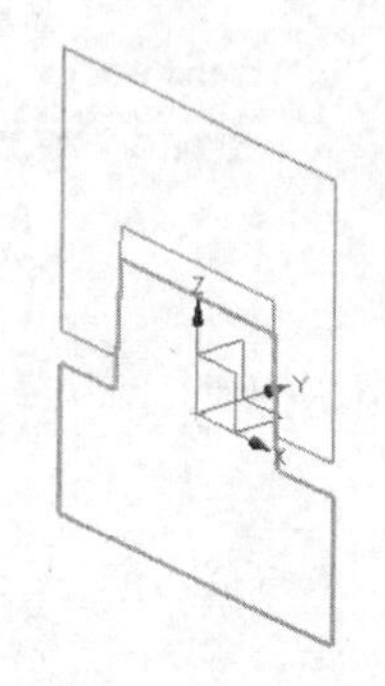

图 6-71　选择草图

（8）建立上定位块子组件 top_locating_block.prt 的几何模型

① 将子组件 top_locating_block.prt 切换为工作部件。单击【工具】→【表达式】，新建表达式，如图 6-72 所示。单击表达式 Relief，使其反亮，然后单击表达式对话框中"创建单个部件间表达式"按钮，弹出如图 6-73 所示的选择部件对话框。选择"已加载部件"中"taper_locating_block_asm.prt"，单击【确定】按钮，在弹出的对话框中选择"Relief=1"，单击【确定】按钮，如图 6-74 所示。以类似的方法，完成其余表达式 L，d，d1，t，L1，L2 的部件间表达式链接。至此，已将子组件 top_locating_block.prt 中的表达式与其父节点 taper_locating_block_asm.prt 中的表达式完成关联，如图 6-75 所示。

② 单击拉伸图标，弹出创建拉伸特征对话框，选择步骤 7 所链接的草图（TOP_LOCATING)的曲线作为建立拉伸特征的截面曲线，选择 YC 轴方向作为拉伸矢量方向，在起始文本框中输入"Relief"，在终止文本框中输入"Relief+L"，布尔运算选择无，单击【确定】按钮，完成子组件 top_locating_block.prt 的几何体建立，如图 6-76 所示。

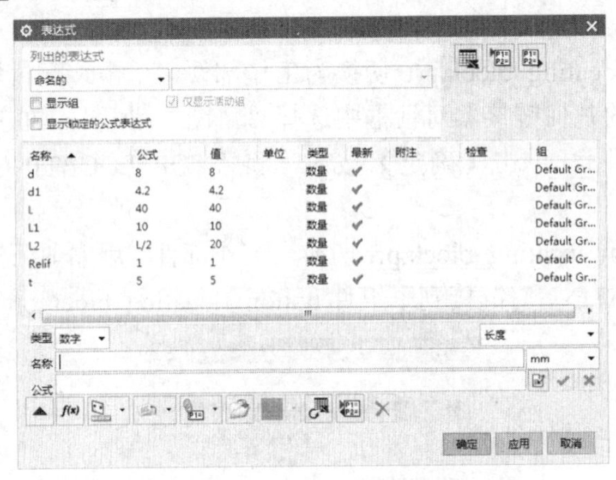

图 6-72　建立上定位块表达式

图 6-73　选择部件对话框

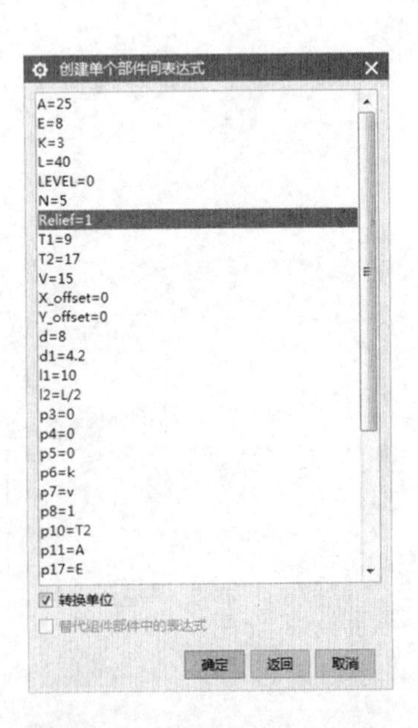

图 6-74　部件间表达式中的数据

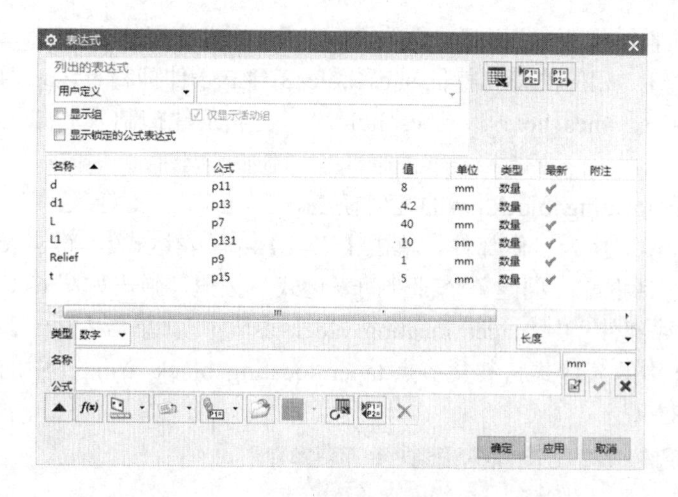

图 6-75　创建完成的部件间表达式

图 6-76　上定位块几何体

③ 建立用作安装螺纹钉孔定位基准的相关基准面。

单击基准平面按钮，进入建立基准面的对话框，在对话框中使用默认的“自动判断”选项，并确保“关联”处于选中状态，在绘图窗口依次选择本体特征长度方向的两个侧面，会出现如图 6-77 所示的预览状态的基准面，单击【确定】按钮，完成 Y 方向定位基准面的建立，在部件导航器中将该基准面特征名改为“Y_定位基准面”。

④ 单击孔按钮，再选择“沉头孔”选项，建立的上定位块 3 个紧固螺钉安装孔，尺寸如图 6-78 所示，在部件导航器中，分别按顺序将 3 个沉头孔特征重命名为“shcs_hole_1”“shcs_hole_2”、“shcs_hole_3”，如图 6-79 所示。

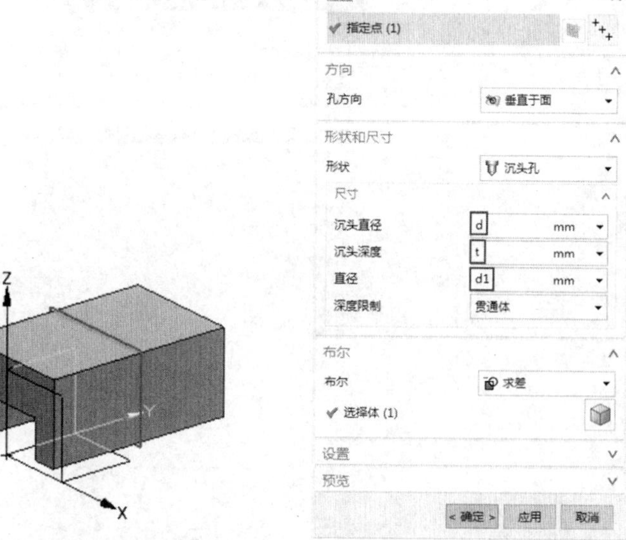

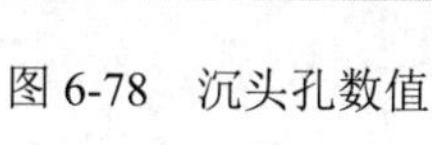

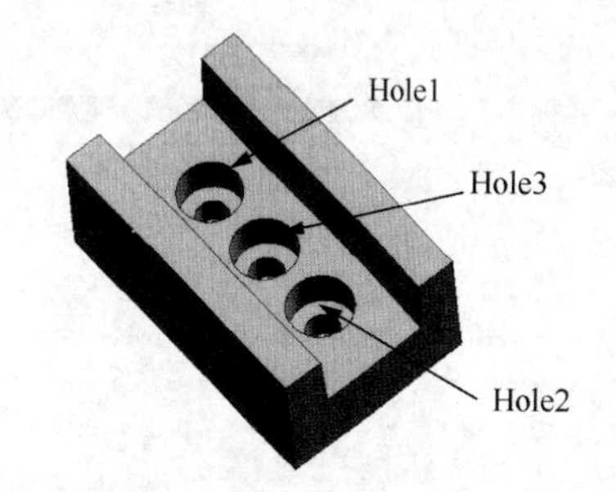

图 6-77　上定位块　　图 6-78　沉头孔数值　　图 6-79　完成的上定位块沉头孔

⑤ 建立上定位块 3 个紧固螺钉安装孔的抑制表达式；即当定位块的长度 L 值为 20~25 时，

只在 shcs_3 孔位置上装配内六角圆柱紧固螺钉，当长度 L 值为 30~75 时，则要在 shcs_1、shcs_2 孔位置上都装配内六角圆柱头紧固螺钉。相应的将孔特征 shcs_hole_3 建立条件抑制表达式为“if(L>=20&&L<30)1 else 0”；将孔特征 shcs_hole_1、shcs_hole_2、建立条件抑制表达式为“if(L>=30&&L<=75)1 else 0”。

（9）建立下定位块子组件 bottom_locating_block.prt 的几何模型。

① 将子组件 top_locating_block.prt 切换为工作部件。单击【工具】→【表达式】，新建表达式，如图 6-80 所示。单击表达式对话框中“创建单个部件间表达式”按钮，弹出如图 6-81 所示的选择部件对话框。选择“已加载部件”中“taper_locating_block_asm.prt”，单击【确定】按钮，将子组件 top_locating_block.prt 中的表达式与其父节点 taper_locating_block_asm.prt 中的表达式完成关联，如图 6-82 和图 6-83 所示

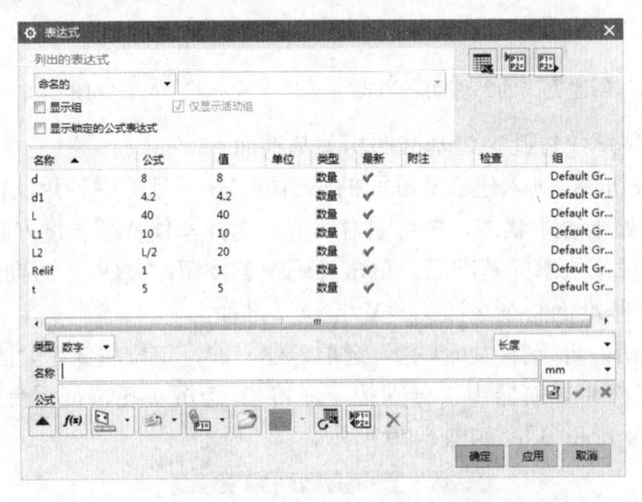

图 6-80　建立上定位块表达式

图 6-81　选择部件对话框

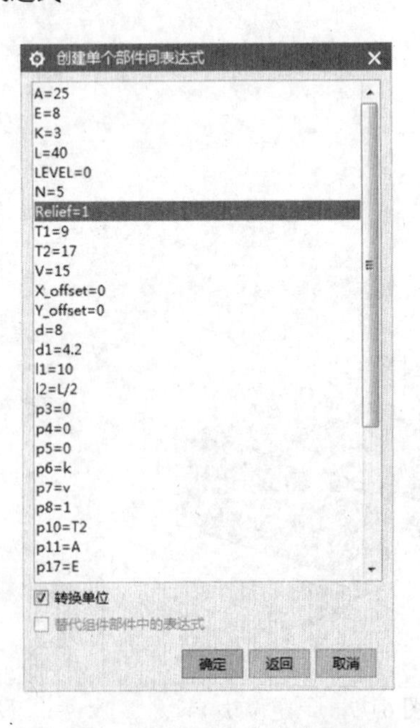

图 6-82　部件间表达式中的数据

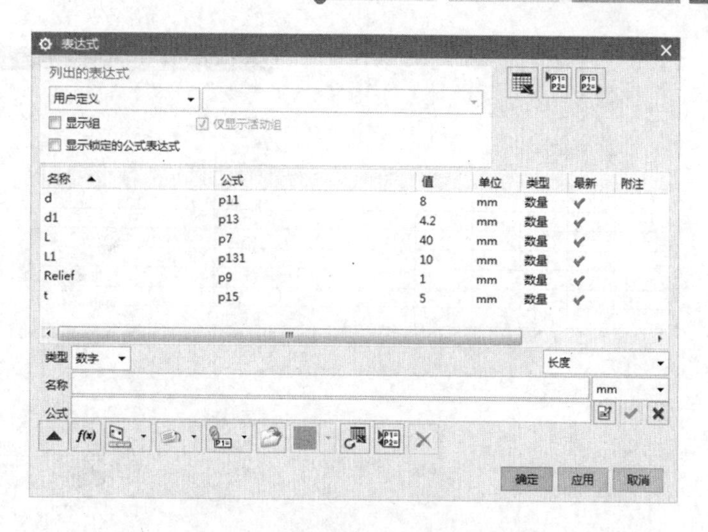

图 6-83　创建完成的部件间表达式

② 选择步骤 7 所链接的草图（BUTTOM_LOCATING）作为建立拉伸特征的截面曲线，选择 YC 轴作为拉伸矢量方向，在起始文本框中输入“Relief”，在终止文本框中输入“Relief+L”，布尔运算选择“无”，单击【确认】按钮，完成子组件 buttom_locating_block.prt 的几何体建立。如图 6-84 所示。

③ 单击腔按钮，再选择矩形选项，建立如图 6-85 所示的 0.5mm 凸台避空位。

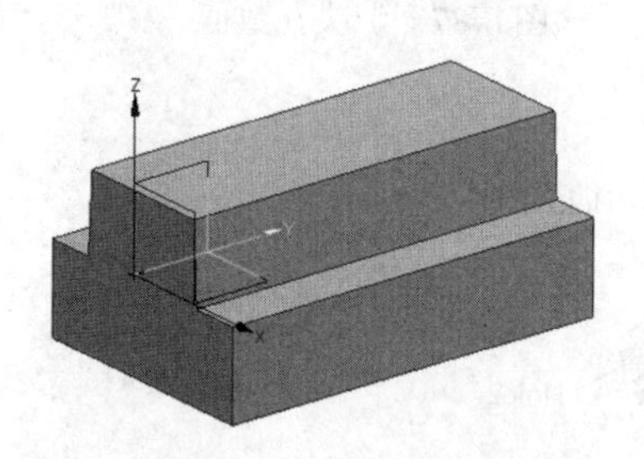

图 6-84　下定位块实体模型

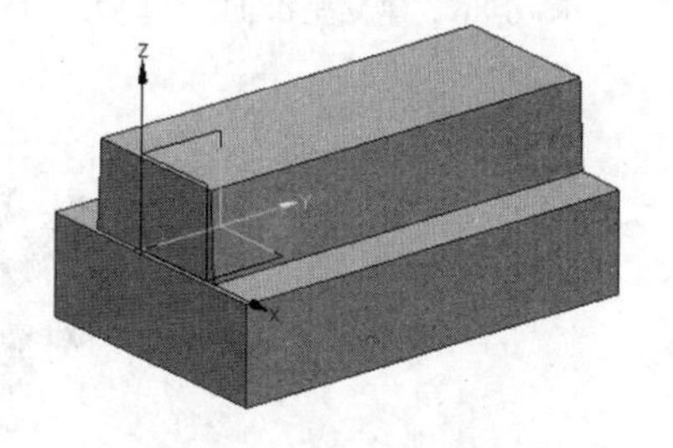

图 6-85　建立凸台的避空位

④ 建立用作安装螺纹钉孔定位基准的相关基准面。

单击基准平面按钮，进入建立基准面的对话框，在对话框中使用默认的“自动判断”选项，并确保“关联”处于选中状态，在绘图窗口依次选择本体特征长度方向的两个侧面，会出现如图 6-86 所示的预览状态的基准面，单击【确定】按钮，完成 Y 方向定位基准面的建立，在部件导航器中将该基准面特征名改为“Y_定位基准面”。

⑤ 单击孔按钮，再选择“沉头孔”选项，建立的上定位块 3 个紧固螺钉安装孔。尺寸如图 6-86 所示，在部件导航器中，分别按顺序将 3 个沉头孔特征重命名为“shcs_hole_1”“shcs_hole_2”、“shcs_hole_3”，如图 6-88 所示。

⑥ 建立下定位块 3 个紧固螺钉安装孔的抑制表达式；即当定位块的长度 L 值为 20~25 时，只在 shcs_3 孔位置上装配内六角圆柱紧固螺钉，当长度 L 值为 30~75 时，则要在 shcs_1、shcs_2 孔位置上都装配内六角圆柱头紧固螺钉。相应地，将孔特征 shcs_hole_3 建立条件抑制表达式为“if(L>=20&&L<30)1 else 0”；将孔特征 shcs_hole_1、shcs_hole_2、建立条件抑制表达式为“if(L>=30&&L<=75)1 else 0”。

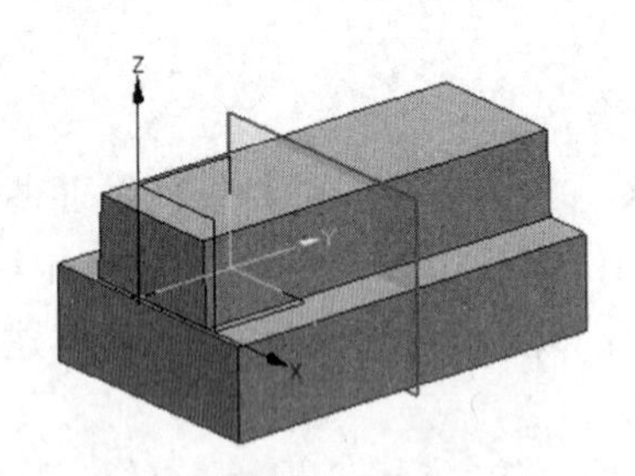

图 6-86 建立基准面

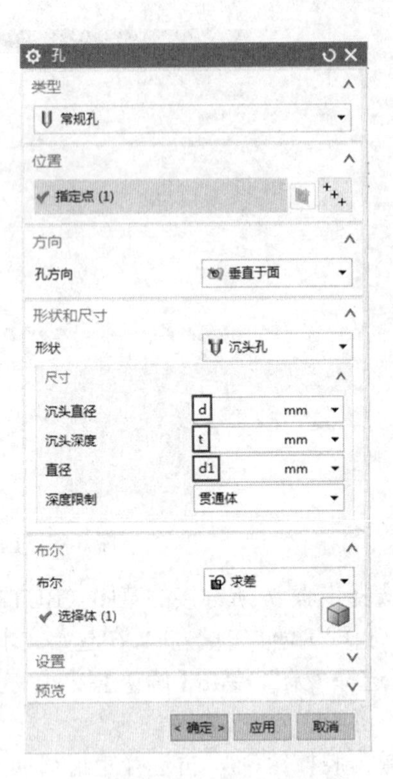

图 6-87 沉头孔数值

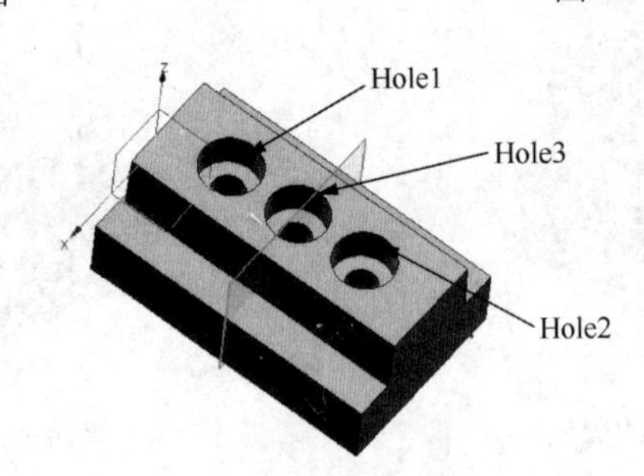

图 6-88 完成的下定位块沉头孔

（10）建立定位块标准件 taper_locating_block_asm.prt 的建腔实体特征。

① 将 taper_locating_block_asm.prt 切换为工作部件。

② 单击 Sketch 草图绘制工具按钮，进入草图设置状态，选择 XC-YC 平面作为草图的放置面，以 YC 方向为草图的水平参考方向。在绘图区绘制如图 6-89 所示的草图，并添加适当而又充分的约束条件（几何约束和尺寸约束），单击草图绘制对话框左上角的按钮，退出草图绘制界面。在部件导航器中将该草图重命名为“FALSE”。

③ 单击拉伸按钮，建立定位块标准组件的建腔实体：选择“FALSE”的草图曲线作为建立拉伸特征的截面曲线；拉伸的矢量方向设置为“+ZC”；在 Start 拉伸起始文本框中输入“-T1-1”；在 End 拉伸终止文本框中输入“T2+1”；布尔运算选择“无”，单击【确定】按钮，完成建腔实体的建立，如图 6-90 所示。在部件导航器中，将该拉伸特征重命名为“FALSE BODY”。

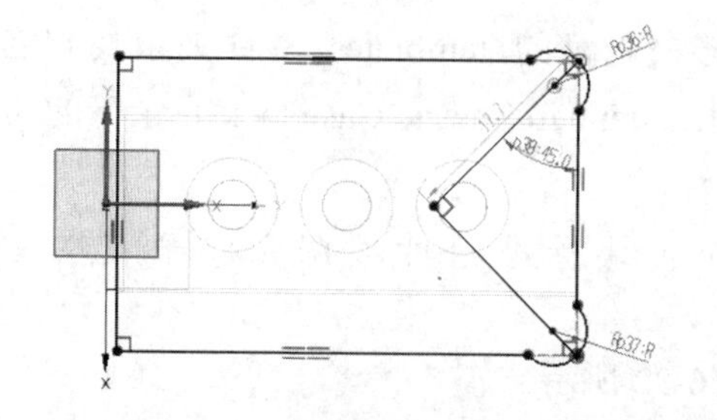

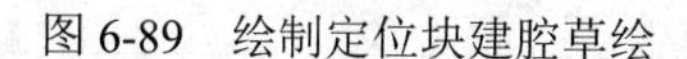
图 6-89　绘制定位块建腔草绘

图 6-90　定位块本体及建腔体

（11）建立定位块标准组件的引用集。选择上定位块子标准件、下定位块子标准件及 6 个内六角圆柱螺钉子组件的本体建立 True 引用集；选择步骤 20 建立的建腔实体建立定位块标准组件的 False 引用集。

（12）选择【编辑】→【对象显示】命令，进行颜色设置，选择定位块标准组件的建腔实体，将颜色设置为蓝色、线型设置为虚线；选择定位块标准组件的所有子组件的本体，勾选局部着色。将本体和建腔实体分别放置在第 1 层和第 99 层，将草图移至第 21 层，基本坐标系等所有的辅助建模几何体，均移至第 60 层，保持图面整洁、清晰。

（13）建立定位块标准组件主装配部件 taper locating block assy.prt 的部件识别属性：LOCATING_BLOCK=1。

（14）建立定位块标准组件的位图文件。

在...\standard\metric\Case\lock\bitmap 文件夹下建立如图 6-91 所示的定位块标准组件的 bitmap 位图文件“taper locating block.bmp”，用于反映定位块标准组件的结构形状及主控参数。

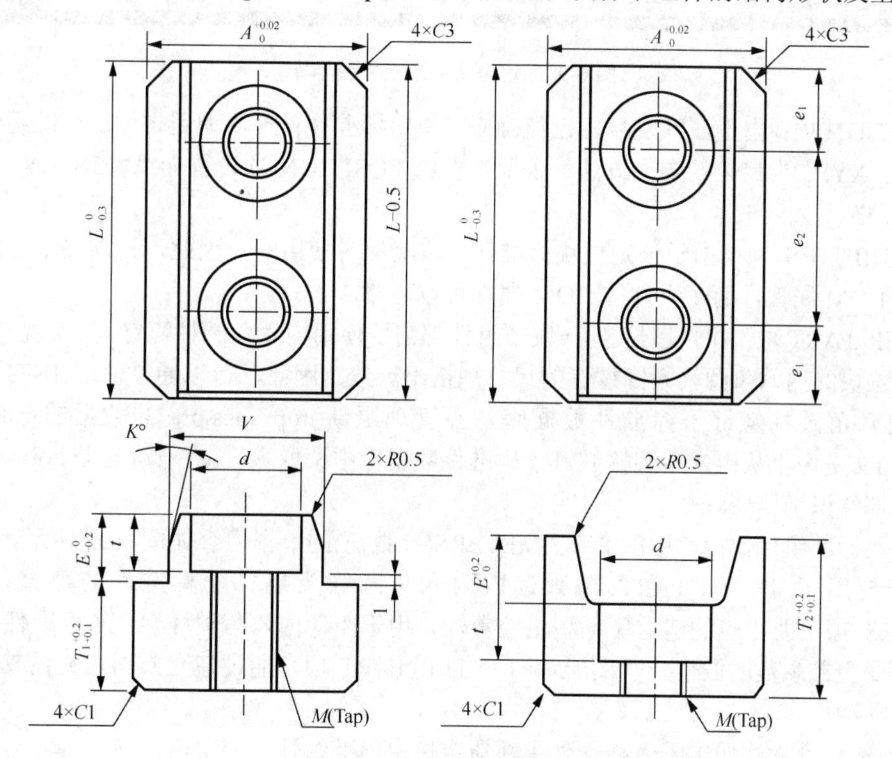

图 6-91　定位块标准组件位图

（15）建立定位块标准组件的数据库。

① 在…\MOLDWIZARD\templates\目录下或随书光盘的 templates 文件夹中找到名为 standard_template.xls 的电子表格文件，将其复制到…\standard\metric\Case\lock\目录下的 data 文件夹中，并将其重命名为“taper_locating_block.xls”。

② 按标准件数据内容的格式规则，在定位块标准组件数据库电子表格文件 taper_locating_block.xls 中建立数据内容。

定位块标准组件数据库中的常规数据内容如图 6-92 所示。

	A	B	C	D	E	F	G	H	I	J	K	L	M	N	O	P	Q	R	S	T	U	V	W
2	## Version A 2016/04/01 created by chuzhong																						
3																							
4	COMMENT																						
5																							
6	PARENT	<UM_OTHER>																					
7																							
8	POSITION	WCS_XY																					
9																							
10	ATTRIBUTES																						
11	CATALOG=Case:TBS_<L>_<K>																						
12	BREVITY=TBS																						
13	MATERIAL=SKD11																						
14	MW_STOCK_SIZE=STANDARD																						
15	MW_COMPONENT=YES																						
16																							
17	INTER PART																						
18	SHCS1	\standard\metric\case\s	SIZE=SC	PLAT	LENG	HEAD_RELIEF=SHCS_RELIEF																	
19	SHCS2	\standard\metric\case\s	SIZE=SC	PLAT	LENG	HEAD_RELIEF=SHCS_RELIEF																	
20																							
21	BITMAP	…\standard\metric\case\lock\bitmap\3dmodel.bmp																					
22																							
23	PARAMETERS																						
24	CATALOG	L	K	A	V	T1	T2	E	relif	N	d	d1	SCRE	l	l1	l2	R	H1	H2	SHCS_L1	SHCS_L2	SHCS_RELIEF	
25	TBS-16	20	1,3,5	16	9	7	14	7	0.5	5	8	4.2	4	4	Hide=	hide=	2	8	15	12	20	1	
26	TBS-20	25		20	12																		
27		30																					
28	TBS-25	25		25																			
29		30																					
30		40																					
31	TBS-30	25		30																			
32		30																					
33		40																					
34	TBS-35	40		35																			
35		50																					
36	TBS-45	40		40																			
37		50																					
38		75																					
39	TBS-65	60		65																			
40	END																						

图 6-92 定位块标准组件数据库

POSITION 项：由于在开发目标已经确立，使用标准件管理器调用定位块标准组件时，要使用 WCS_XY 作为默认的定位方法，因此需要将 POSITION 项设置为“WCS_XY”，如图中的 B8 单元格。

ATTRIBUTES 项：由于该定位块标准件是成套配对使用的，因此，只须要定义定位块准备组件的 BOM 属性，而子组件的 BOM 属性可以忽略。

INTER_PART 项：由于上下定位=块子组件都需要使用内六角圆柱螺钉，来实现安装紧固，而且上定位块的内六角圆柱紧固螺钉的尺寸规格不一致。因此，可以通过使用 INTER_L1 是用于从内六角圆柱螺钉子标准件数据库，并管理更新 top_shcs.prt 的数据的部件识别属性:SHCS_L2 是由于从内六角圆柱螺钉子标准件数据库中读取数据，并管理更新 bottom-shcs.prt 的数据的部件识别属性。

定位块标准组件数据库中的 PARAMETERS(参数)项的数据内容如图 6-92 所示。

由于使用了 INTER_PART 项来读取内六角圆柱头螺钉子标准件的数据，因此在 PARATERS 项下要相应的建立驱动型主控参数，用于驱动内六角圆柱螺钉子标准件外部数据库中的可变主控参数的取值。在图所示的 INTER_PART 项，通过建立判别式关系或赋值关系来实现驱动动作。

（16）在标准件注册电子表格文件中注册定位块标准组件。

打开...\standard\metric\Case\目录下的 case_reg_mm.xls 电子表格文件，在其中添加如图 6-93 所示的注册内容。

15	---Case Lock Unit---	/standard/metric/case/lock/data	taper_locating_block.xls	/standard/metric/case/lock/model	taper_location_block_assy.prt
16	Taper Locating Block		taper_locating_block.xls		taper_location_block_assy.prt
17					

图 6-93　标准件注册电子表格

（17）验证和调试。定位块标准组件最主要的验证内容：调用定位块标准组件时，使用 WCS_XY 方法定位、放置原点和方位是否正确；内六角圆柱螺钉子标准件的数据读取、更新是否有误；验证建腔功能是否有缺陷或错误；定位块标准组件部件的属性设置是否正确；主控参数设置是否合理，是否有因主控参数的取值不合理造成几何冲突现象发生等。

6.4　侧向定位组件标准件的开发

侧向定位块也是用于高精度注塑模具，定位块在注塑模具安装时具有方向性，故其定位方法适合用 WCS_XY 的方法，因此定位块标准组件的几何对象的原点和方位设定如图 6-94 所示。调用定位块标准组件时，先将显示部件的工作坐标系调整到合适的坐标原点和方位，定位块标准组件的绝对坐标系原点和方位自动和显示部件中的工作坐标系的原点和方位相重合，以实现自动装配定位。

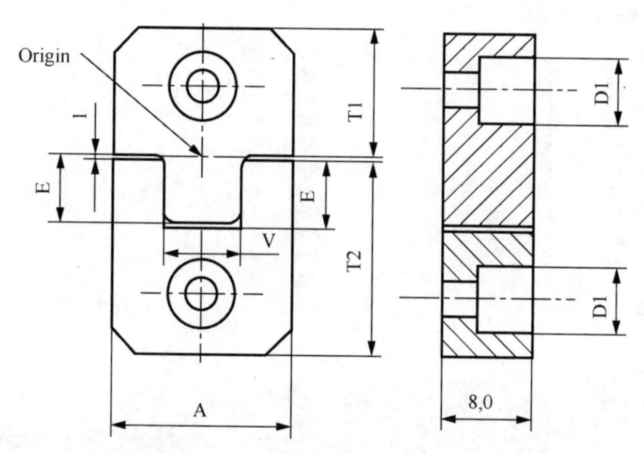

图 6-94　定位块标准组件的定位原点

本例采用 WAVE 模式的自顶向下的装配建模的方法，分别建立两个定位块子组件，使两个子组件的主控参数与装配模型关联，从而实现装配模型的参数化。

（1）在...\standard\metric\Case\目录下创建一个 lock 文件夹，并在新建立的 lock 文件夹下建立 3 个文件夹：model、bitmap、data。本例开发的定位块标准组件的模板文件均保存到 model 文件夹下、位图文件均保存到 bitmap 文件夹下、标准件数据库文件均保存到 data 文件夹下。

（2）在 model 文件夹下新建一个文本文件(.txt)，将该文件重命名为“needle_bearing_asm.exp”后，打开“needle_bearing_asm.exp”文件，建立如图 6-95 所示的定位块标准组件 NX 模板部件的主控参数，保存并退出该文件。

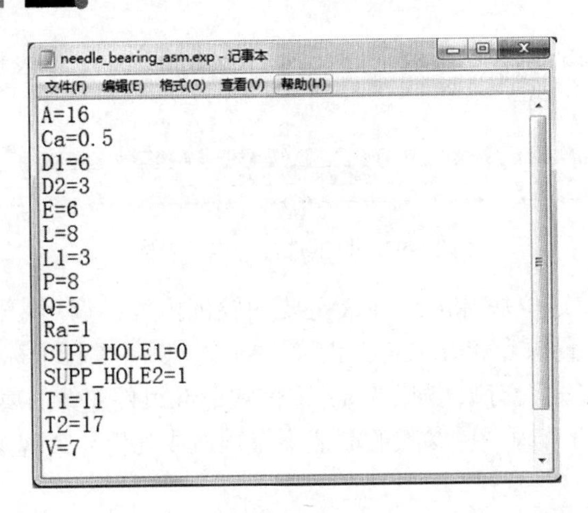

A=16
Ca=0.5
D1=6
D2=3
E=6
L=8
L1=3
P=8
Q=5
Ra=1
SUPP_HOLE1=0
SUPP_HOLE2=1
T1=11
T2=17
V=7

图 6-95　定位块标准组件的主控参数

（3）运行 NX，建立公制的、文件名为“needle_bearing_asm.prt”的定位块标准组件，路径为...\standard\metric\Case\lock\model，并进入建模环境。

（4）单击【工具】→【表达式】，弹出表达式对话框，单击从文件导入表达式按钮，将“needle_bearing_asm.exp”文件中的表达式导入到 NX 中，如图 6-96 所示。

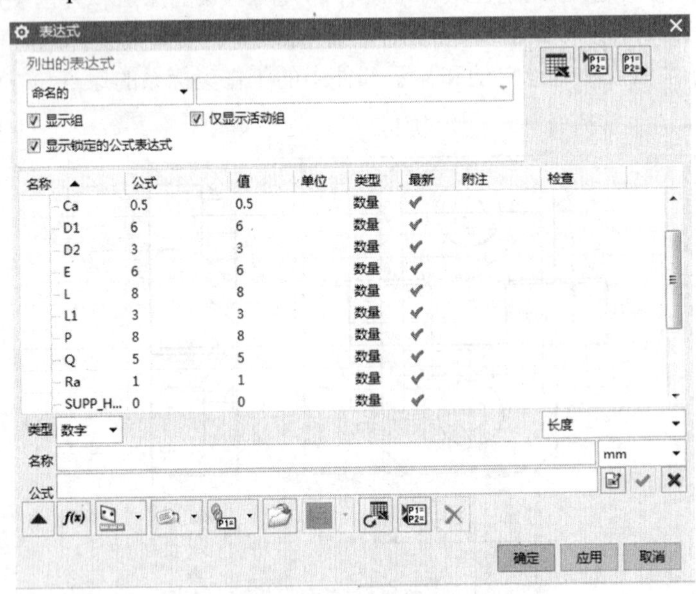

图 6-96　定位块标准组件的主控参数

（5）绘制草绘特征。

① 单击 Sketch 草图按钮，进入草图设置状态，选择 XC-YC 平面作为草图放置面，选择 ZC 方向的基准轴为草图的水平参考方向。

在绘图区域制如图 6-97 所示的草图，并添加适当而充分的约束条件（尺寸约束和几何约束），单击草图绘制对话框左上角的完成草图按钮退出草绘环境。将该草绘特征重命名为“NEEDLE_BEARING _1”。

② 新建基准坐标系。单击基准 CSYS 命令，弹出“基准 CSYS”对话框，在类型中选择“偏置 CSYS”，偏置量：X=0，Y=－（E+0.5），Z=0，如图 6-98 所示。

再一次单击 Sketch 草图按钮，进入草图设置状态，选择新建的坐标系 XC-YC 平面作为草图放置面，选择 ZC 方向的基准轴为草图的水平参考方向。

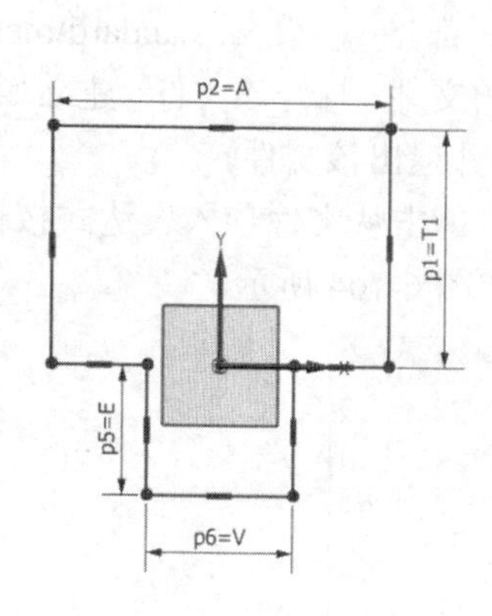

图 6-97 needle_bearing _1 草绘

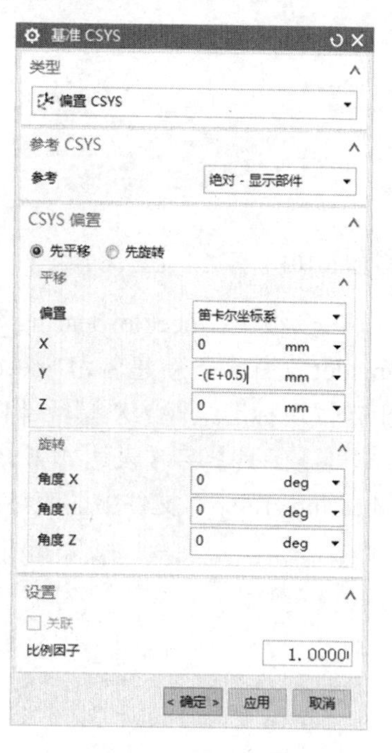

图 6-98 新建基准坐标系

在绘图区域制如图 6-99 所示的草图，并添加适当而充分的约束条件（尺寸约束和几何约束），单击草图绘制对话框左上角的完成草图按钮退出草绘环境。将该草绘特征重命名为“needle_bearing _2”。

（6）定位块上定位块子组件 needle_bearing_1.prt 的几何模型

① 在装配导航器中，右键单击 needle_bearing_asm，选择【WAVE】→【新建级别】，如图 6-100 所示，弹出新建级别对话框。在部件名文本框中输入“needle_bearing_1”并按 Enter 键，在过滤器中选择“草图/线串”，然后再绘图区域中选择草图 needle_bearing _1，如图 6-101 和图 6-102 所示。

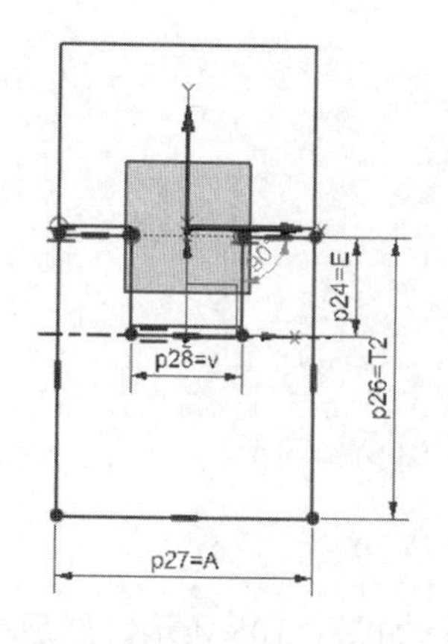

图 6-99 needle_bearing _2 草绘

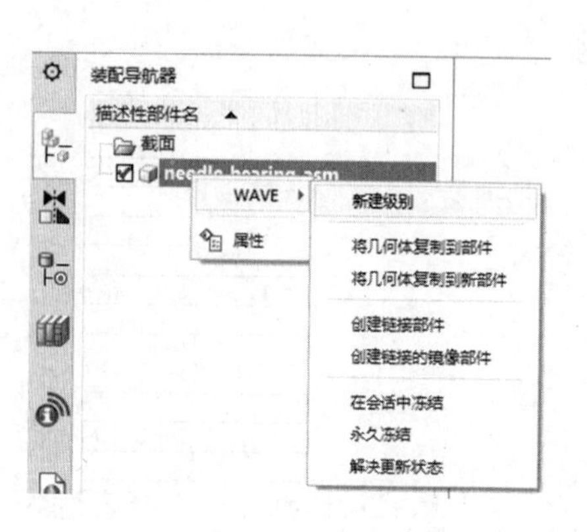

图 6-100 WAVE 模式

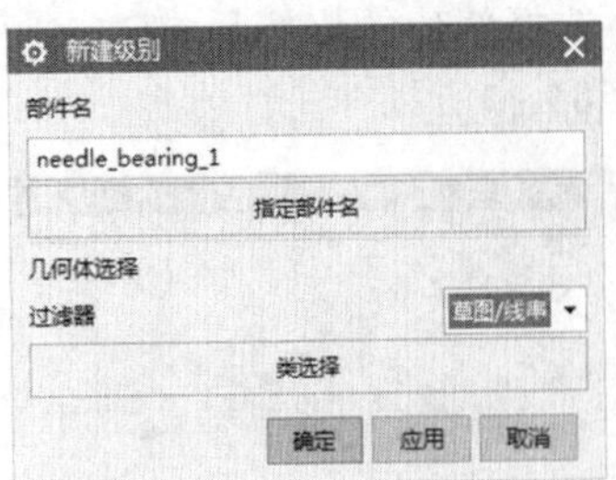

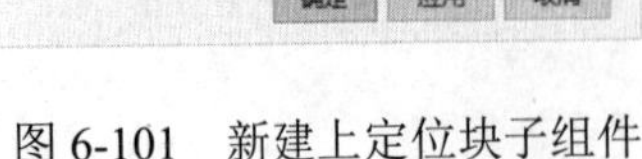

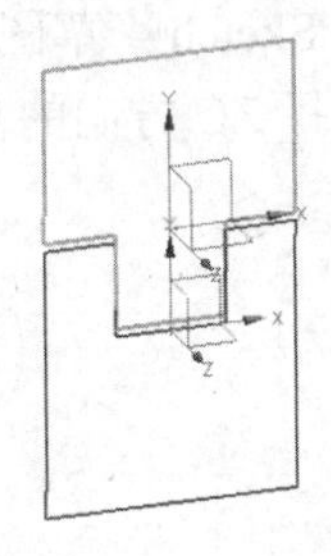

图 6-101　新建上定位块子组件　　　　图 6-102　选取 needle_bearing _1 草图

② 将子组件 needle_bearing_1.prt 切换为工作部件。在 ...\standard\metric\Case\VTSSB\model 文件夹下新建名为“needle_bearing_1.exp”的文件，打开该文件，建立如图 6-103 所示的上定位块标准组件 NX 模板部件的主控参数，保存并退出该文件。

③ 单击【工具】→【表达式】，弹出表达式对话框，单击从文件导入表达式按钮，将“needle_bearing_1.exp”文件中的表达式导入到 NX 中，如图 6-104 所示。

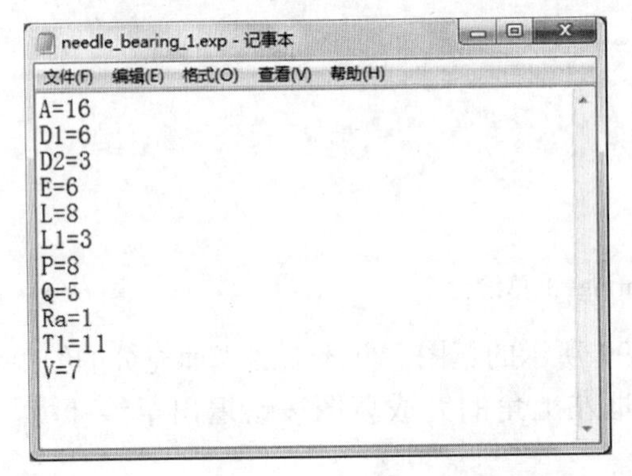
needle_bearing_1.exp - 记事本

文件(F)　编辑(E)　格式(O)　查看(V)　帮助(H)

```
A=16
D1=6
D2=3
E=6
L=8
L1=3
P=8
Q=5
Ra=1
T1=11
V=7
```

图 6-103　上定位块标准组件 NX 模板部件的主控参数

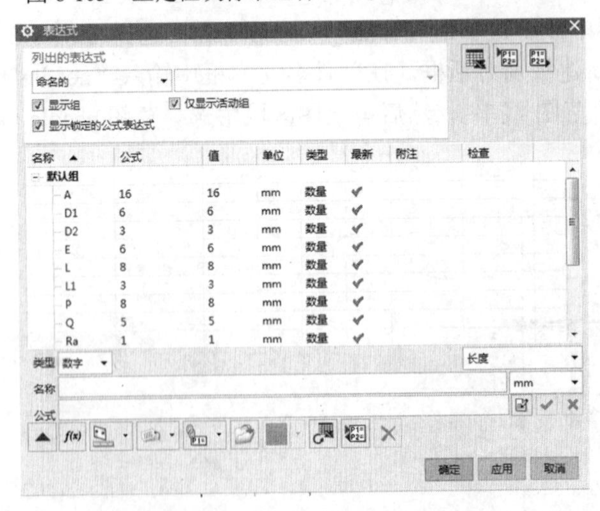

名称	公式	值	单位	类型	最新	附注	检查
A	16	16	mm	数量	✔		
D1	6	6	mm	数量	✔		
D2	3	3	mm	数量	✔		
E	6	6	mm	数量	✔		
L	8	8	mm	数量	✔		
L1	3	3	mm	数量	✔		
P	8	8	mm	数量	✔		
Q	5	5	mm	数量	✔		
Ra	1	1	mm	数量	✔		

图 6-104　上定位块标准组件的主控参数

④ 在表达式对话框中，选择表达式“A”，使其反亮，如图 6-105 所示。然后单击对话框下部“创建单个部件间表达式”按钮，弹出如图 6-106 所示的选择部件对话框。选择“已

加载部件”中“needle_bearing_asm.prt”，单击【确定】按钮，在弹出的对话框中选择“A=16”，如图 6-107 所示，单击【确定】按钮。

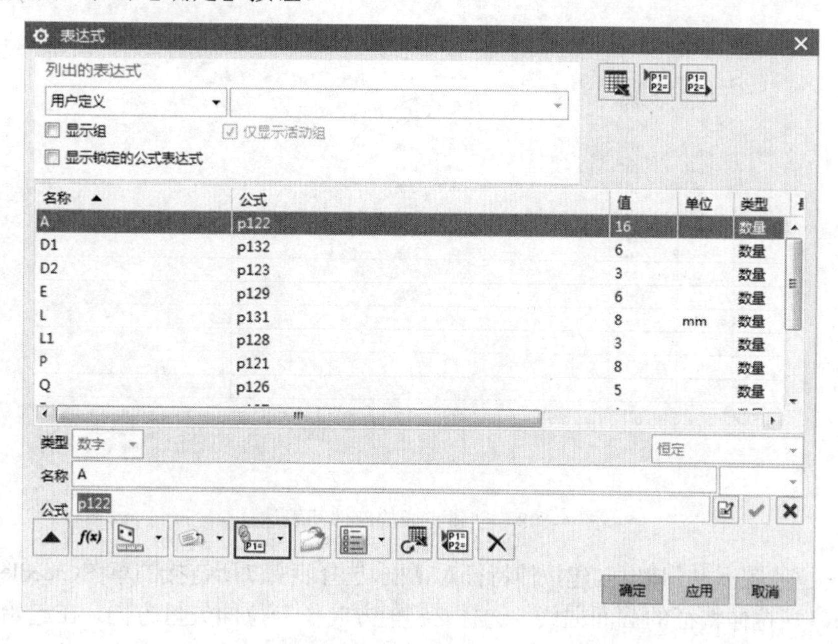

图 6-105　上定位块标准组件的主控参数

图 6-106　选择部件对话框

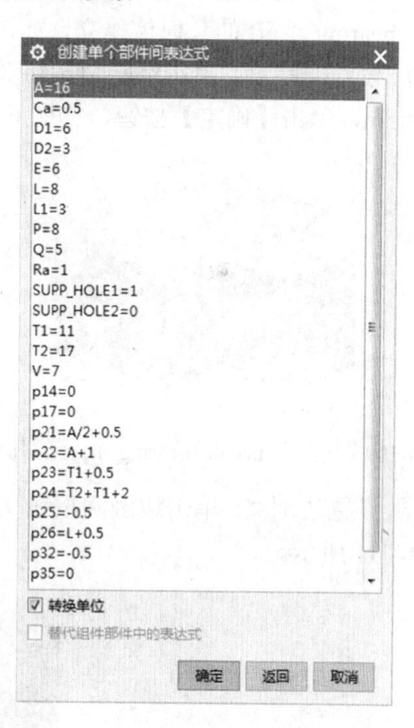

图 6-107　部件间表达式中的数据

以类似的方法，完成其余表达式 D1,D2,E,L,L1,P,Q,Ra,SUPP_1,SUPP_2,T1,V 的部件间表达式链接。至此，已将子组件 needle_bearing_1.prt 中的表达式与其父节点 needle_bearing_asm.prt 中的表达式完成关联。如图 6-108 所示。

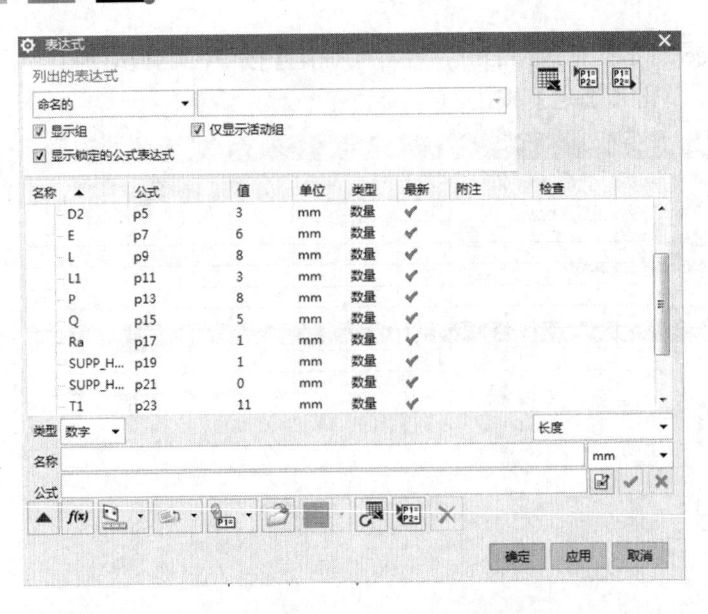

图 6-108　创建完成的部件间表达式

⑤ 单击拉伸图标，弹出创建拉伸特征对话框，选择步骤 7 所链接的草图(needle_bearing _1)的曲线作为建立拉伸特征的截面曲线，选择 ZC 轴方向作为拉伸矢量方向，在起始文本框中输入 0，在终止文本框中输入“L”，布尔运算选择无，单击【确定】按钮，完成子组件 needle_bearing_1.prt 的几何体建立，如图 6-109 所示。

⑥ 设置倒斜角。单击倒斜角按钮，弹出倒斜角对话框，在对话框中横截面选择对称，距离 2mm，单击【确定】按钮，如图 6-110 所示。

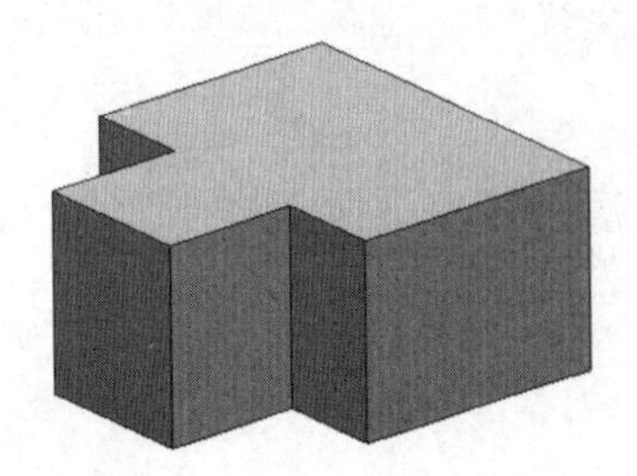

图 6-109　子组件 needle_bearing_1.prt 的几何体

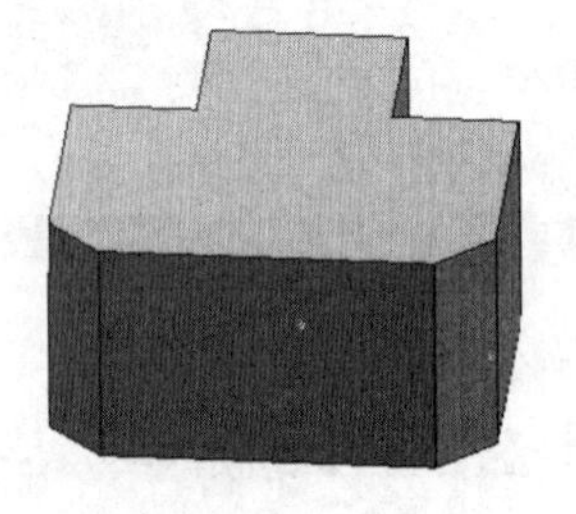

图 6-110　设置倒斜角

⑦ 设置边倒圆。单击边倒圆按钮，弹出边倒圆对话框，半径 1mm，单击【确定】按钮，如图 6-111 所示。

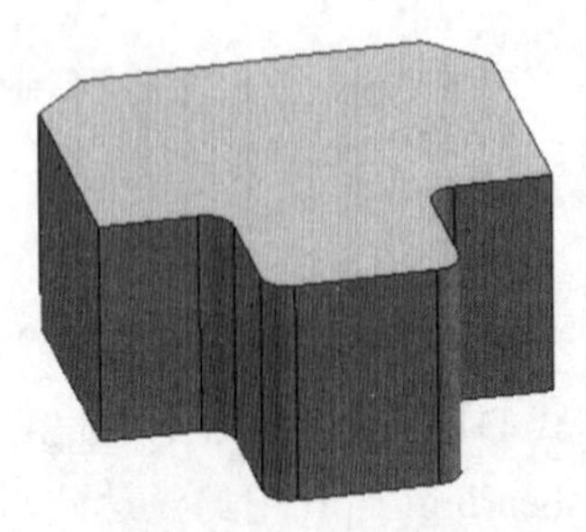

图 6-111　设置边倒圆

⑧ 建立用作安装沉头孔定位基准的相关基准面。

单击基准平面按钮，进入建立基准面的对话框，确保“关联”处于选中状态，建立如图 6-112 所示的基准平面。

⑨ 单击孔按钮，再选择“沉头孔”选项，指定点选择两基准面及 XC-YC 面的交点，沉头直径选择 D1，沉头深度选择 L-L1，直径选择 D2，深度选择 100，顶锥角选择 118，建立如图 6-113 所示的沉头孔，将该沉头孔重命名为 HOLE1。

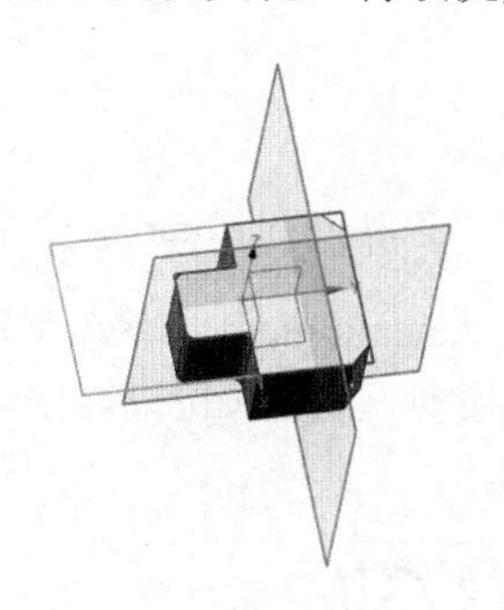

图 6-112　建立的基准平面

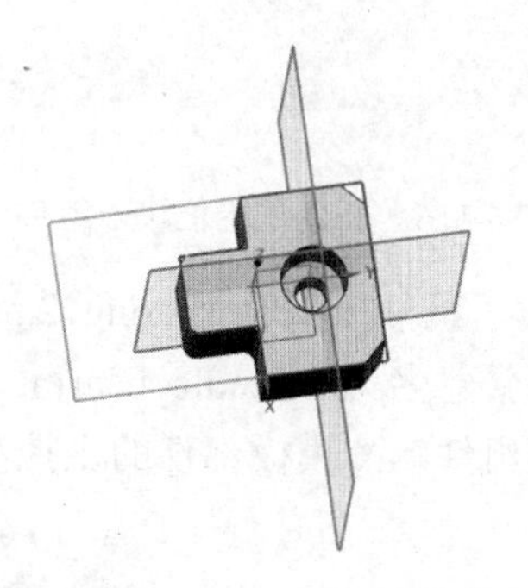

图 6-113　建立的沉头孔 HOLE1

⑩ 建立沉头孔 HOLE1 的抑制表达式：当 SUPP_HOLE1=1 时，在 HOLE1 位置上装配内六角圆柱紧固螺钉，当 SUPP_HOLE1=0 时，在 HOLE1 位置上不装配内六角圆柱紧固螺钉。

⑪ 单击基准平面按钮，进入建立基准面的对话框，确保“关联”处于选中状态，建立图 6-114 所示的基准平面。

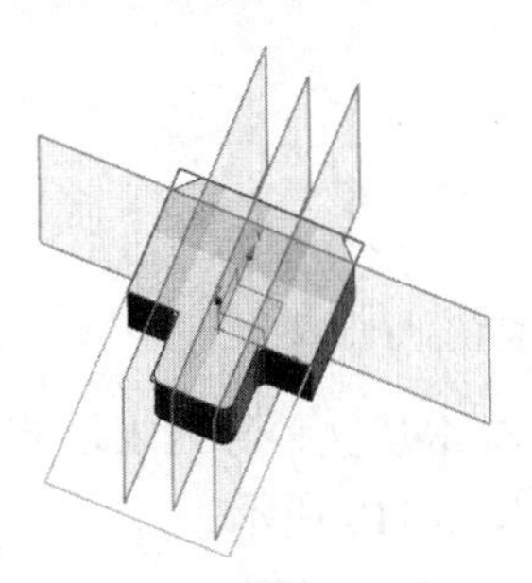

图 6-114　建立基准平面

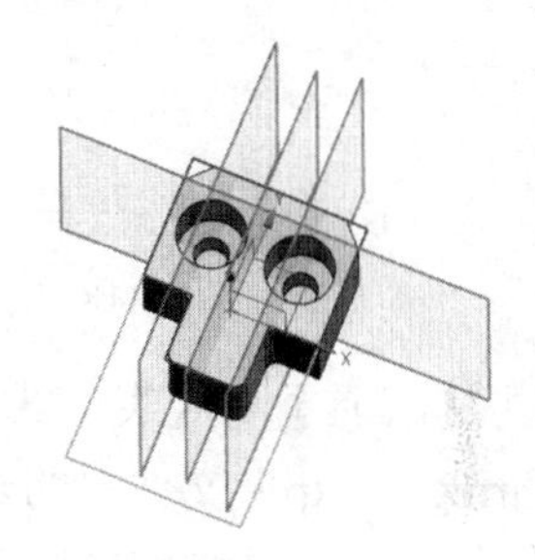

图 6-115　建立沉头孔 HOLE2 和 HOLE3

⑫ 单击孔按钮，再选择“沉头孔”选项，指定点选择两基准面及 XC-YC 面的交点，沉头直径为 D1，沉头深度为 L-L1，直径为 D2，深度为 100，顶锥角为 118°，建立如图 6-112 所示的沉头孔，将该沉头孔重命名为 HOLE2 和 HOLE3。

⑬ 建立沉头孔 HOLE2 和 3 的抑制表达式：当 SUPP_HOLE2=1 时，在 HOLE2 和 HolE3 位置上装配内六角圆柱紧固螺钉，当 SUPP_HOLE2=0 时，在 HOLE2 和 3 位置上不装配内六角圆柱紧固螺钉。

（7）建立下定位块子组件 needle_bearing_2.prt 的几何模型。

① 在装配导航器中，右键单击 needle_bearing_asm，选择【WAVE】→【新建级别】，弹出新建级别对话框。在部件名文本框中输入“needle_bearing_2”并按 Enter 键，在过滤器中选择“草图/线串”，然后再绘图区域中选择草图 needle_bearing _2，如图 6-116 和图 6-117 所示。

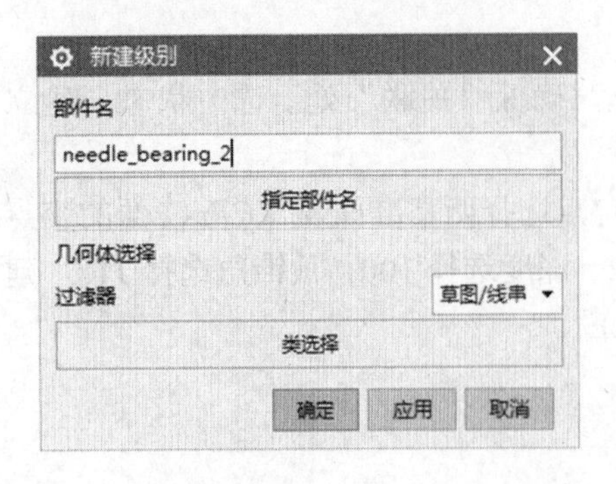

图 6-116 新建下定位块子组件

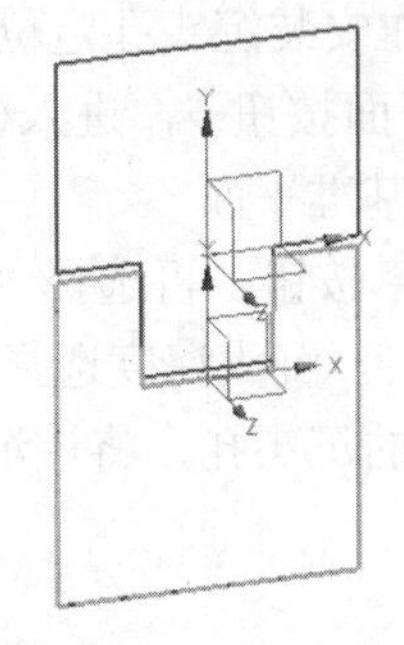

图 6-117 选取 needle_bearing _2 草图

② 将子组件 needle_bearing_2.prt 切换为工作部件。在...\standard\metric\Case\ VTSSB\model 文件夹下新建名为"needle_bearing_2.exp"的文件，打开该文件，建立如图 6-118 所示的下定位块标准组件 NX 模板部件的主控参数，保存并退出该文件。

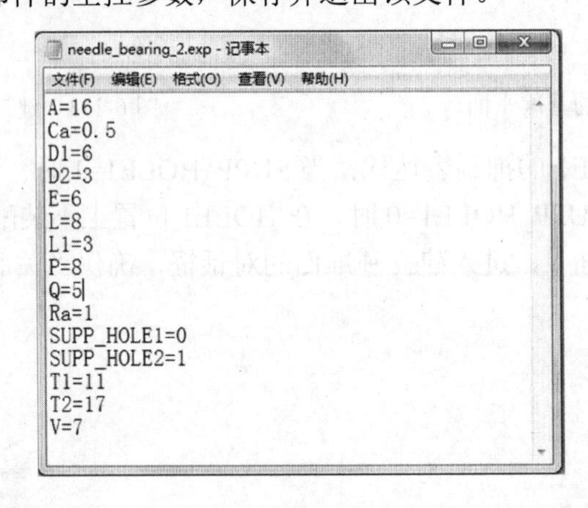

图 6-118 下定位块标准组件 NX 模板部件的主控参数

③ 单击【工具】→【表达式】，弹出表达式对话框，单击从文件导入表达式按钮，将"needle_bearing_2.exp"文件中的表达式导入到 NX 中，如图 6-119 所示。

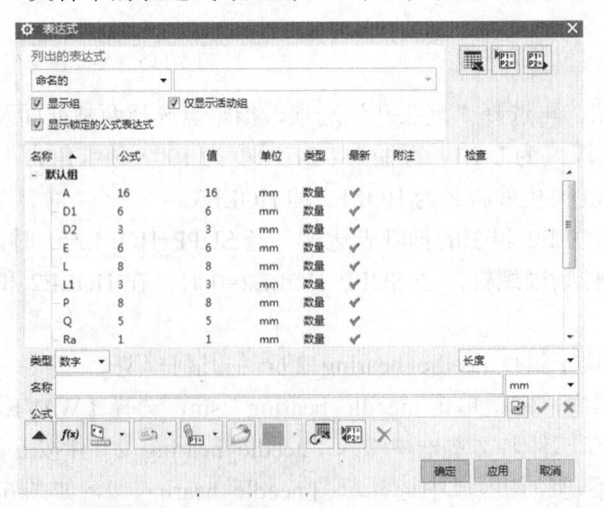

图 6-119 下定位块标准组件的主控参数

④ 在表达式对话框中，选择表达式“A”，使其反亮，然后单击对话框下部“创建单个部件间表达式”按钮，弹出如图 6-120 所示的选择部件对话框。选择“已加载部件”中“needle_bearing_asm.prt”，单击【确定】按钮，在弹出的对话框中选择“A=16”，如图 6-121 所示，单击【确定】按钮。

图 6-120　选择部件对话框

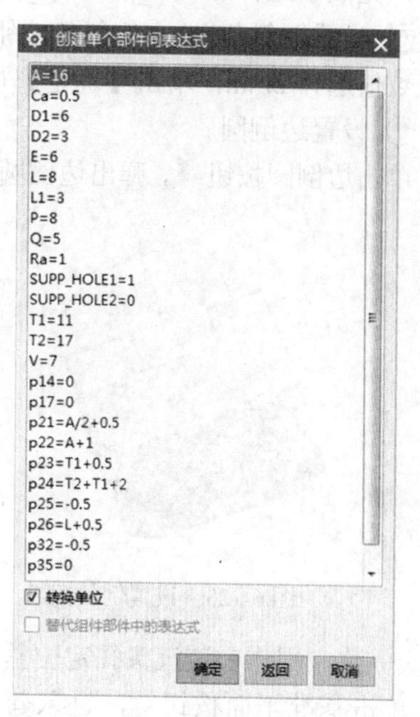

图 6-121　部件间表达式中的数据

以类似的方法，完成其余表达式 D1,D2,E,L,L1,P,Q,Ra,SUPP_1,SUPP_2,T1,V 的部件间表达式链接。至此，已将子组件 needle_bearing_2.prt 中的表达式与其父节点 needle_bearing_asm.prt 中的表达式完成关联，如图 6-122 所示。

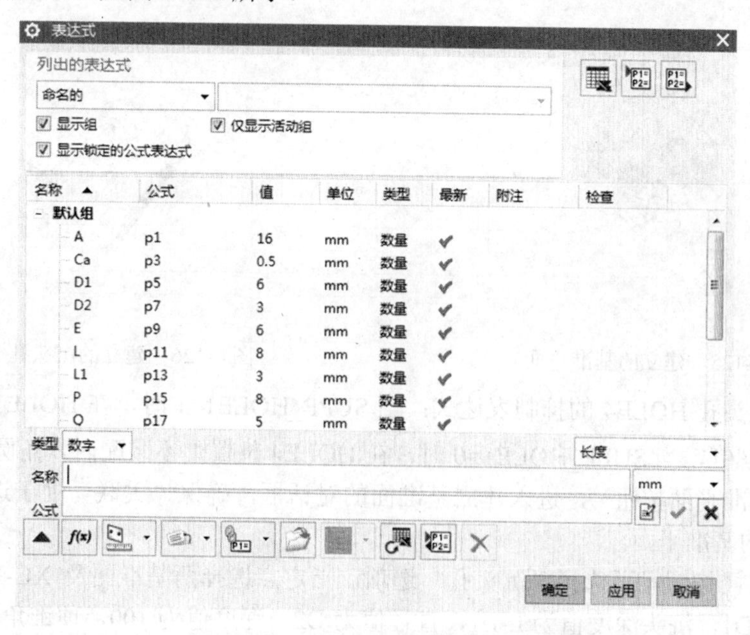

图 6-122　创建完成的部件间表达式

⑤ 单击拉伸图标，弹出创建拉伸特征对话框，选择步骤 7 所链接的草图(NEEDLE_BEARING _2)的曲线作为建立拉伸特征的截面曲线，选择 ZC 轴方向作为拉伸矢量方向，在起始文本框中输入 0，在终止文本框中输入“L”，布尔运算选择“无”，单击【确定】按钮，完成子组件 needle_bearing_2.prt 的几何体建立。

⑥ 设置倒斜角。单击倒斜角按钮，弹出倒斜角对话框，在对话框中横截面选择“对称”，距离数值选择 2mm，单击【确定】按钮，如图 6-123 所示。

⑦ 设置边倒圆。

单击边倒圆按钮，弹出边倒圆对话框，半径 1mm，单击【确定】按钮，如图 6-124 所示。

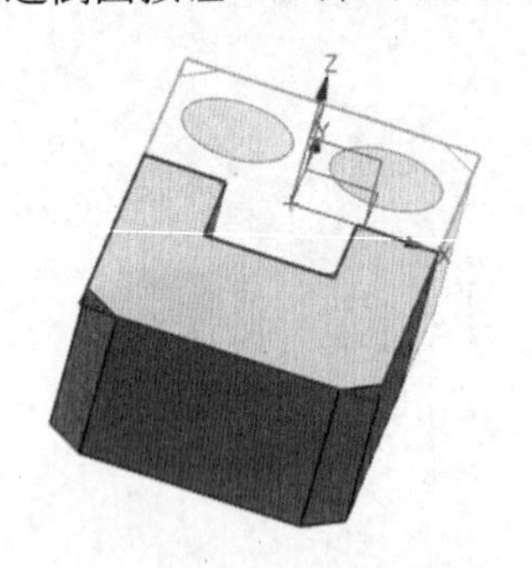

图 6-123　设置倒斜角

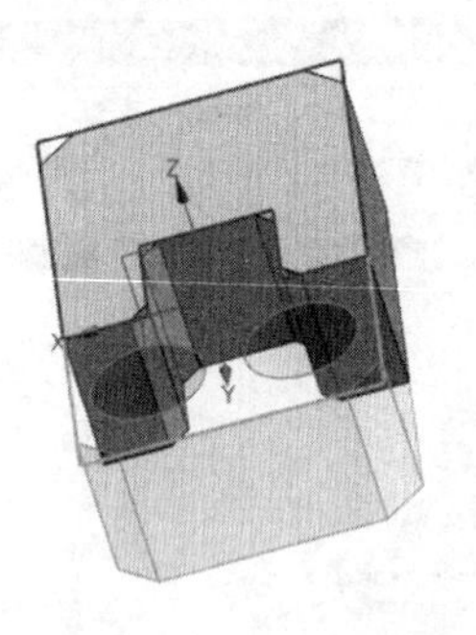

图 6-124　设置边倒圆

⑧ 建立用作安装沉头孔定位基准的相关基准面。

单击基准平面按钮，进入建立基准面的对话框，确保“关联”处于选中状态，建立如图 6-125 所示的基准平面。

⑨ 单击孔按钮，再选择“沉头孔”选项，指定点选择两基准面及 XC-YC 面的交点，沉头直径 D1，沉头深度值为 L-L1，直径值为 D2，深度值为 100，顶锥角值为 125，建立如图 6-125 所示的沉头孔，将该沉头孔重命名为 HOLE4。

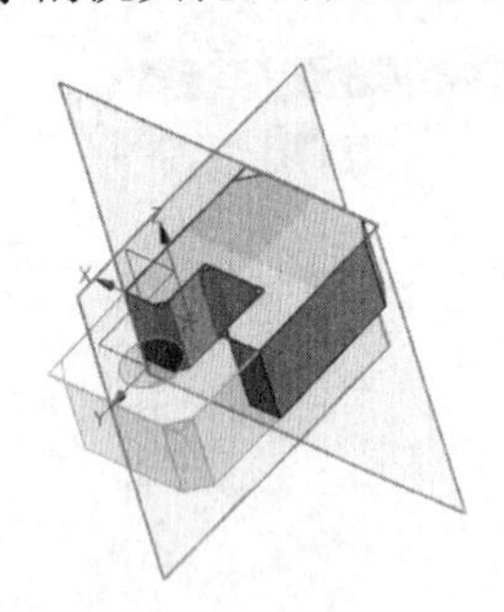

图 6-125　建立的基准平面

图 6-126　建立的沉头孔 HOLE4

⑩ 建立沉头孔 HOLE4 的抑制表达式：当 SUPP_HOLE1=1 时，在 HOLE1 位置上装配内六角圆柱紧固螺钉，当 SUPP_HOLE1=0 时，在 HOLE4 位置上不装配内六角圆柱紧固螺钉。

⑪ 单击基准平面按钮，进入建立基准面的对话框，确保“关联”处于选中状态，建立图 6-127 所示的基准平面。

⑫ 单击孔按钮，再选择“沉头孔”选项，指定点选择两基准面及 XC-YC 面的交点，沉头直径值为 D1，沉头深度值为 L-L1，直径值为 D2，深度值为 100，顶锥角值为 118，建立如图 6-128 所示的沉头孔，将该沉头孔重命名为 HOLE5 和 HOLE6。

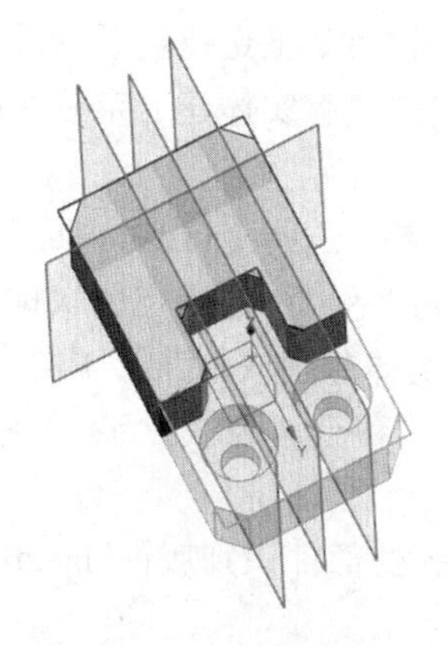

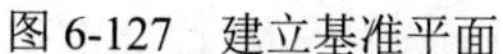

图 6-127　建立基准平面

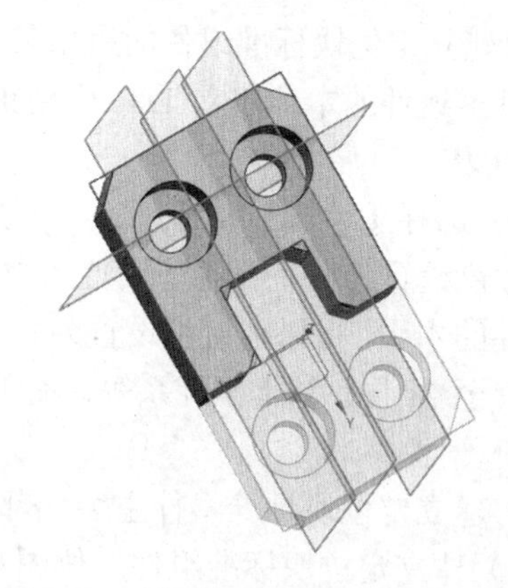

图 6-128　建立沉头孔 HOLE5,HOLE6

⑬ 建立沉头孔 HOLE5 和 HOLE6 的抑制表达式：当 SUPP_HOLE2=1 时，在 HOLE5 和 HOLE 6 位置上装配内六角圆柱紧固螺钉，当 SUPP_HOLE2=0 时，在 HOLE5 和 HOLE 6 位置上不装配内六角圆柱紧固螺钉。

（8）建立定位块标准件 needle_bearing.prt 的建腔实体特征。

① 将 needle_bearing.prt 切换为工作部件。

② 单击 Sketch 草图绘制工具按钮，进入草图设置状态，选择 XC-YC 平面作为草图的放置面，以 YC 方向为草图的水平参考方向。在绘图区绘制如图 6-128 所示的草图，并添加适当而又充分的约束条件（几何约束和尺寸约束），单击草图绘制对话框左上角的按钮，退出草图绘制界面。在部件导航器中将该草图重命名为“FALSE”。

③ 单击拉伸按钮，建立定位块标准组件的建腔实体：选择“FALSE”的草图曲线作为建立拉伸特征的截面曲线；拉伸的矢量方向设置为“-ZC”；在 Start 拉伸起始文本框中输入“−0.5”；在 End 拉伸终止文本框中输入“L+0.5”；布尔运算选择无，单击【确定】按钮，完成建腔实体的建立。在部件导航器中，将该拉伸特征重命名为“FALSE BODY”。

④ 设置边倒圆。单击边倒圆按钮，弹出边倒圆对话框，选择四条棱边，半径为 2mm，单击【确定】按钮，如图 6-130 所示。

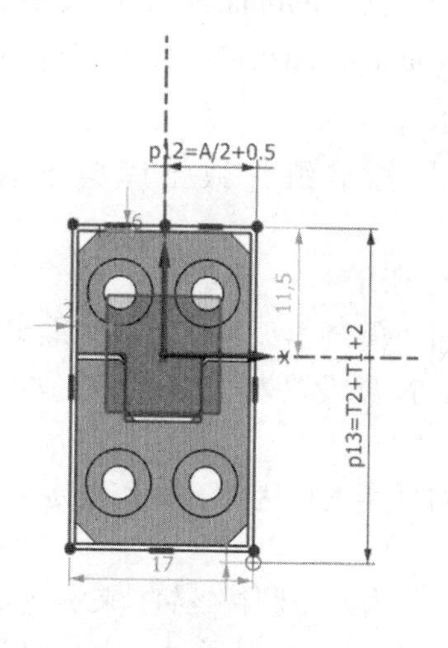

图 6-128　绘制定位块建腔草绘

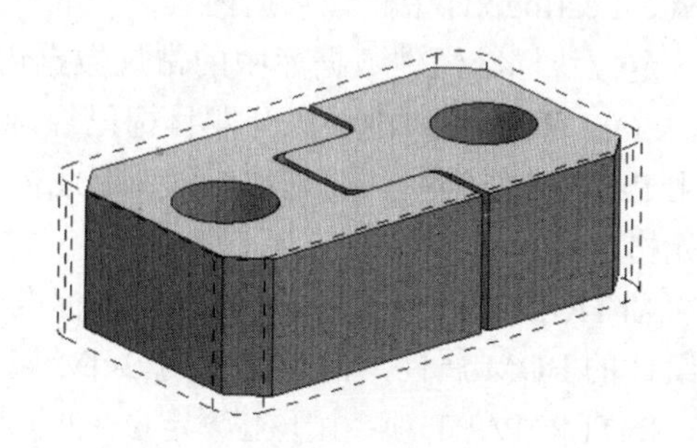

图 6-130　建腔几何体

（9）建立定位块标准组件的引用集。选择上定位块子标准件、下定位块子标准件及内六角圆柱螺钉子组件的本体建立 True 引用集；选择步骤 10 建立的建腔实体建立定位块标准组件的 False 引用集。

（10）选择【编辑】→【对象显示】命令，进行颜色设置，选择定位块标准组件的建腔实体，将颜色设置为蓝色、线型设置为虚线、局部着色设置为“No”；选择定位块标准组件的所有子组件的本体，将局部着色设置为“Yes”。将本体和建腔实体分别放置在第 1 层和第 99 层，将草图移至 21 层，基本坐标系等所有的辅助建模几何体，均移至第 60 层，保持图面整洁、清晰。

（11）建立定位块标准组件主装配部件 needle_bearing.prt 的部件识别属性：needle_bearing=1。

（12）建立定位块标准组件的位图文件。

在...\standard\metric\Case\lock\bitmap 文件夹下建立如图所示的定位块标准组件的 bitmap 位图文件“needle_bearing_asm.bmp”，用于反映定位块标准组件的结构形状及主控参数，如图 6-131 所示。

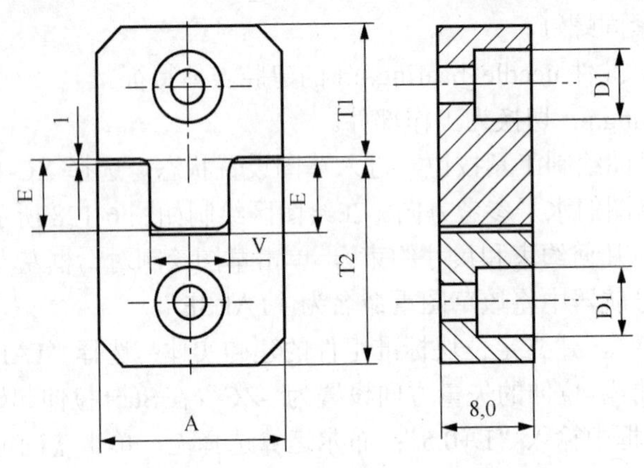

图 6-130　定位块标准组件位图

（13）建立定位块标准组件的数据库。

① 在...\MOLDWIZARD\templates\目录下或随书光盘的 templates 文件夹中找到名为 standard_template.xls 的电子表格文件，将其复制到...\standard\metric\Case\VTSSB\目录下的 data 文件夹中，并将其重命名为“needle_bearing_asm.xls”。

② 按标准件数据内容的格式规则，在定位块标准组件数据库电子表格文件 needle_bearing.xls 中建立数据内容。

定位块标准组件数据库中的常规数据内容如图 6-132 所示。

POSITION 项：由于在开发目标已经确立，使用标准件管理器调用定位块标准组件时，要使用 PLANE 作为默认的定位方法，因此需要将 POSITION 项设置为“PLANE”，如图中的 B8 单元格。

ATTRIBUTES 项：由于该定位块标准件是成套配对使用的，因此，只需要定义定位块准备组件的 BOM 属性，而子组件的 BOM 属性可以忽略。

INTER_PART 项：由于上下定位=块子组件都需要使用内六角圆柱螺钉，来实现安装紧固，而且上定位块的内六角圆柱紧固螺钉的尺寸规格不一致。因此，可以通过使用 INTER_L1 是用于从内六角圆柱螺钉子标准件数据库，并管理更新 top_shcs.prt 的数据的部件识别属

性:SHCS_L2 是由于从内六角圆柱螺钉子标准件数据库中读取数据，并管理更新 bottom-shcs.prt 的数据的部件识别属性。

1	##Case needle_bearing_asm data															
2	##Created by cz 15/04/2016															
3																
4	PARENT	<UM_OTHER>														
5																
6	POSITION	PLANE														
7																
8	ATTRIBUTES															
9	SECTION-COMPONENT=YES															
10	MW_COMPONENT_NAME=LOCK															
11	CATALOG=<CATALOG>															
12	DESCRIPTION=<DESCRIPTION>															
13	MATERIAL=Female:O-2,56-58HRC															
14	SUPPLIER=PROGRESSIVE															
15																
16	EXPRESSIONS															
17																
18	INTER_PART															
19																
20	BITMAP	../../interchangeable/guide_lock/bitmap/guide_lock.bmp														
21																
22	PARAMETERS															
23	CATALOG	A	E	L	T2	T1	V	P	Q	Ra	Ca	D2	D1	L1	SUPP_HOLE1	SUPP_HOLE2
24	VTSSB	16	6	8	17	11	7	0	5	1	0.5	4.5	8	3	1	0
25		20					8									
26		25	8		19		10									
27		30		10	22	14	12	16	6			5.5	9.5	4	0	1
28		40	10	13	28	18	15	22	7			6.6	11	6		
29	END															

图 6-132　定位块标准组件数据库

（14）在标准件注册电子表格文件中注册定位块标准组件。

打开...\standard\metric\Case\目录下的 case_reg_mm.xls 电子表格文件，在其中添加注册内容，如图 6-133 所示。

15	---Case Lock Unit---	/standard/metric/case/lock/data	taper_locating_block.xls	/standard/metric/case/lock/model	taper_location_block_assy.prt
16	Taper Locating Block		taper_locating_block.xls		taper_location_block_assy.prt
17	needle_bearing		needle_bearing.xls		needle_bearing_asm.prt

图 6-133　标准件注册电子表格文件

（15）验证和调试。定位块标准组件最主要的验证内容：调用定位块标准组件时，使用 WCS_XY 方法定位、放置原点和方位是否正确；内六角圆柱螺钉子标准件的数据读取、更新是否有误；验证建腔功能是否有缺陷或错误；定位块标准组件部件的属性设置是否正确；主控参数设置是否合理，是否有因主控参数的取值不合理造成几何冲突现象发生等。

本 章 小 结

本章讲述冲压模具和注塑模具中常用的组件标准件开发方法，分别利用四种方法：第一为组件中包含普通标准件，例如内六角螺钉；第二是利用由底向上的装配方法建立组件标准件的设计；第三，讲述利用自顶向下的方法，对组件标准件的开发过程；第四，基于 WAVE 模式，讲解标准件开发过程。组件标准件的开发，以最后的方法，即 WAVE 模式最为简单。

思考与练习

建试建立尼龙锁模器组件的重用库，定位原点及主控参数如图 6-134 所示。具体参数的数值可参考 MISUMI 标准系列。

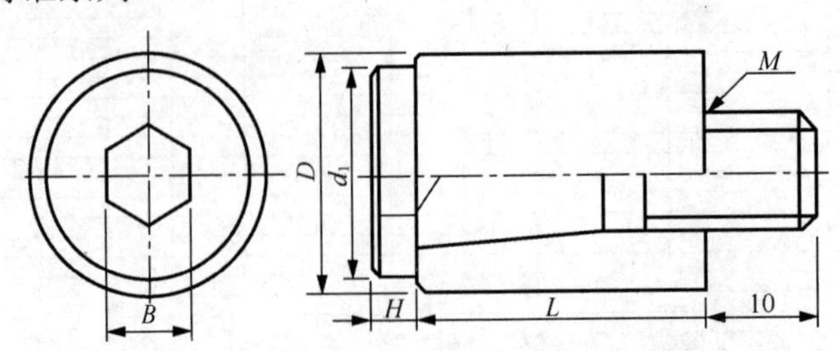

图 6-134　尼龙锁模器组件主控参数

参 考 文 献

[1] 邓敬东. UG 标准件库开发实例教程[M]. 北京：清华大学出版社，2007.

[2] 洪如瑾，邓兵. UG NX 6 CAD 应用最佳指导[M]. 北京：清华大学出版社，2010.

[3] 严婷. 基于 UG 的三维参数化标准件库的研究与开发[D]. 华中科技大学硕士学位论文，2007.

[4] 褚忠. NX 8.5 基础教程[M]. 北京：电子工业出版社，2014.

[5] Unigraphics Solutions Inc. UG WAVE 产品设计技术培训教程[M]. 洪如谨，译. 北京：清华大学出版社，2007.

[6] 温莉娜，王雷刚，黄瑶. 基于 UG / WAVE 技术的自顶向下产品建模[J]. 模具技术. 2006(6) .